西安城市总体设计研究

周庆华　李琪　等　编著

中国建筑工业出版社

（来源：宋平摄）

西安曲江新区海洋口腔门诊部
HAI YANG DENTAL CLINIC
海洋口腔
西安曲江新区海洋口腔门诊部
HAI YANG DENTAL CLINIC
海洋口腔

顾问组

张锦秋　吕仁义　韩　骥　吴建平

编写组

主　　编：周庆华　李　琪
副 主 编：龙小凤　雷会霞
编写人员：
西安建大城市规划设计研究院
杨彦龙　李　晨　杨晓丹　舒美荣　任云英
薛　妍　王　杨　吴左宾　杨洪福　敬　博
西安市城市规划设计研究院
巨荩蓬　白　娟　孙衍龙　周文林　薛晓妮
姚珍珍　司　捷　李　薇　倪　萌　杨晓丽

序

盘古开天地、女娲造人、华胥生伏羲、炎黄伊始，形成了中华文明的初创期；西周礼制、诗易经典、九宫营城，形成了中华文明的奠基期；春秋战国、百家争鸣、至大秦一统，形成了中华文明的集成期；汉唐盛世、丝路通西域、文化传四方，形成了中华文明的辉煌期。所有这些，发生在古代长安及其周边这片秦岭之下、渭河之滨的广袤土地上，绵延数千年的悠远历史，铸就了以大西安为核心的关天地区，成为中华文明的集中溯源地。西安在增强中华文明自信、展现东方城市魅力等方面承担着义不容辞的使命，而城市设计是实现这一使命的重要手段。

承古开新，西安在延续古都文脉的基础上，已形成了航空航天、装备制造、枢纽经济等综合实力以及科技研发、高等教育突出优势，在“一带一路”倡议、西部大开发等国家战略中，承担着国家中心城市的重要职能。同时，如何讲好中国文化故事，承担好中华文明标志之城这一独特而义不容辞的职能，则是西安必须面对的历史责任。立足这样的背景与现实，合理有效地处理城市发展和历史文化保护之间的关系，始终是西安城市建设面临的课题。

西安建大城市规划设计研究院与西安市城市规划设计研究院合作完成的西安总体城市设计，是以文化导向为主脉，从多维角度对西安城市空间内涵形象展示进行的一次深度阐释，是在长期以来相关工作基础上的持续性与提升性探索。整体方案通过认知与定位、研究与构建、展示与感知、管控与实施的技术路线，结合城市设计核心内容，在研究方法、研究视野、重点问题与对策、艺术构架与感知等方面进行了创新性工作。本书基于西安总体城市设计项目编著，回顾和总结了设计体系和特色内容，力求呈现一个历史、山水、现代多维立体的大西安面貌，并为特大城市总体城市设计的方法与理论发展提供案例参考。

方案研究过程中，得到了省内外多方面知名专家学者的意见与建议，在此一并致谢！

目录

1

绪论

对作为世界闻名的千年故都——西安进行总体城市设计是一项光荣使命，也是一项艰巨任务。这项研究工作的开展恰逢其时，既顺应了国家战略要求又满足了城市发展需求。本章首先围绕西安总体城市设计的工作背景、核心问题、研究重点、研究方法及范围等信息展开介绍，以此作为后续研究内容的统一语境和基础。

1.1 工作背景

1. 西安是中华文明溯源与标志之城：增强文化自信的重要表征区

以西安为核心的关天地区孕育了华胥伏羲、炎黄河洛等远古文明，经历了周、秦、汉、唐等1100多年的都城历史。西汉时期，以长安为起点的丝绸之路开辟了东西方文化贸易交往的新局面；盛唐时期，长安是东方文明中心和世界上最大的城市；在世界历史长河中，古长安与古罗马曾东西辉映，成为人类文明演进中的重要坐标。厚重久远的历史使西安成为中华文明重要溯源与标志之城，是古代中华文明和东方文化精髓的集萃之地。

如今的西安虽褪去了昔日千年古都的光环，但深厚的历史文化底蕴犹在，振兴发展成为新时期西安的崇高愿望和迫切需求。

自党的十八大以来，习近平总书记多次提到要弘扬中华传统文化，增强民族文化自信，文化建设上升到了前所未有的高度。在党的十九大报告中，习近平总书记再次强调"没有高度的文化自信，没有文化的繁荣兴盛，就没有中华民族伟大复兴。"西安作为中华民族文化自信的重要表征区，对实现中华民族伟大复兴的中国梦有着特殊的意义和责任。

2. 西安重回国家战略视野：建设具有历史文化特色的国际化大都市

20世纪90年代以来，沿海地区借助改革"东风"和政策扶持发展迅猛，西安由于地处内陆在国家战略中地位有所下降。借助西部大开发等政策的推动，2009年国务院批准的《关中-天水经济区发展规划》中明确提出要着力打造西安国际化大都市，由此西安迎来了新的发展契机。与北京、上海不同，西安国际化的优势在于历史文化底蕴的国际影响力，但在经济、城市形象等方面，西安与巴黎、罗马等历史文化色彩鲜明的国际大都市仍有较大差距。

"一带一路"倡议为大西安的开放和发展提供了新的契机。2017年2月，西安市第十六届人民代表大会第一次会议指出，"一带一路"建设不断深入推进，"文化先行"成为中国深化与沿线国家交流与合作的方式之一。西安应充分发掘千年古都、丝路起点、华夏之源的历史文化价值，加强文化遗产保护与利用，打造丝路文化高地。

3. 新型城镇化思想引领：存量提升与内涵式发展成为新常态

随着我国城市化发展进程不断加快，存量提升与内涵式发展成为这一时代的新主题与新常态。2014年全国城市规划建设工作座谈会提出，城市建设要牢牢把握地域特征、民族特色和时代风貌三个核心要素，要通过加强城市设计以及城市精细化管理，提高城市建设整体水平。

城市设计是展现城市文化内涵、塑造城市特色最直接有效的手段，因而开展总体城市设计工作是西安展现其历史文化特色，走向国际化和现代化的必由之路。

4. 编制工作前期条件

2014年10月27日，西安市政府第95次（2014年第21次）常务会议通过了《西安市城市设计导则》。

为进一步梳理与整合多种城市设计相关工作，深入指导各片区工作的开展，解决近年来凸显的主要问题，从整体层面对城市空间形态布局进行协调与优化，通过城市设计提升形象、优化结构、塑造特色，结合《西安市城市设计工作方案》的工作时间要求，西安市规划局组织开展西安市总体城市设计、分区城市设计、重点地段及棚改项目城市设计等三个层次的城市设计编制工作，以达到市域范围内城市设计全覆盖的目标。

西安总体城市设计由市规划局组织编制，由西安建大城市规划设计研究院和西安市城市规划设计研究院合作完成。总体城市设计以核心问题研究为突破，重点进行宏观空间形态研究，通过确认城市设计核心要素等，完成总体城市设计主体内容，进而对分区城市设计和重点地段城市设计提出指导性意见。分区城市设计由各区另行组织编制。

1.2 核心问题

面对繁复多样的现实问题，本次总体城市设计以突出主要矛盾、凸显主体脉络为原则，从核心问题研究入手，带动整体设计工作的深化。研究从文化、生态、现代特色等角度出发，结合对管控实施的思考，归纳出以下四大核心问题。

问题一：如何全面展示西安应有的历史文化地位与特色？

西安历史文化底蕴深厚久远，是城市的核心竞争力之一。除了明清时期和少量隋唐时期历史遗迹，与其他历史文化名城普遍存在的问题一样，西安因许多文化资源已经缺乏地面遗存的直接支撑，不能呈现以周秦汉唐为主脉的古代长安宏阔历史场景。因此，如何全面认知和展现西安古都营城脉络等整体结构性资源，既保护与展示好现有的历史文化遗址，又增强悠久文化的整体感知度与参与性体验，是展示西安应有文化地位的首要命题。本次工作须发挥城市设计特色优势，结合西安现实背景，把文化导向作为整体工作的突出引领。

问题二：如何体现天人合一的山水营城格局？

周丰镐两京择沣水而立，以水为脉贯通山河；秦咸阳城“渭水贯都，以象天汉”，更是以渭水象征银河天汉，并“表南山以为阙”，建立了城市与山水的宏阔关系；汉长安依渭水而成，随形就势，因时而异，遂为“斗城”；唐长安则以高岗地貌为重要依托组织城市里坊与渠系，大明宫居龙首之原。如此种种，从古至今，西安的城市建设无不与自然山水环境有着密切联系。如何通过生态与山水格局营造，体现天人合一的中国传统哲学思想的山水营城理念，是本次城市设计的又一重要工作。

问题三：如何彰显西安现代城市形象？

现代西安拥有航空航天、科研教育、装备制造、枢纽物流、文化旅游等资源。借助“一带一路”倡议的发展契机，如何展示西安新的核心竞争力，营建人性化的创新与宜居城市，彰显西安现代国际形象，是本次城市设计必须面对的重要任务。

问题四：如何实现城市精细化管理？

如何加强总体城市设计的可操作性，落实总体城市设计的目标、任务与核心思想，建立一套科学完善的实施管控体系尤为重要，也是西安总体城市设计编制工作的关键内容。

1.3 研究重点

西安总体城市设计须对历史文化、山水格局、现代内涵三大方面进行重点研究，同时应着重建立一套科学有效的空间设计与管控体系，强化城市设计内容的落实。

1. 西安历史文化地位再认知与历史遗产的整体保护与展示设计

从城市设计角度对西安历史文化资源进行系统深入地再认知，保护西安历史文化资源大环境，展现周秦汉唐千年古都演化脉络，强化西安历史文化内涵这一核心竞争力。

2. 强化山水营城历史格局，构建现代城市生态景观系统

保护山水田塬自然环境，强化宏大山水营城格局，结合景观生态理念，构建具有传统文化特色的现代城市生态系统环境，呈现"渭水贯都，以象天汉""一日看尽长安花"的山水文化环境意向。

3. 展示西安产业特色，提升城市内涵活力

挖掘西安产业特色，展示航空航天、科研教育、民俗文化等现代城市内涵，构建智慧交通系统，营造时尚生活环境，建立丝路文化交流平台，提升现代城市功能品质。

4. 增强可操作性，落实城市设计的管理功能

总体城市设计主抓十大系统和特级、一级空间要素，并对下一层次城市设计核心要素提出管控要求。确立不同等级的要素体系，同时建立城市设计导则，并与控规相结合，形成更具操作性的精细化管理路径。

1.4 研究方法

通过特色、目标、问题、操作"四导向"统领方案设计，并进行深入研究。

1. 以特色为导向

系统梳理自然山水、历史文化、现代城市等多方面资源，突破既有认知，以凝练西安文化特色为主体导向，引领城市形象定位，明确本次城市设计的重点要素。

2. 以目标为导向

结合城市发展背景，承接相关上位规划提出的宏观目标，在对西安城市特色总体认知的基础上，提出空间建设目标，以目标为导向贯彻总体城市设计过程。

3. 以问题为导向

分析城市发展现状，总结城市空间的核心问题并提出对应策略，通过项目策划落实空间要素，构建总体城市设计框架。

4. 以操作为导向

强化城市设计同总体规划的有效衔接，将核心成果纳入城市总体规划和控制性详细规划。明确城市设计刚性管控和弹性引导内容，建立四个层级的空间要素体系，为下位城市设计提出指导性意见。

西安总体城市设计须突出以文化特色为导向，引领问题研究、形象定位、设计目标理念、系统控制、实施操作等方案设计全过程。西安总体城市设计须通过保护、策划、提升等手段，整合建立总体城市设计空间要素库，衔接近期重大规划，构建大西安空间艺术构架和十大空间系统。与此同时，要划分片区控制单元，建立分区控制导则，指导下一层次城市设计（图1-4-1）。

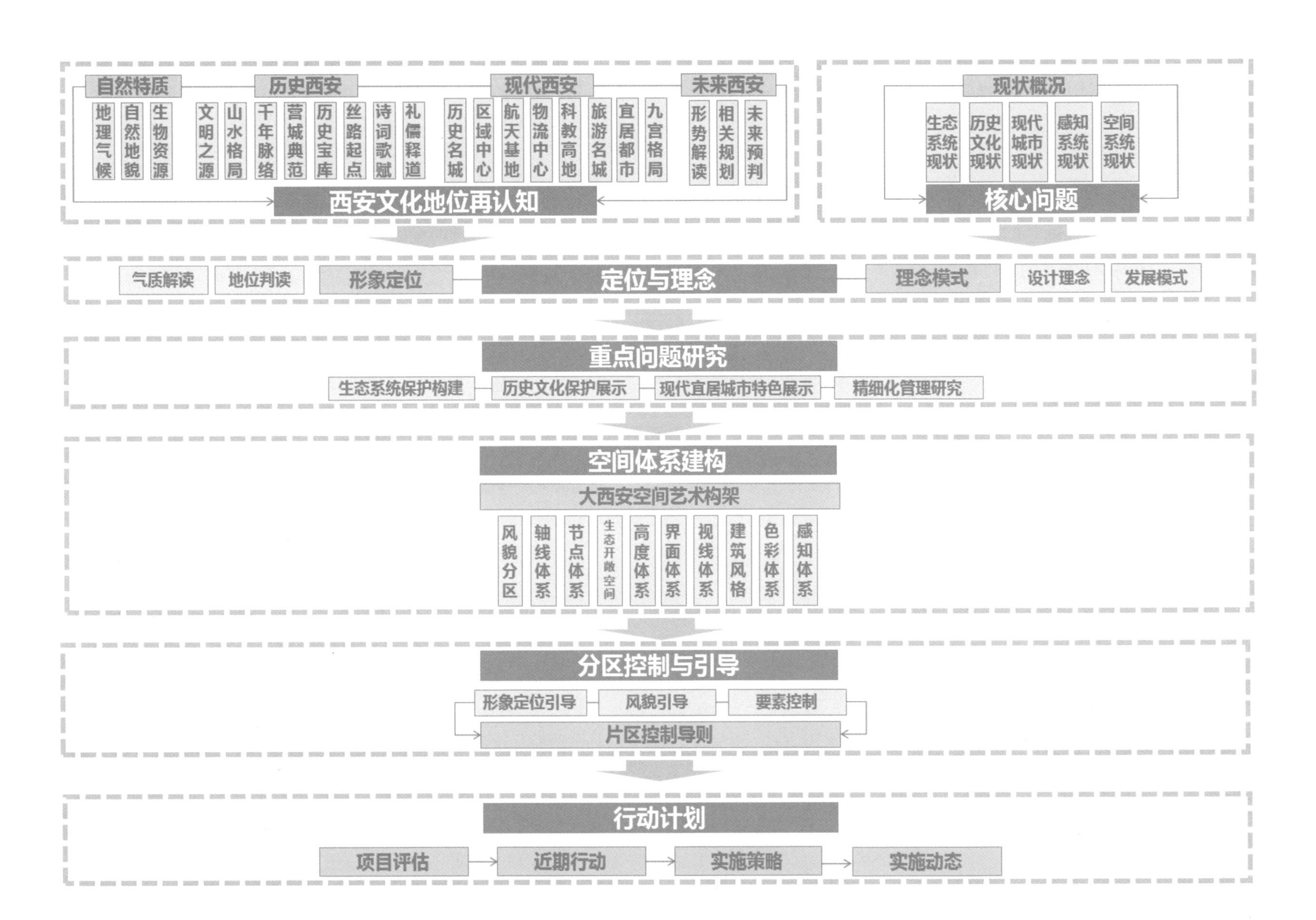

图1-4-1 技术路线图（来源：李晨绘制）

1.5 研究范围

以文化价值为导向，将城市设计扩展到区域设计，突破行政界限，整合关天地区重要历史文化资源，确立关天区域、大西安、西安市域、中心城区四大研究层次。其中，西安市域和中心城区为核心工作范围（图1-5-1）。

1. 关天区域研究范围

关天区域是远古文明、伏羲文明、炎黄文明、河洛文明等多种文明融汇交织的核心区域，西安是这一中华文明集中溯源地的核心，因此，将关天及周边区域作为整体进行研究才更为趋近地反映历史真实。

2. 大西安研究范围

针对西安千年都城变迁轨迹，将紧密关联的空间作为整体，整合西安市、咸阳市、西咸新区等大西安空间资源，保证大遗址等历史文化资源在保护体系和展示空间上的完整性，并为西安国际化大都市建设提供支撑。

3. 西安市域设计范围

重点对西安市域自然山水格局、城镇与乡村、主要河流与交通线、生态敏感区与农业景观等进行整体风貌引导，彰显西安形象特色，具体范围为西安市行政辖区范围。

4. 中心城区设计范围

该范围是西安总体城市设计的核心设计空间，具体对应《西安市城市总体规划（2008～2020）》中划定的中心城区范围。

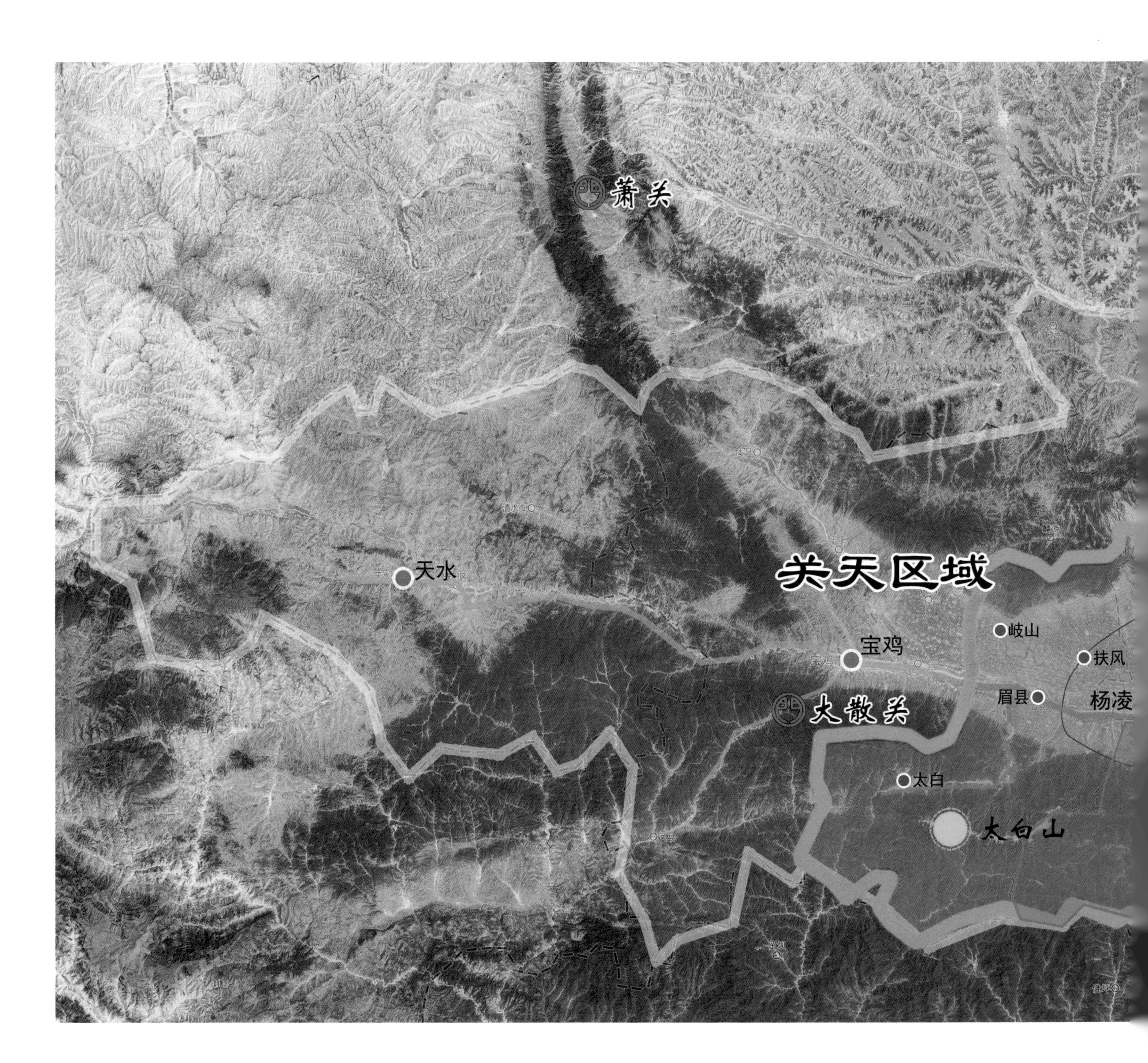

图1-5-1 研究范围（来源：李晨绘制）

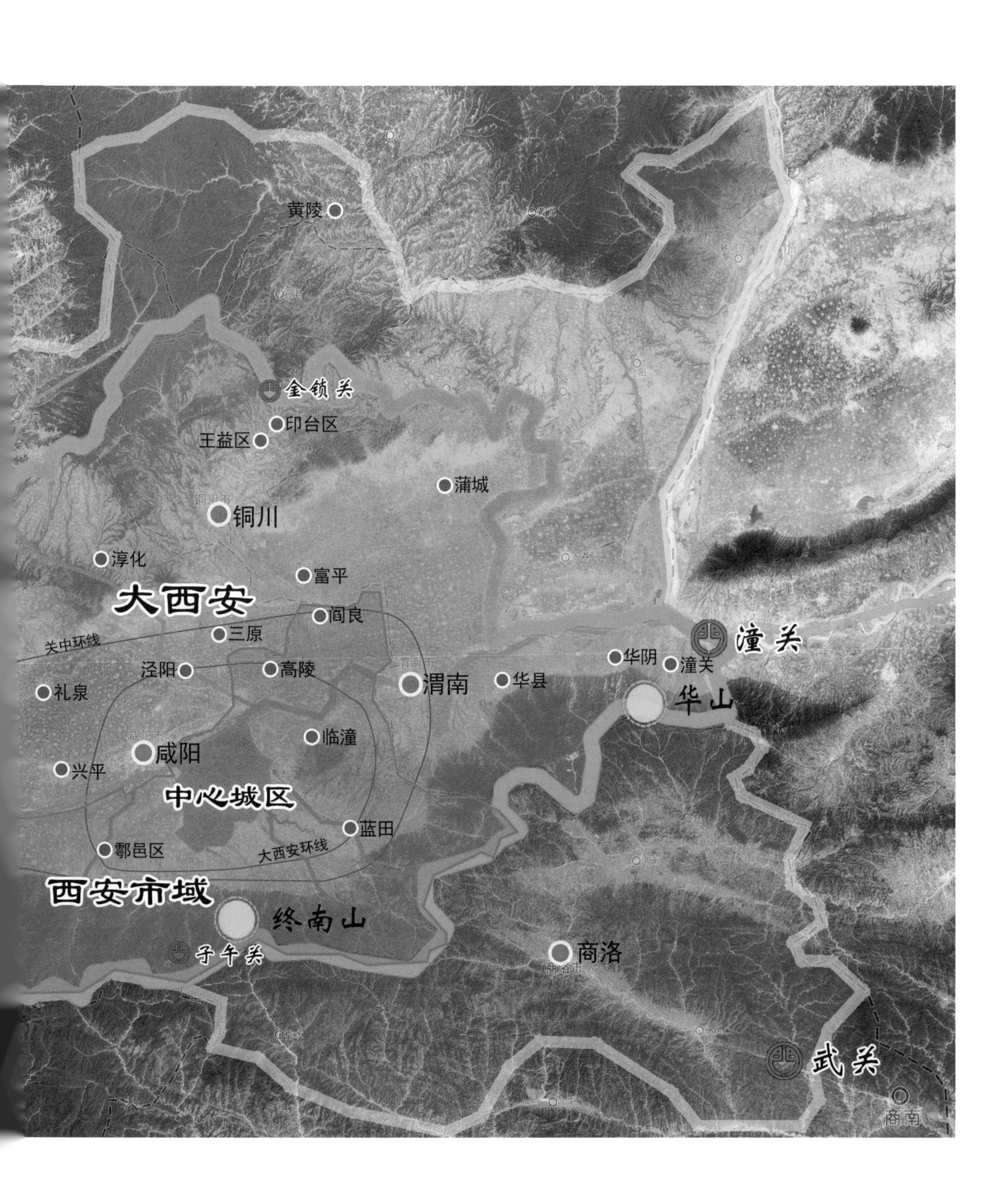
黄陵
金锁关
印台区
王益区
蒲城
铜川
淳化
富平
大西安
阎良
关中环线
三原
泾阳
高陵
渭南
华县
华阴
潼关
潼关
华山
礼泉
临潼
咸阳
兴平
中心城区
蓝田
鄠邑区
大西安环线
西安市域
终南山
子午关
商洛
武关
商南

2

文化导向的西安城市特色与形象定位

文化是西安之魂，也是西安彰显新形象的底蕴基础。从城市设计角度对文化价值再认知，是西安总体城市设计的首要工作。本章从历史文化和现代文化两方面认知展开，希望重新审视和深刻揭示西安应有的文化地位和文化价值，以此为引领，明确西安总体形象定位和城市设计目标。

2.1 历史文化再认知

2.1.1 中华文明之源

1. 人类文明发源地之一

距今约100万年的蓝田猿人遗址，是西安发现的旧石器时代的重要人类遗址。时至6000多年前的新石器时代，关中大地遍布人类祖先活动的足迹。西安地区发现的新石器时代文化遗址多达数十处，包括半坡遗址、姜寨遗址、杨官寨遗址、米家崖遗址等，其中半坡遗址成为中国母系氏族公社繁荣时期的重要实证（表2-1-1）。这些重要的遗址共同见证了西安作为人类远古文明发祥地之一的地位（图2-1-1）。

表2-1-1 西安史前遗址汇总表

重要文化遗址	年代	权属地	意义
蓝田猿人遗址	距今115万年前到110万年前[①]	陕西省蓝田县	亚洲北部迄今发现的最古老的直立人化石，为研究古人类进化提供了宝贵的实物资料
半坡遗址	距今6000年以上[②]	陕西省西安市灞桥区	中国首次大规模发掘的一处保存较好的新石器时代聚落遗址。它是黄河流域规模最大、保存最完整的原始社会母系氏族村落遗址
姜寨遗址	距今约6500年至7000年[③]	陕西省西安市临潼区	中国新石器时代聚落遗址中迄今为止发掘面积最大的一处，它揭示出人类文明向前迈进
杨官寨遗址	距今约6000年[④]	陕西省高陵县姬家乡	中国首个被发现的庙底沟时期完整环壕的大型聚落，可能是中国最早的城，是聚落向城市转折的节点
米家崖遗址	距今6000年以上[⑤]	陕西省西安市东郊浐河西岸	黄河中游一处重要的古文化遗址，对研究黄河流域人类文化发展脉络有重要文化意义

来源：根据相关资料整理。

① 薛祥煦．对陈家窝子、公王岭蓝田猿人的分类及地质时代问题的探讨［J］．西北大学学报，1991（2）：21.
② 中国科学考古研究所，陕西省西安半坡博物馆．西安半坡［M］．北京：文物出版社，1963（2）：21.
③ 西安半坡博物馆等．姜寨［M］．北京：文物出版社，1988.
④ 张杰．杨官寨遗址完美展现聚落布局［J］．中国社会科学报，2015（07）.
⑤ 陕西省考古研究院．米家崖——新石器时代遗址2004～2006年考古发掘报告［M］．北京：科学出版社，2012.

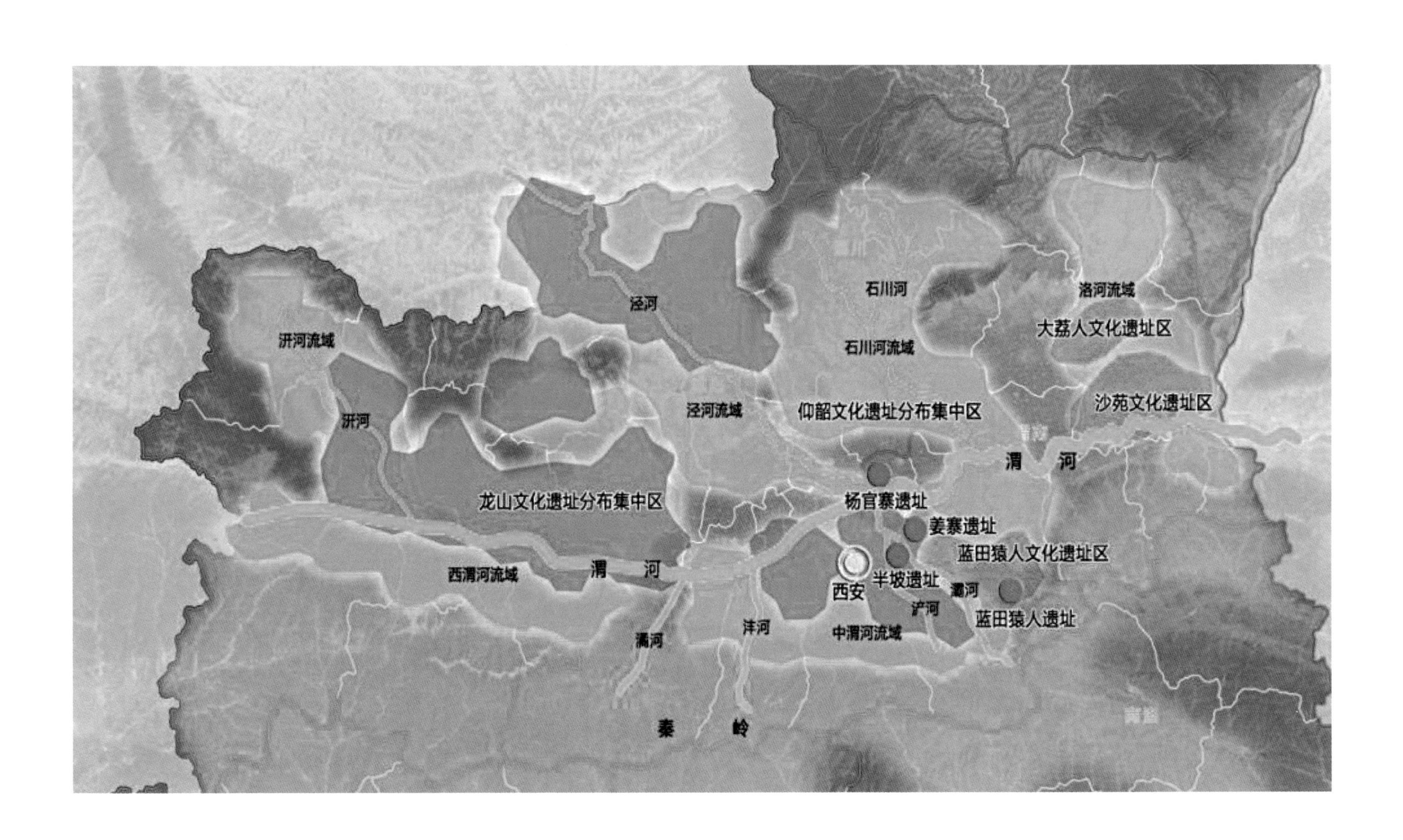

图2-1-1 关中远古遗址分布图（来源：杨晓丹绘制）

2．中华文明溯源地

以西安为核心的关中及周边区域构成了中华文明的重要溯源地。蓝田县华胥镇是中华始祖母华胥的故里和归葬地，华胥氏为了生存带领远古先民们不断游徙，哺育了伏羲、女娲，开启了中华八千年文明史；关中西部的炎帝陵与北部的黄帝陵，述说着炎黄最初在关中地区活动的故事，展现了人文初祖，炎黄文化的孕育历程；关中及周边区域的关于华胥、炎黄、伏羲、河洛、仓颉等的远古传说表明了中华文明的初创记忆。西周礼制、诗易经典、九宫营城，沣河岸边的沣镐双京遗址见证了中华文明的重要奠基时期。秦国变法，广纳百家，荟萃成了文明精华，成就了一统大业。汉唐盛世，英雄辈出，文化昌盛，达成了中华古代文明的辉煌。绵延数千年的悠远历史铸就了以大西安为核心的关天地区，这一农耕与游牧文化交汇之地成为中华文明的集中溯源地（图2-1-2）。

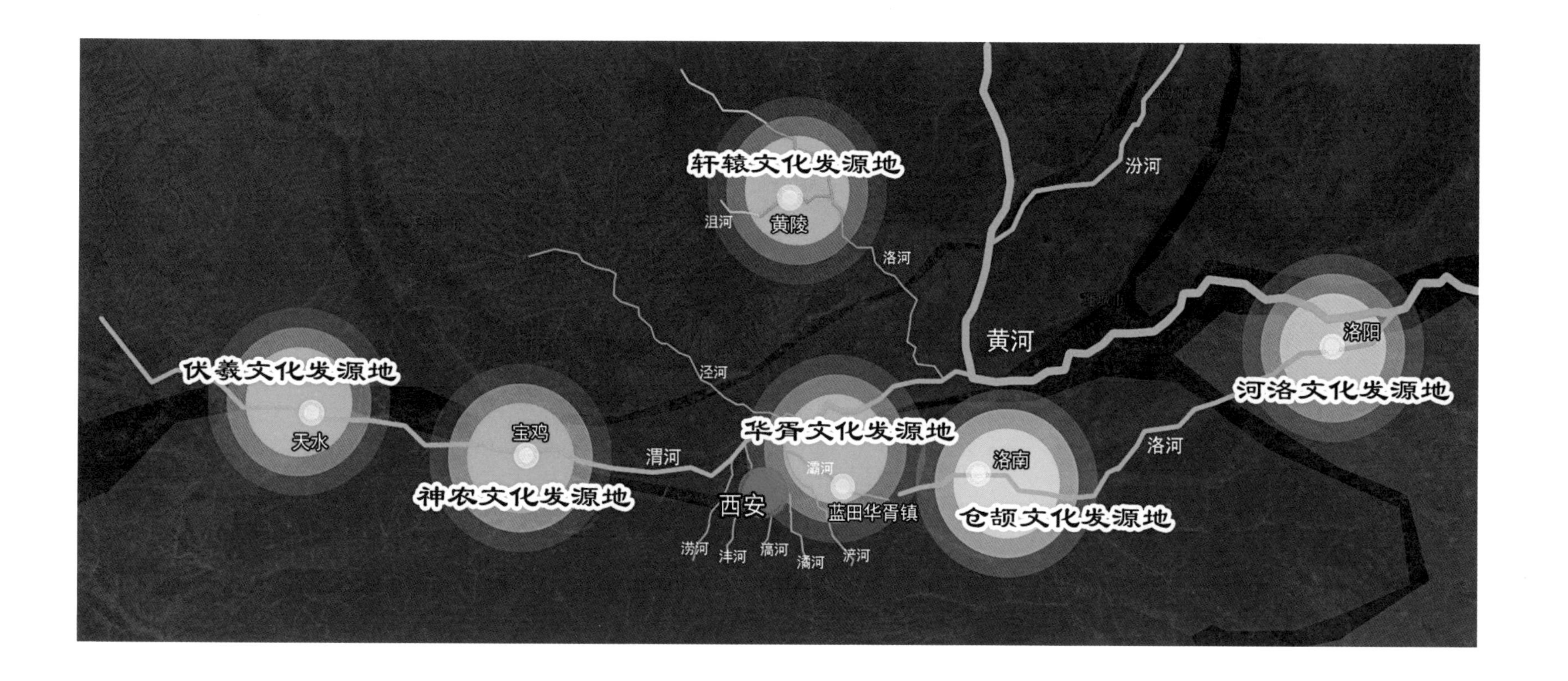

图2-1-2 关天地区远古文明格局图（来源：李晨绘制）

2.1.2 恢弘山水格局

“天人合一”理念下“渭水贯都、以象天汉”的恢弘山水格局是西安山水文化的核心体现。“天人合一”是东方营城的核心理念，西安城市建设秉承这一理念，自古至今的规划无不体现着与周围山水的融合与呼应。秦咸阳城象天法地，以渭河象征银河，以周围的市井与宫苑象征星辰，构建了天人相应的宏大空间秩序。自周秦至汉唐，都城虽不断演化，但却始终围绕渭水南北漂移，呈现出依渭水而居、望南山而立的恢弘山水景象。

“山水”是中国人对自然环境的概括，它们构成了自然环境的骨架和脉络，人类在这个载体之上得以繁衍生息。西安城市体系自古与自然资源及地形地貌有机共生、延续至今，总体形成了“山、水、城、陵、塬”的山水格局。

山——西安南临秦岭，北望嵯峨山。其中，秦岭是千年古都西安和平温润的天然屏障以及承载东方文化的基因库，它为西安注入了源源不断的生命活力。

水——“八水绕长安”的描述起于西汉文学家司马相如《上林赋》中“荡荡乎八川分流，相背而异态”，“渭、泾、沣、涝、潏、滈、浐、灞”八条河流在长安城内穿城而过。八水不仅是人类起源和东方文明的重要源泉，还是世界古都皇家园林的重要构成，历史上曲江池、昆明池等“十一池”便是这些园林的重要组成部分。

城——包括历代都城遗址，特别是以周秦汉唐为代表的华夏文明重要溯源都城。

陵——包括周原、秦陵和汉唐帝陵带。其中，汉帝陵堪称“东方金字塔”，唐帝陵则开辟了因山为陵的先河，绵延数百里的帝陵带成为古都格局中不可或缺的重要构成，述说着华夏文明的历史，构成了大西安城市特色系统的重要部分。

塬——历史上，西安周边有龙首塬、乐游塬、白鹿原、神禾塬、少陵塬、马邬塬、细柳塬、高阳塬、凤栖塬、毕塬、新丰塬、北虏塬、羊蹄塬、中华塬、天齐塬、百顷塬、洪渎塬、鹿苑塬、始平塬、西塬、阴盘塬、御宿川西塬等众多高岗，重要的岗塬依然如故，形成了连绵起伏的独特丘陵地貌景观，成为富有特色的城市环境。此外，长安自古山水形胜，重要的十三塬虽有离合，但形意相通，龙首为头、铜人为颈、洪庆为背、白鹿为塬，连同秦岭骊山呈现出回龙望祖的大风水格局。

2.1.3 千年都城脉络

西安是世界文明史上的重要古都之一，建都时间超过1100年，是当时中国的政治、经济和文化中心，呈现了清晰的都城演化脉络。

1. 城市发展足迹

“西周、秦、西汉、新、东汉（献帝）、西晋（愍帝）、前赵、前秦、后秦、西魏、北周、隋、唐”13个朝代先后在西安建都，历时1100多年。西安是中国六大古都中建都最早、时间最长、朝代最多的城市。从中国历史朝代的变迁上说，周、秦、汉、唐都城在时间上具有连续性（表2-1-2），并最终形成了中华古代文明的辉煌期。

公元前11世纪，周文王将都城从岐邑迁至丰，在沣河西岸建立了丰京，并命其子姬发在沣河以东营建镐京。公元前1046年，周武王姬发大败商军于牧野，建立西周王朝，定都丰镐。公元前221年，秦始皇统一中国，建立了我国历史上第一个统一的封建王朝，定都咸阳。公元前202年，刘邦战胜项羽，建立西汉王朝，定都长安，取“长治久安”之意。随后，西安又经历了新、东汉（献帝）、西晋（愍帝）、前赵、前秦、后秦、西魏、北周等朝代的不断发展。公元581年，隋文帝建立了隋王朝。公元582年，隋文帝命宇文恺设计并修建新都“大兴城”。随之的唐朝是中国封建社会的鼎盛时期，唐长安城便在隋大兴城的基础上扩建而成。明洪武二年，西安改“奉元路”为“西安府”，“西安”一名首次出现在历史上，并沿用至今。明洪武十七年西安修建了钟楼，之后开辟了东西南北四条大街，并修建了四座关城。明城墙屹立至今，现已成为西安城的重要标志（图2-1-3）。

表2-1-2 西安十三朝古都历史延续表[1]

朝代	名称	都城位置	所居帝王	建都时间
西周	丰镐	丰镐遗址	周武王～幽王，共12王	前1046～前771年
秦	咸阳	秦咸阳城遗址	秦孝公～子婴，共6帝王	前350～前206年
西汉	长安	汉长安城遗址	汉高祖～孺子婴，共12帝	前200～9年
新	长安	汉长安城遗址	王莽	9～23年
东汉	长安	汉长安城遗址	汉献帝	190～195年
西晋	长安	汉长安城遗址	晋愍帝	313～316年
前赵	长安	汉长安城遗址	刘曜	319～328年
前秦	长安	汉长安城遗址	苻健～苻坚，共4帝	352～385年
后秦	长安	汉长安城遗址	姚苌～姚泓，共3帝	386～417年
西魏	长安	汉长安城遗址	元宝炬～元廓，共3帝	535～556年
北周	长安	汉长安城遗址	周闵帝～周静帝，共5帝	557～581年
隋	大兴	隋大兴城遗址	文帝～恭帝，共3帝	581～618年
唐	长安	唐长安城遗址	唐高祖～唐昭宗，共20帝	618～904年

① 根据《西安市第四轮城市总体规划修编（2004～2020年）》整理。

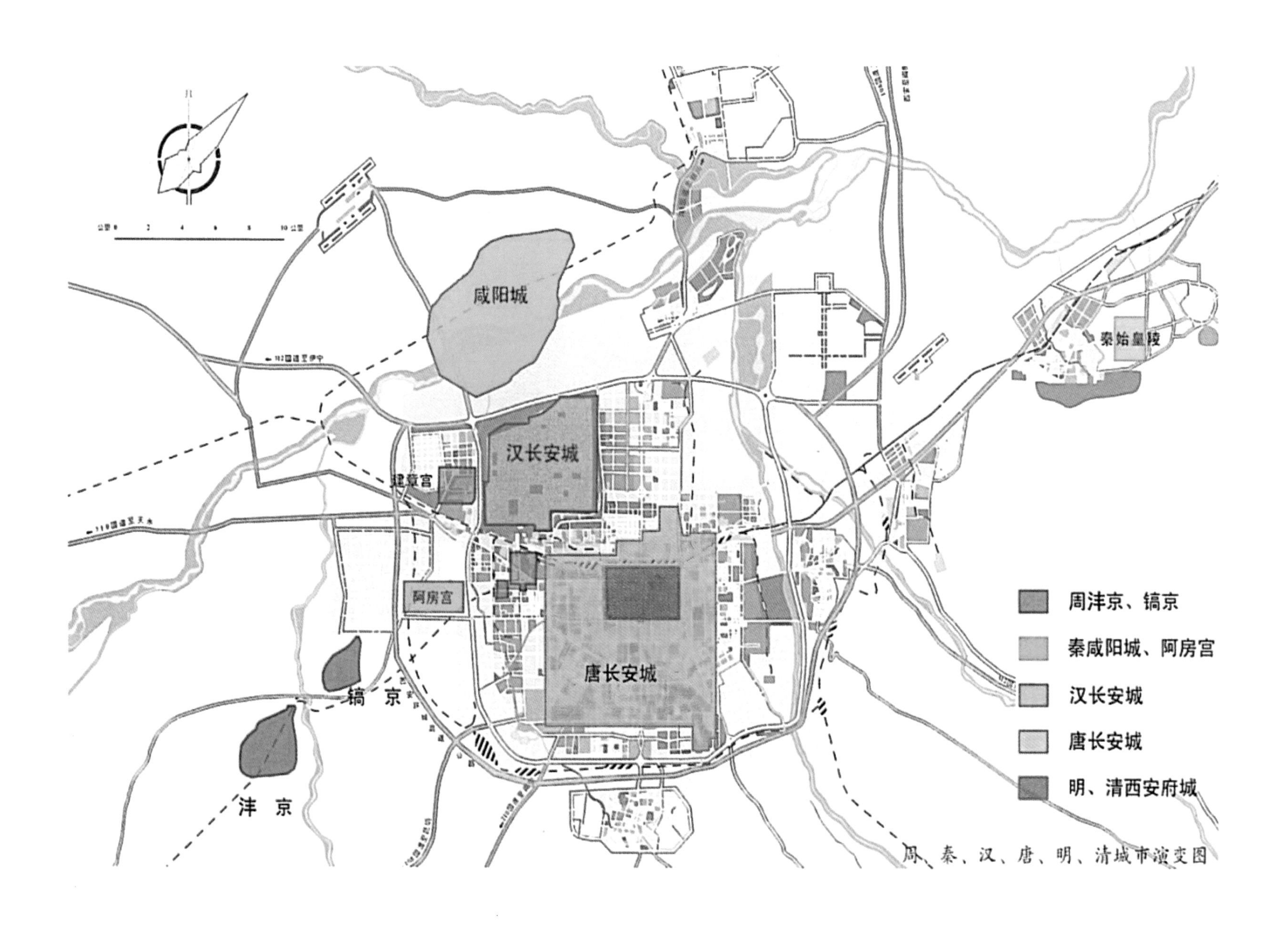

图2-1-3 西安地区历史都城演化格局图（来源：西安建大城市规划设计研究院提供）

2．都城脉络价值

周丰镐、秦咸阳城与阿房宫、西汉长安城、隋唐长安城等都城遗址是最能直接展现古代文明及城市历史文脉的重要见证，是具有世界影响力的文化遗产代表。从都城遗址分布地理区位上看，周丰镐、秦咸阳城、西汉长安城与唐长安城四座都城之间部分面积互有叠压，但总体而言面积大小不同，规制有异，是相对独立存在的四座都城。同时，四座都城均在渭河两岸生成发展，留下了清晰的演化足迹，在相对集聚的空间范围内具有明确的连续性，可以理解为一座城市在同一区域内、不同时期留下的连续轨迹。在千余年的时间里，以四个重要都城为代表的城市发展轨迹在相对集聚的同一区域内连续呈现、一脉相承，在时间、空间、文化上具有清晰和强烈的延续性，在世界上也属罕见（图2-1-4）。同时，西安作为东方文明古都，上述重要的都城遗址空间范围基本明确，保护相对完整，这对于研究城市演进规律，解读中华文明都城发展历史，传承中国文化基因等具有重要意义和特殊价值。

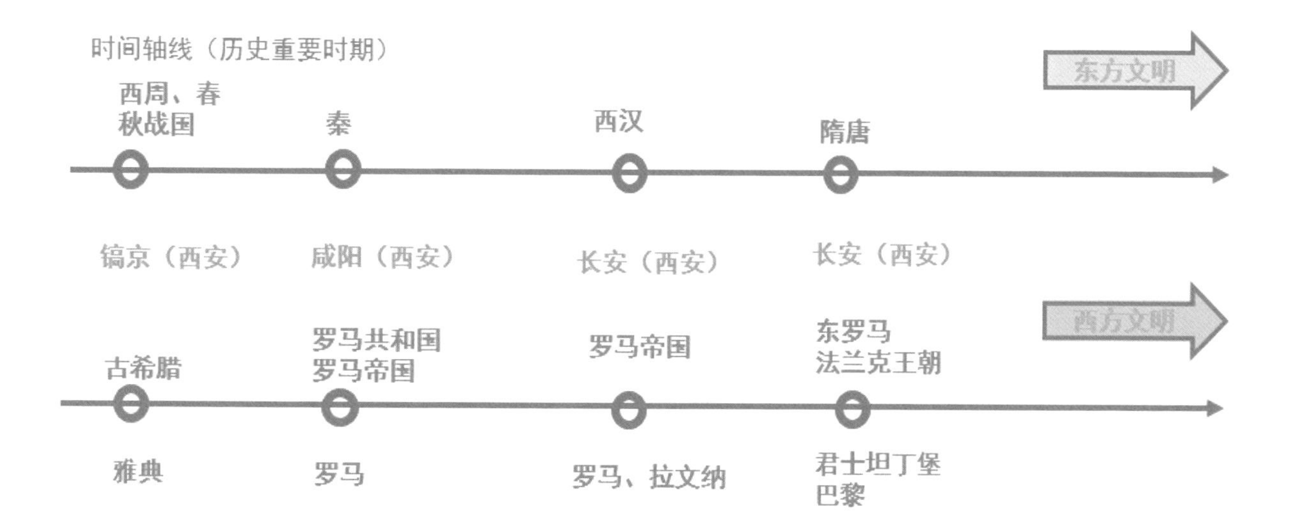

图2-1-4 东西方文明历程比对（来源：薛妍整理）

2.1.4 东方营城典范

历代都城营城历史及“礼制思想、山水观念、棋盘路网、轴线引导、坊里街肆、城防体系”等营城形制造就了西安东方营城的典范地位。

1. 礼制思想

礼制是中国古代完整、严格的社会规范，渗入了社会活动的每个角落。城市规划的礼制思想主要体现在《周礼·考工记》中：“匠人营国，方九里，旁三门。国中九经九纬，经涂九轨，左祖右社，面朝后市，市朝一夫……经涂九轨，环涂七轨，野涂五轨…… 宫隅之制，以为诸侯之城制。环涂为诸侯经涂，野涂以为都经涂（图2-1-5）。”这一礼制思想3000年来被各个朝代奉为城建模式的经典，指导了都城、郡府、县城的建设。《周礼·考工记》也是对周王城规划、建筑制度和经验的整理和总结，成为后续都城营建的实施范本（图2-1-6）。

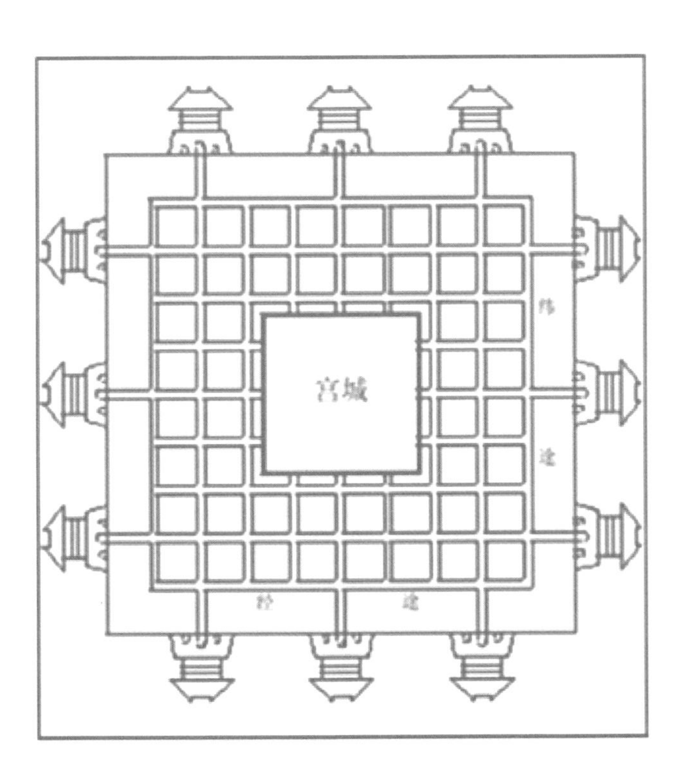

图2-1-5《周礼·考工记》城市复原

2. 山水观念

周丰镐以沣水为脉，拉结山河，东西而立，成为山水营城的肇始。秦咸阳渭水贯都，以象天汉，表南山之巅以为阙，奠定了宏观山水格局。汉长安北依渭河，南望终南，沃野千里，山环水抱，为适应渭水河岸地形，成为斗城。隋唐长安选址南对终南山子午谷，北临渭水，东有浐灞二水和汉代漕渠，形成了高岗起伏、水网密布的山水环境，孕育了大量描述隋唐长安胜景的优美诗歌。这块土地上生成的四大都城在选址、布局等多个方面均体现了中国文化中特有的山水观念。

3. 棋盘路网

隋唐长安表达了严谨的棋盘形态布局，继承了中国古代城市模式的传统思想，主要依托礼制营城理念，以创造和维持宗教和政治秩序为明确目标。棋盘道路系统形成了严整的方格网系统，并根据道路级别设置了不同宽度，其中道路包括宫前横街、丹凤门大街、朱雀大街、东西向街道等。方格路网的城市除了具有贸易、防御等功能外，还可展现出泾渭分明、轴线引领、方城规整的传统空间特征。

4. 轴线引领

因历代都城都有自己的轴线，西安地区形成了一个历时性叠加的轴线序列，这既是西安历代城市发展的轨迹，又是区别于其他城市的鲜明特色（图2-1-7）。城市中轴线把秦岭特殊峰谷、城市中心、标志建筑和水系脉络等紧密联系在一起，建立了人工建设与自然要素整体统一的秩序。隋唐长安是我国古代都城轴线引领、严整布局的经典。以明德门至朱雀门主导的中轴线是全城布局的骨架，宫城居中，东西市以及全城108个坊里依中轴对称布局。隋唐长安的中轴线是古代都城中轴线发展历程中的高峰，对我国古代城市规划有深远的影响。唐东都洛阳、东京汴梁、金中都、元大都、明清北京城均受隋唐长安的影响，在明确的城市中轴线基础上，再根据城市所在环境进行适应调整与发展。

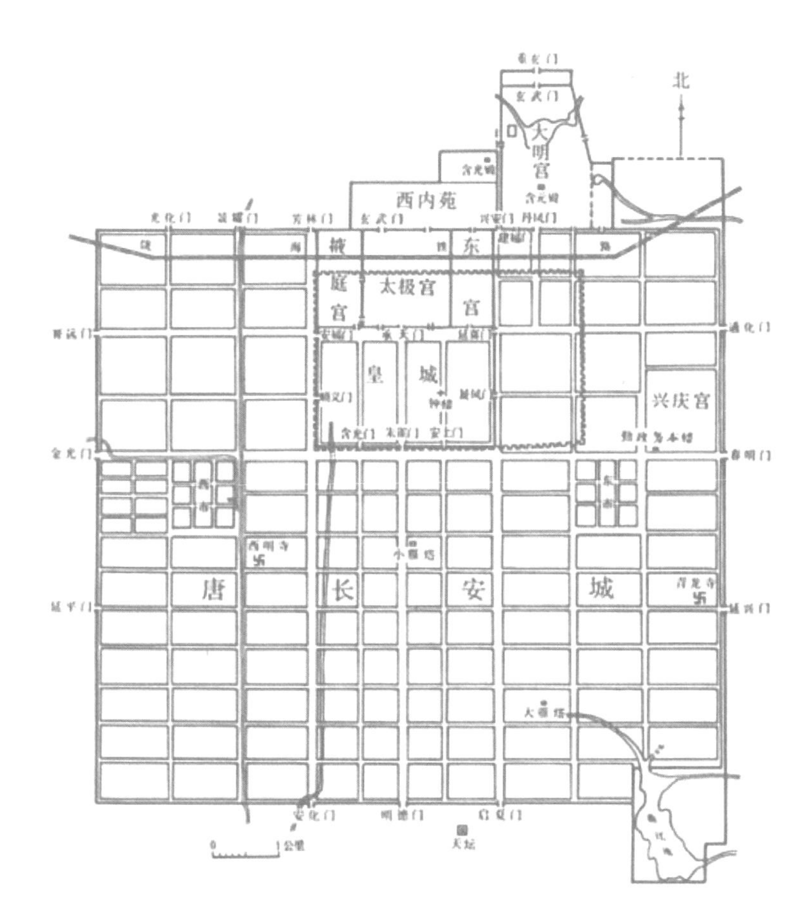

图2-1-6 唐长安城城市平面图

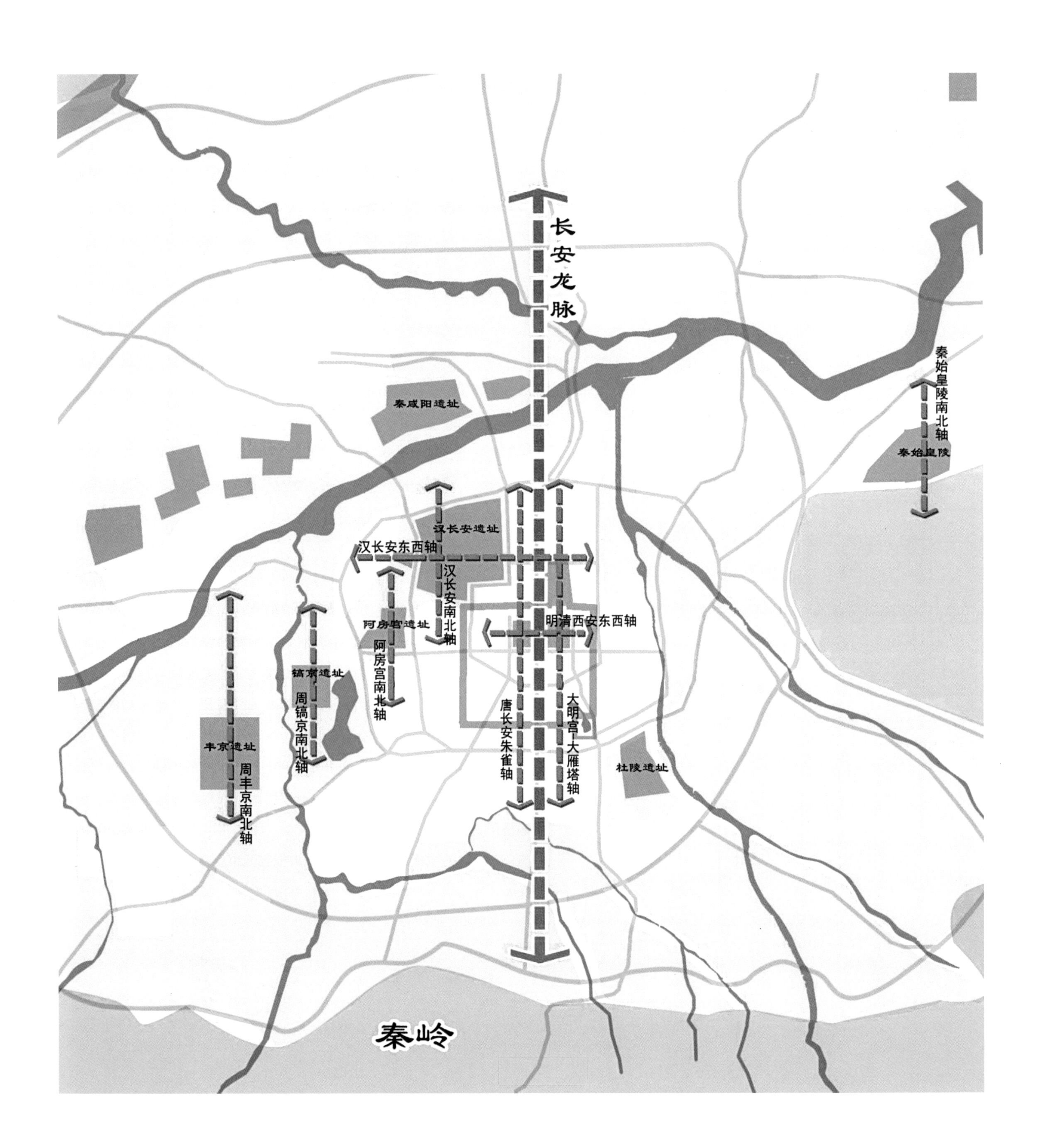

图2-1-7 历史轴线体系图（来源：李晨绘制）

5．里坊街肆

里坊制自形成之后便被不同朝代采用，并在朝代的更迭中不断地发展、变迁，直接影响了中国古代城市的格局。唐长安城沿袭汉魏都城建置，推行封闭式里坊制的城市管理模式，并且达到了顶峰，形成了棋盘式空间布局特征。长安全城共划分为面积大小不等的108坊，坊四周有夯土坊墙，每一坊里都像一座小城，分布着寺庙、府邸、民居和街肆等。唐长安主要有东、西二市，市中有肆和行。东市主要服务于达官贵人等少数人群，西市则集中了面向平民的日常商业，有大量包括西域、日本等地区和国家客商在内的国际性大市场，被誉为“金市”，是当时世界上最大的商贸中心。

6．城防体系

隋唐、明清及民国时期的西安以城墙、城壕（护城河）、城门、外郭城等作为主要城防设施。这些设施在历史上具有重要的军事价值，现在则具有重要的历史文化景观价值，如玄武门（唐初玄武门之变）、朱雀门、承天门（平韦后之乱）、玉祥门（八月围城与冯玉祥）。此外，作为至今保存最完整、规模最宏大的古城墙遗址，西安城墙体系不仅是展示历史景观的载体，也是彰显军事防御体系的重要元素（图2-1-8）。

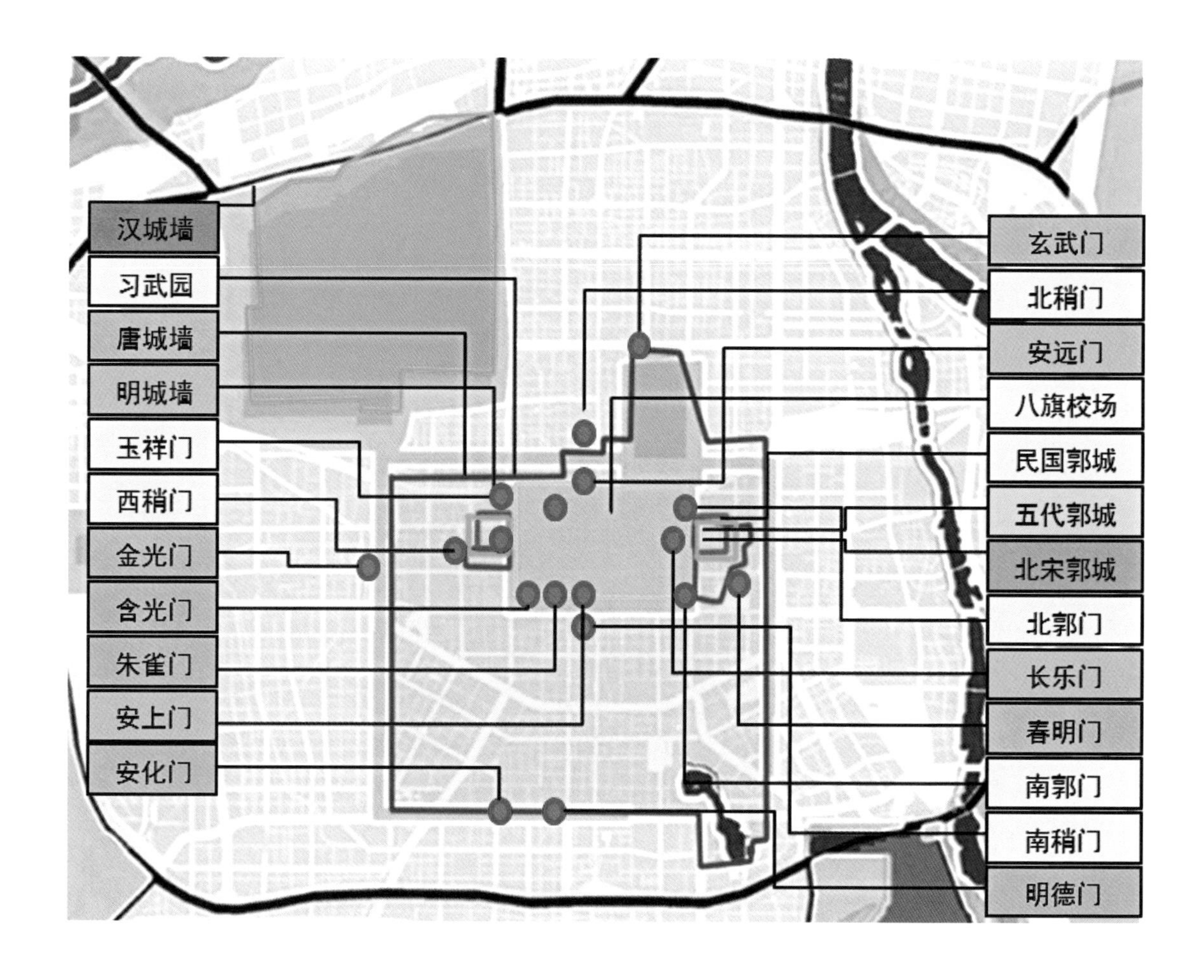

图2-1-8 西安历史城防要素示意图（来源：薛妍绘制）

2.1.5 历史遗址宝库

作为中国著名的旅游城市，西安人文景观数量巨大，种类繁多。文物古迹遗存分布广泛，价值珍贵，驰誉中外，更是为西安赢得了“天然历史博物馆”的美称。

1．城址陵墓

西安地区的大遗址分布广泛，规模宏大。主城区的城市遗址包括：周丰京遗址、周镐京遗址、秦阿房宫遗址、秦咸阳城遗址、汉长安城遗址、唐大明宫遗址、五代新城遗址、宋金京兆府城遗址、元奉元路城遗址、明清西安城遗址、隋唐长安城遗址、曲江池遗址、半坡遗址、华清池遗址和秦栎阳城遗址等15个城址区。大陵墓共有33处：先秦帝王陵2处、秦汉帝王陵11处、隋唐帝王陵20处，包括秦始皇、汉武帝、唐太宗、武则天等帝王陵寝（图2-1-9）。

2．重要历史街区及市肆

西安有遗存的历史街区有北院门、三学街、竹笆市、德福巷、湘子庙、大唐西市、七贤庄等共计7处；无遗存的历史街区有汉代东西二市、大唐东市共计3处；以上10处共同构成了西安重要历史街区，承载了多样的市民生活，展现了深厚的历史文化内涵（图2-1-10）。

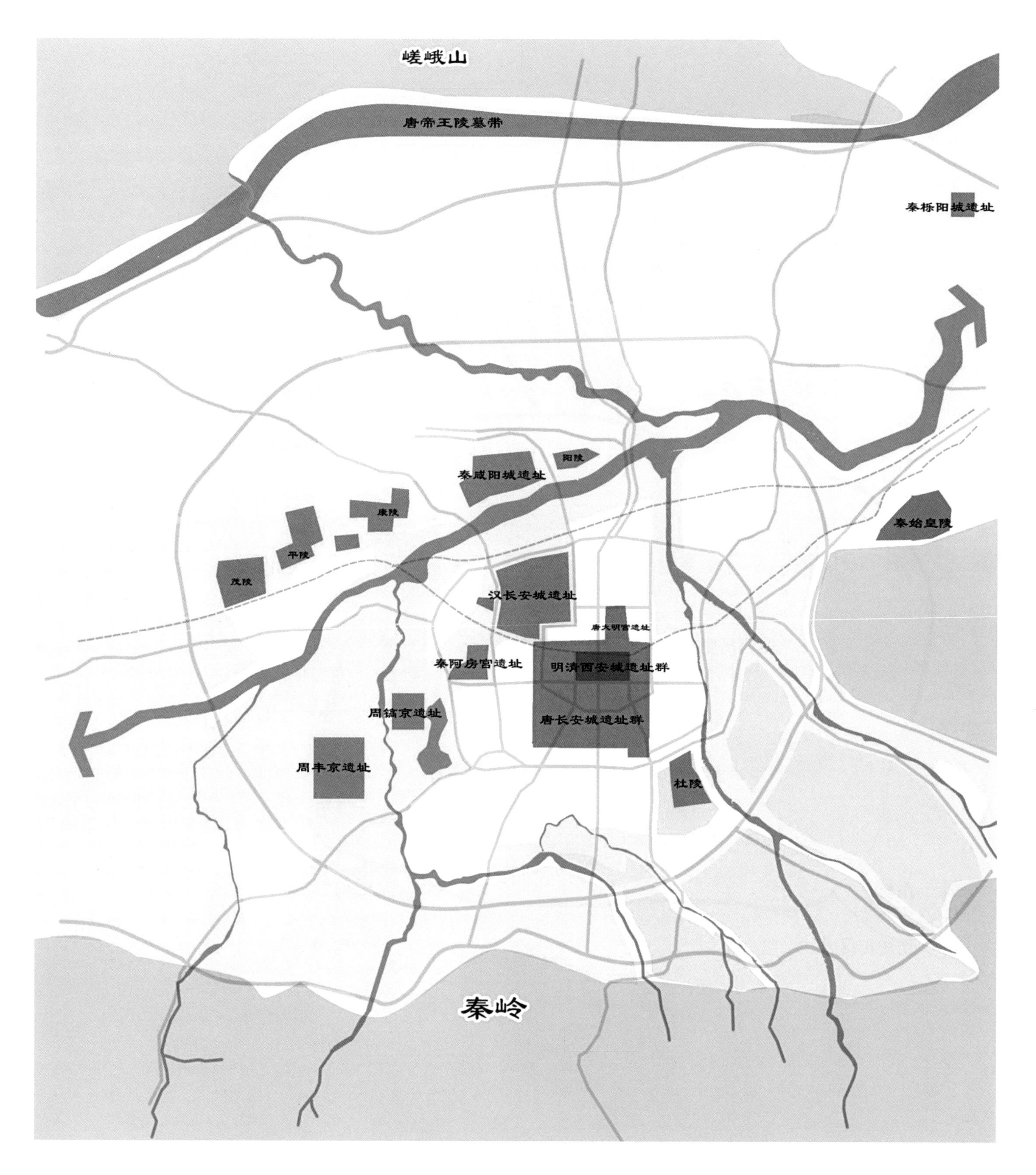

图2-1-9 西安主城区历史遗迹分布图（来源：李晨绘制）

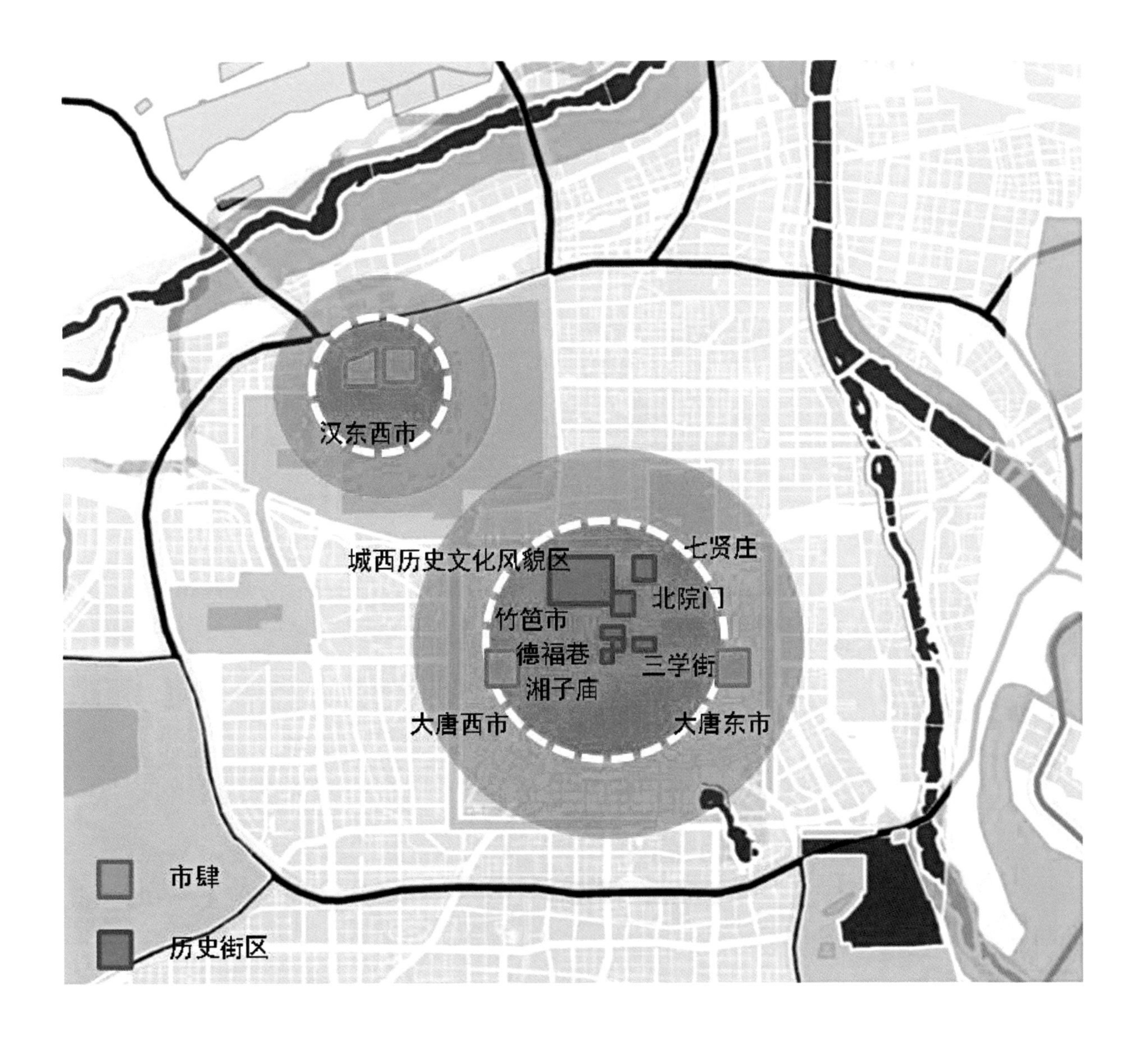

图2-1-10 历史街区分布图（来源：薛妍绘制）

3．历史园林

纵观西安园林发展的历史，可谓底蕴丰厚。周朝丰镐文王之灵囿，是中国园林的开始，秦宫汉苑堪为中国建筑宫苑之极品，秦代兰池宫的兰池水景，汉代建章宫的“一池三山”，奠定了中国山水园林发展的格局。唐代的宫廷园林、私家园林、景观园林，对后世园林艺术的发展也产生了深远影响（图2-1-11）。

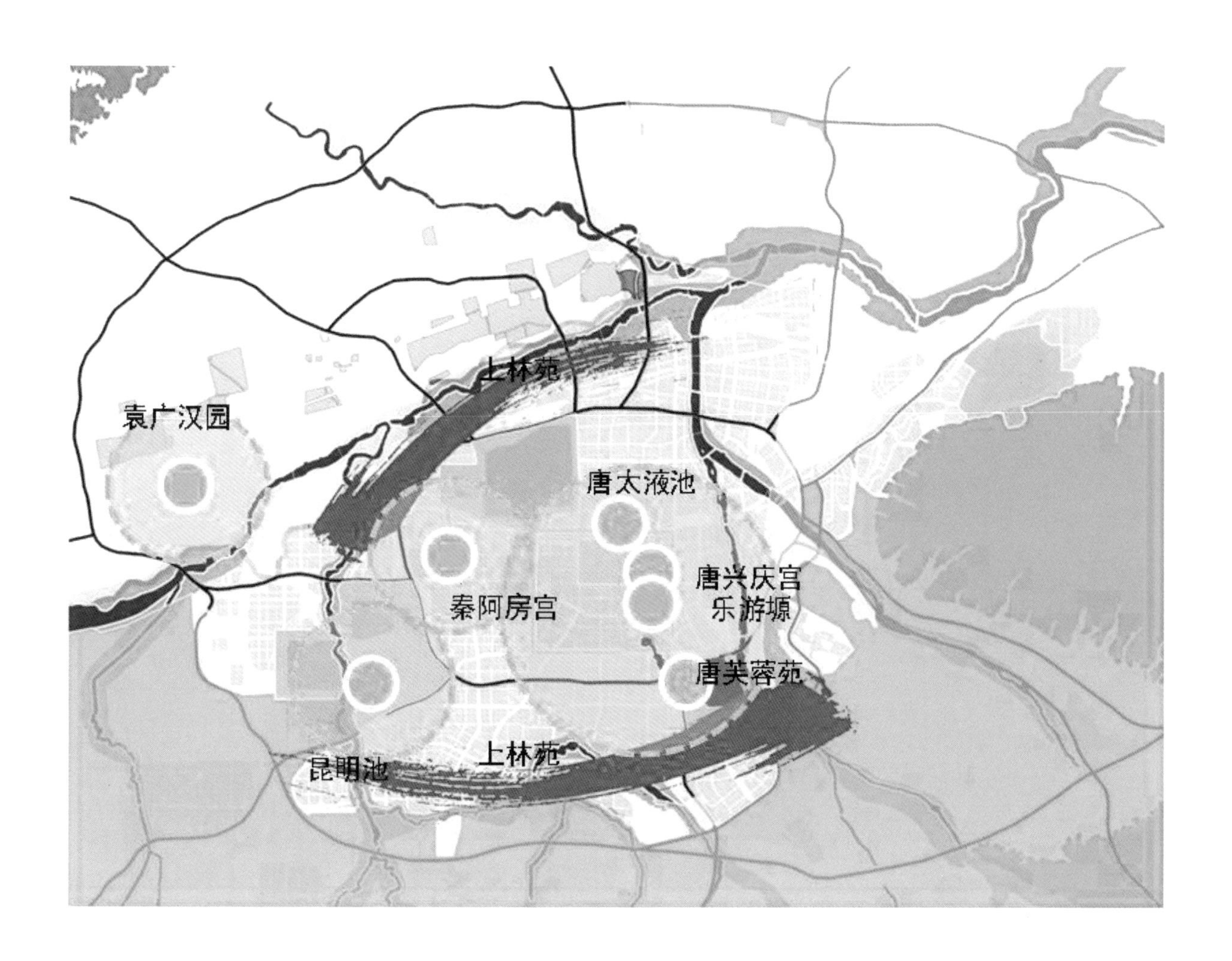

图2-1-11 历史园林分布图（来源：薛妍绘制）

2.1.6 丝绸之路起点

“开放包容、一脉相承”是西安丝路文化的核心精神。西汉张骞自长安出塞，开辟了东西方联络的丝绸之路，带动了古代东西方的共同繁荣。在当今“一带一路”倡议背景下，西安作为丝绸之路经济带的“新起点”，承担了未来欧亚互联互通、共赢共荣的重要使命。

在西安建城史上，尤以汉唐时期最为繁荣昌盛，这也是西安对中华历史和文化影响最为巨大的时期，其中丝绸之路的开通是西安发挥巨大影响力的重要条件。

丝绸之路始于西汉长安，是连接亚非欧的古代陆上商业贸易路线，促进了东西方之间经济、政治、文化的交流。汉武帝时期，张骞出使大月氏以联合夹击匈奴。随着西域局势的稳定，商旅往来日益频繁，久而久之形成了著名的丝绸之路。隋唐五代时期，中外交往频繁，甚至出现了“万国遣使”的盛况。唐朝有鸿胪寺接待各国使节宾客，国子监可接收众多外国留学生，在当时唐长安城已成为世界最大的国际都市。

丝绸之路在东西方交流上发挥了重要的作用，尤其在文化方面，更是将中华博大精深的文化与智慧传向世界，从而深刻影响了世界历史发展进程。第38届世界遗产大会上，丝绸之路成功入选《世界遗产名录》，西安5处遗产点成为世界文化遗产（表2-1-3）。

表2-1-3 西安丝路文化遗产表

申遗点名称	概况	价值
大雁塔	大雁塔位于西安市雁塔区，即唐长安城遗址南部，又称大慈恩寺塔，始建于652年（唐代），701年重建。经历代维修，现存塔为1604年（明代）修复	大雁塔是7～8世纪为保存玄奘法师由天竺经丝绸之路带回长安的经卷佛像而建。其所存石碑“大唐三藏圣教序”和“大唐三藏圣教序记”进一步佐证了大雁塔与丝绸之路佛教传播的历史
小雁塔	小雁塔位于西安市雁塔区，始建于707年（唐代），又称荐福寺塔。小雁塔初为15级密檐砖塔，后经多次地震损坏，又多次整修，现存13层，高43.38m	小雁塔是为保存义净带回的佛教经像而建。小雁塔所在的荐福寺，是唐代长安三大译经场之一，佐证了佛教自印度东传的历史，也见证了佛教在唐代长安的流行状况。小雁塔为唐代同类密檐砖塔中年代最久的遗存
汉长安城未央宫遗址	未央宫作为西汉都城最重要的宫殿，是汉帝国的权力中心，是汉长安城的核心组成部分，始建于公元前200年	汉长安城未央宫遗址是丝绸之路最早的东方起点。汉长安城未央宫遗址揭示了“丝绸之路”这一人类长距离交通和交流的文化线路之缘起，是丝路文化交流的重要见证
唐长安城大明宫遗址	唐长安城大明宫遗址位于今西安市北部的龙首塬上，地处唐长安城东北，南倚唐长安城北墙而建。始建于唐太宗贞观八年（634年），唐高宗龙朔二年（662年）重建，次年建成	唐长安城大明宫遗址是7～10世纪丝绸之路东方起点宫城遗址，是丝绸之路鼎盛时期东方起点城市唐长安城的代表性遗存
兴教寺塔	兴教寺塔位于西安市长安区杜曲镇兴教寺内，地处少陵塬畔。兴教寺西跨院名“慈恩塔院”，院内有玄奘和弟子窥基、圆测墓塔，3座塔呈“品”字形排列	兴教寺塔是唐代高僧玄奘法师及其弟子窥基、新罗弟子圆测的舍利墓塔。兴教寺塔佐证了玄奘师徒共同翻译阐释佛经以及在东亚地区发展弘扬佛教的历史

来源：根据相关资料整理。

2.1.7 诗词书画胜境

在西安历史上的繁盛时期，社会曾一度崇尚“兼收并蓄”，这种精神使我国传统文化呈现出异彩纷呈、奇峰迭起的盛况，留下了众多代表东方璀璨文化的唐诗、书法、绘画、手工艺等作品。

其中，唐代长安是诗坛中心，诗人荟萃之地，诗坛风源之始。在历代文人歌咏长安的诗歌中，唐代文人独领风骚，名家辈出，其中超过一半唐诗描写的场景或事件与唐长安相关，众多诗作无一不体现着时代的风格和精神。根据内容，这些诗歌主要分为历史咏怀、长安情怀、园林别业、山水形胜四大类（表2-1-4）。“长安回望绣成堆，山顶千门次第开”“去年今日此门中，人面桃花相映红”“夕阳无限好，只是近黄昏”等描写长安的诗篇至今广为流传。

西安书法艺术源远流长、书法家众多，从唐太宗设置弘文馆就可以看出书法艺术备受重视。宋代建立的石刻碑林中3000余件藏石蔚然成林，上溯秦汉，下窥明清，是我国收藏古代碑石时间最早、数目最大的一座书法艺术宝库，这些碑石、墓志均出自各代名家的手笔，汇集了楷、草、隶、篆各类书体。书圣王羲之、唐代书法家欧阳询、颜真卿、柳公权等人的作品已成为西安的书法宝库。中国绘画史上的杰作《溪山行旅图》正是范宽长期生活在古长安深入观察北方山川景物之真实写照。此外，著名的唐三彩亦诞生于唐长安时期，它在中国的陶瓷史上和美术史上有着重要地位。彩陶是长安绘画的起源，而隋唐时期是长安绘画最为辉煌灿烂的阶段。

表2-1-4 唐诗名句摘录

类别	诗句	诗人	诗名
历史咏怀	秦王扫六合，虎视何雄哉！挥剑决浮云，诸侯尽西来。明断自天启，大略驾群才	李白	《秦王扫六合》
	竹帛烟销帝业虚，关河空锁祖龙居。坑灰未冷山东乱，刘项原来不读书	章碣	《焚书坑》
	昆明池水汉时功，武帝旌旗在眼中。织女机丝虚夜月，石鲸鳞甲动秋风	杜甫	《秋兴八首》
	青雀西飞竟不回，君王长在集灵台。侍臣最有相如渴，不赐金茎露一杯	李商隐	《汉宫词》
	中天或有长生药，地上能无不死人	白居易	《曲江醉后赠诸亲故》
长安情怀	客里愁多不记春，莺闻始叹柳条新。年年下第东归去，羞见长安旧主人	豆卢复	《落第归乡留别长安主人》
	花繁柳暗九门深，对饮悲歌泪满襟。数日莺花皆落羽，一回春至一伤心	钱起	《长安落第》
	朝叩富儿门，暮随肥马尘。残杯与冷炙，到处添悲辛	杜甫	《奉赠韦左丞丈二十二韵 》
	尽日吟诗坐忍饥，万人中觅似君稀。僮眠冷榻朝犹卧，驴放秋田夜不归	王建	《寄贾岛》
	自怜无旧业，不敢耻微官	岑参	《初授官题高冠草堂》
园林别业	主第山门起灞川，宸游风景入初年。凤凰楼下交天仗，乌鹊桥头敞御筵	沈佺期	《陪幸太平公主南庄》
	长安回望绣成堆，山顶千门次第开	杜牧	《过华清宫》
	城上春云覆苑墙，江亭晚色静年芳	杜甫	《曲江对雨》
	南登杜陵上，北望五陵间。秋水名落日，流光灭远山	李白	《杜陵绝句》
山水形胜	去年今日此门中，人面桃花相映红	崔护	《题都城南庄》
	夕阳无限好，只是近黄昏	李商隐	《登乐游塬》
	镜池波太液，庄苑丽宜春	李世民	《登三台言志》
	寺好因岗势，登临值夕阳。青山当佛阁，红叶满为廊	朱庆	《题青龙寺》

来源：侯帅整理。

2.1.8 宗教文化祖庭

西安是中国佛教圣地与重要中心，是佛教法相宗、密宗、净律宗、华严宗、法性宗、净土宗的祖庭，也是中国佛教“三大译场”的所在地，是以玄奘、义净、空海为代表的中外佛教文化交流中心，还是我国佛寺保存最多的两座城市（北京、西安）之一。西安是道教的重要发源地，是道教思想和理论的源脉之地。我国古代北方道教大宗——楼观道的祖庭便位于终南山楼观台，被称作“道源仙都”，祖庵重阳宫是宋元以后对全国道教有重大影响的全真道的祖庭，被称作“全国七十二路道教总汇之地”。西安还是我国道观保存数量最多的城市之一，有“中国道教的道法重地”之名。终南山是中国宗教文化从初始到完善的生发之地，以终南山为中心，关中区域多教并存，使中国宗教文化呈现出和而不同、五教共荣的生机（图2-1-12）。

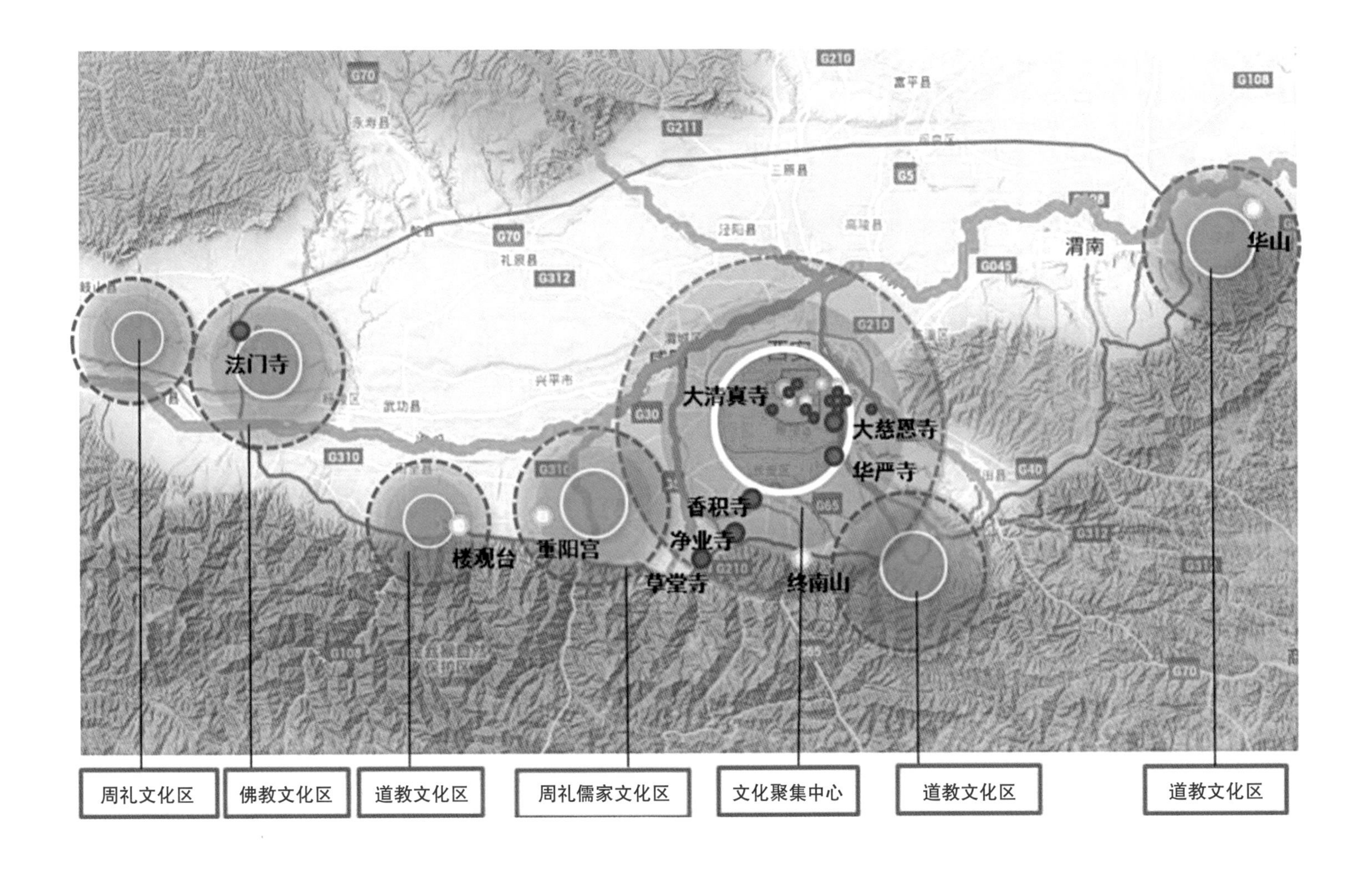

图2-1-12 寺庙道观位置分布图（来源：薛妍绘制）

2.2 现代城市特色认知

2.2.1 历史文化名城

西安是中国建都最早、建都最久、建都朝代最多的城市，是国务院批准的第一批国家历史文化名城，浓缩了中国古代历史的精华：从奴隶制社会的顶峰西周王朝、第一个大一统帝国秦朝、第一个盛世王朝西汉到古代社会的顶峰唐朝，从成康之治、文景之治、汉武盛世、昭宣盛世、开皇盛世、贞观之治到开元盛世，西安书写了中国古代历史最华彩的篇章，真实呈现了中华文明作为世界上延绵至今的文明，在古代久远的历程中最为精彩与经典的一段连续历程。

2.2.2 丝路枢纽中心

国家“一带一路”倡议提出西安要打造丝绸之路新起点。“一带一路”东牵亚太经济圈，西系欧洲经济圈，横跨整个欧亚大陆，涉及40多个国家、5000余万km^2土地，覆盖人口30多亿（约占全球50%），市场潜力巨大，被称为“21世纪的战略能源和资源基地”。传承古丝绸之路开放包容的精神，西安正在建设国际交流合作窗口和国家内陆合作高地。其中比较重要的节点有国际交流合作窗口——欧亚经济论坛、中国第一个国际性内陆港口——西安国际港务区、全国八大区域性枢纽机场之一——西安咸阳国际机场等（图2-2-1）。

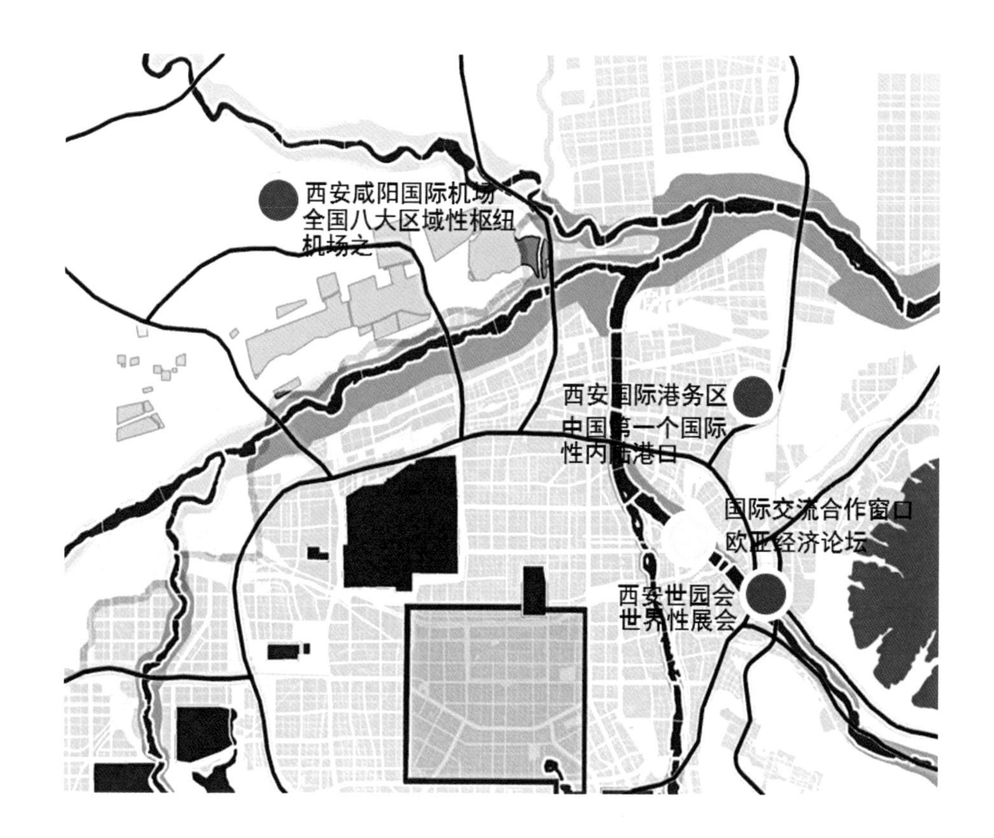

图2-2-1 西安市主要国际窗口分布图（来源：魏阿妮绘制）

西安有西部能源金融中心、货物流通中心：在金融方面，西安将成为未来丝路经济带能源交易的承载地和实施区；在商贸物流方面，电商企业云集，多个全国一级运营、分拨中心布局于西安，统领了西北地区业务。西安国际港务区是中国第一个不沿江、不沿海、不沿边的国际陆港。空港新城临空物流区是一流国际航空物流枢纽，是现代物流设施和信息技术汇集、物流服务与产业融合的示范区，立足西部、服务全国、辐射欧亚（图2-2-2）。综合以上，西安具有作为新亚欧大陆桥上重要物流节点和国际港口型城市的发展潜力。

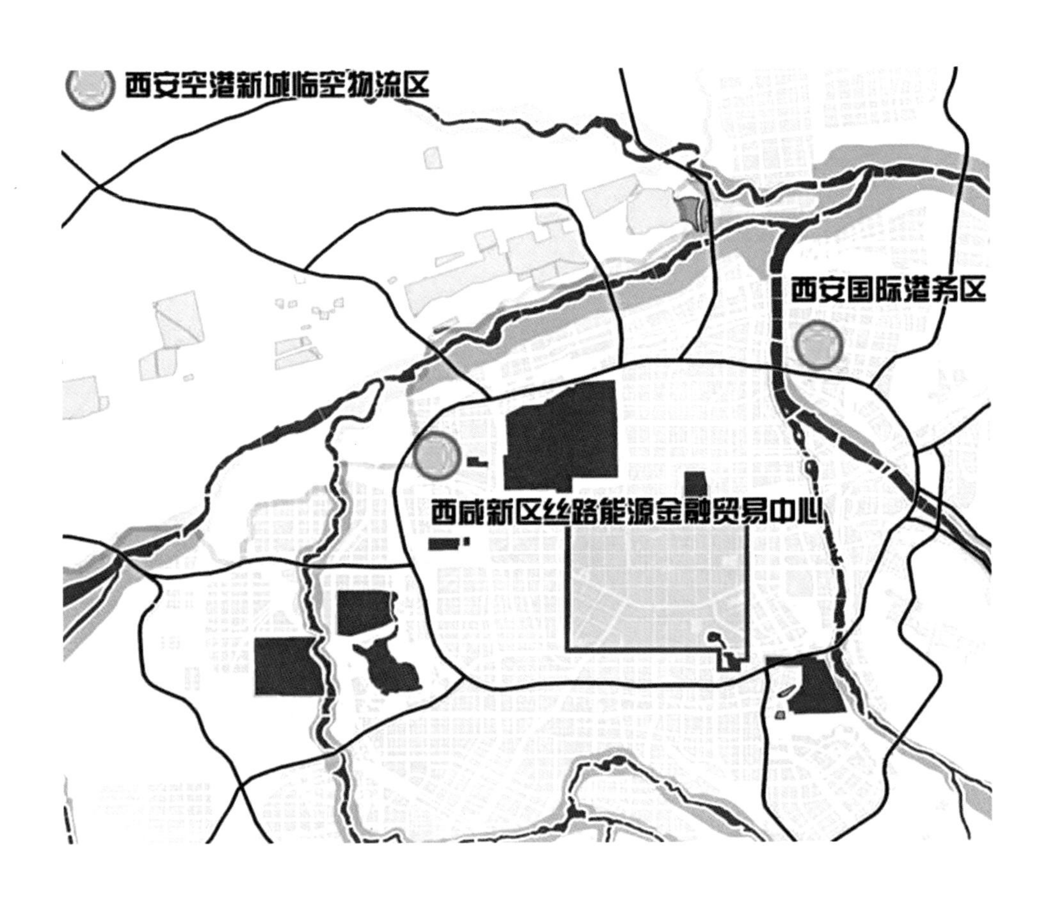

图2-2-2 西安物流能源枢纽分布图（来源：魏阿妮绘制）

2.2.3 航空航天基地

航空航天技术是西安建设丝绸之路经济带新起点的最大亮点之一。中国航空第一城、亚洲最大的航空工业基地——阎良航空城，有全国最大的飞机制造企业、全国唯一的大中型飞机设计研究院、全国唯一的飞行试验研究鉴定中心，将为整个丝路沿线国家发展航空工业、航空运输提供强大的物质装备和技术支撑。西安是中国航天动力之乡，西安卫星测控中心是中国卫星测控网的中心结点。国家民用航天产业基地是西安建设国际化大都市的重要功能承载区。西安是中国国防科技重地，火炮、智能弹药的重要研制机构等都在西安布局，同时西安也是我国水中兵器、舰船动力研制生产基地。这些将为西安形成高新技术研发新的增长极提供巨大的动力（图2-2-3、图2-2-4）。

航空基地	
全国唯一	以航空为特色的国家级开发区
	飞行试验研究鉴定中心
	通用航空试点园区
	大中型飞机设计研究院
	航空科技专业孵化器
亚洲最大	“五位一体”航空城
全国最大	飞机制造企业

航天基地	
全国唯一	国家级航天专业化经济技术开发区
	“军民融合”为方向的“国家新型工业化产业示范基地”
	国家级航天专业技术性创业服务中心
国家首批	大学生科技船业基地

图2-2-3 航天航空基地（来源：魏阿妮整理）

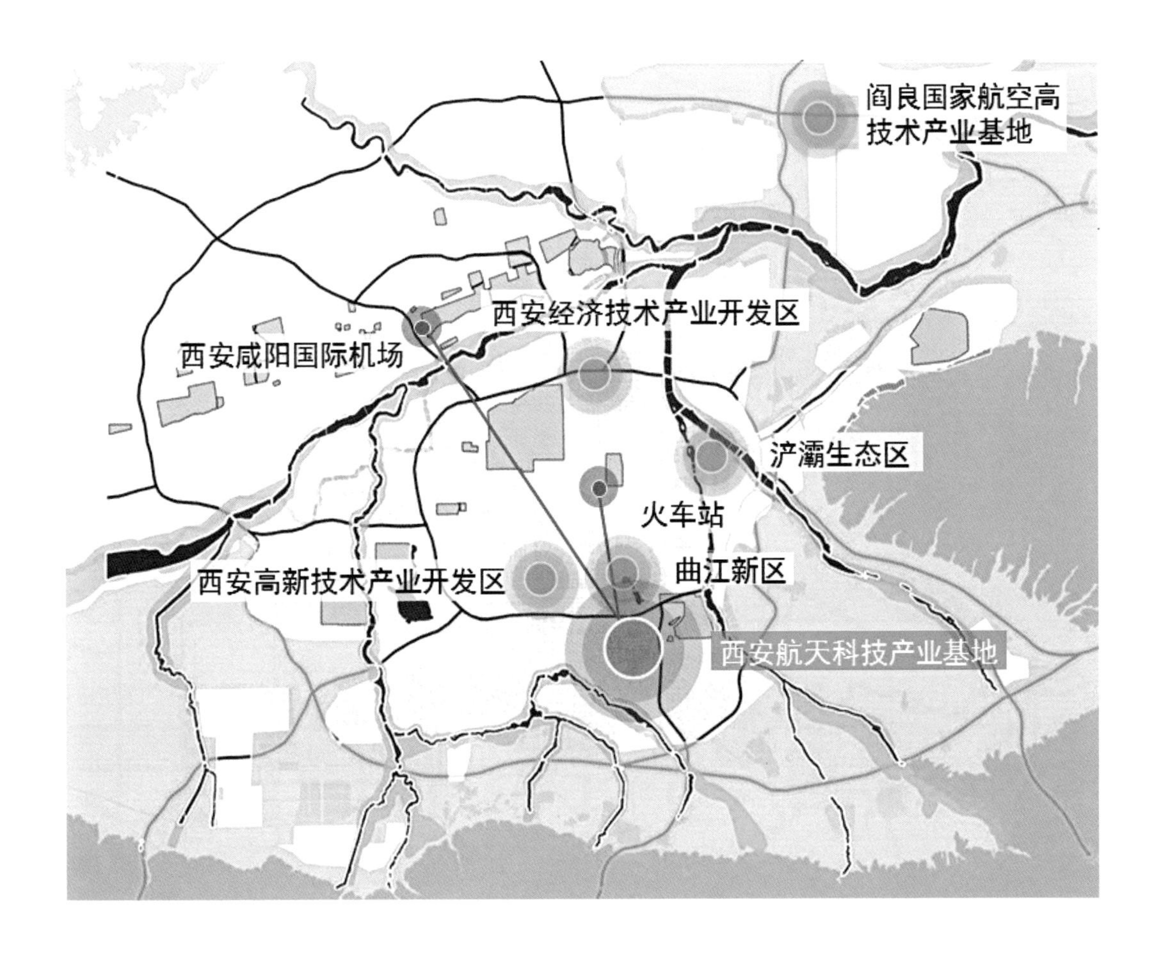

图2-2-4 西安航天科技产业基地示意（来源：魏阿妮绘制）

2.2.4 科研教育高地

西安是国家重要高等教育基地，高校总数及在校大学生人数均位于全国前列。西安市现有普通高等院校37所，民办及其他高等教育机构36所（全国第一），另有8所军事院校。其中国家级重点学科60个，省部级重点学科385个，博士点334个，硕士点826个，两院院士60余位。

西安是国家科研创新之城。在航空、航天、国防科技领域，西安均位于国家前列；高新区、三星城等电子科技领域也处于上升发展阶段；杨凌农业高新技术产业示范区是中国唯一的农业高新技术产业示范区，也是我国三大农业示范区之一（图2-2-5）。

图2-2-5 西安市科研教育资源分布图（来源：徐娉绘制）

2.2.5 世界旅游胜地

西安是世界级的旅游目的地。大西安范围内的旅游资源总量大、类型全、赋存丰富，其中文化旅游资源具有密度大、保存好、级别高的特点。西安遗址资源备受世界瞩目，拥有一大批等级高且具有“垄断性”的历史遗址类旅游资源，如世界文化遗产之最——丝绸之路（西安是丝绸之路的起点）、世界第八大奇迹——兵马俑等。西安周边生态资源充足，如西岳华山、太白山等大批秦岭中的奇秀山峰，知名度高且景色秀丽（图2-2-6）。西安地方美食也是引人瞩目的市井文化。专门介绍亚洲旅游的CNNgo网站于2012年公布全球网友选出的“亚洲十大最佳小吃城市”中，西安位列第二，饮食文化影响力可见一斑。

图2-2-6 西安旅游资源

2.2.6 生态宜居之城

山、水、田、塬协调共生，人与自然和谐共处，丰富的自然景观共同构成了大西安的良好生态环境。享有“中国国家中央公园”“世界生物基因库”等美誉的秦岭与阿尔卑斯山、落基山齐名，横贯东西，是关中城市群的天然生态屏障，同时也是城市重要水源地和“气候调节器”，更是西安经济可持续发展和人民生产生活的生态源泉。秦岭孕育了周边西安、洛阳等历史城市，成为中国传承价值思想的源脉地，是中华文明的象征，是中华民族的根脉，被誉为“中华民族的父亲山”。

南依秦岭，北傍渭河，现代西安将建设渭河中央公园，恢复、重建古朴、壮美的大自然山水特色，将渭河西咸段建设成为西安国际化大都市城市休憩生活的滨水园区，再现“渭水贯都、以象天汉”的浩瀚场景。“八水进长安”的城市水系新格局和具有水文化特色的魅力城市正在形成。此外，西安结合“引汉济渭”水利工程修复西汉著名园林昆明池，建设西咸新区田园城市和浐灞生态区，为打造生态宜居之城添砖加瓦（图2-2-7）。

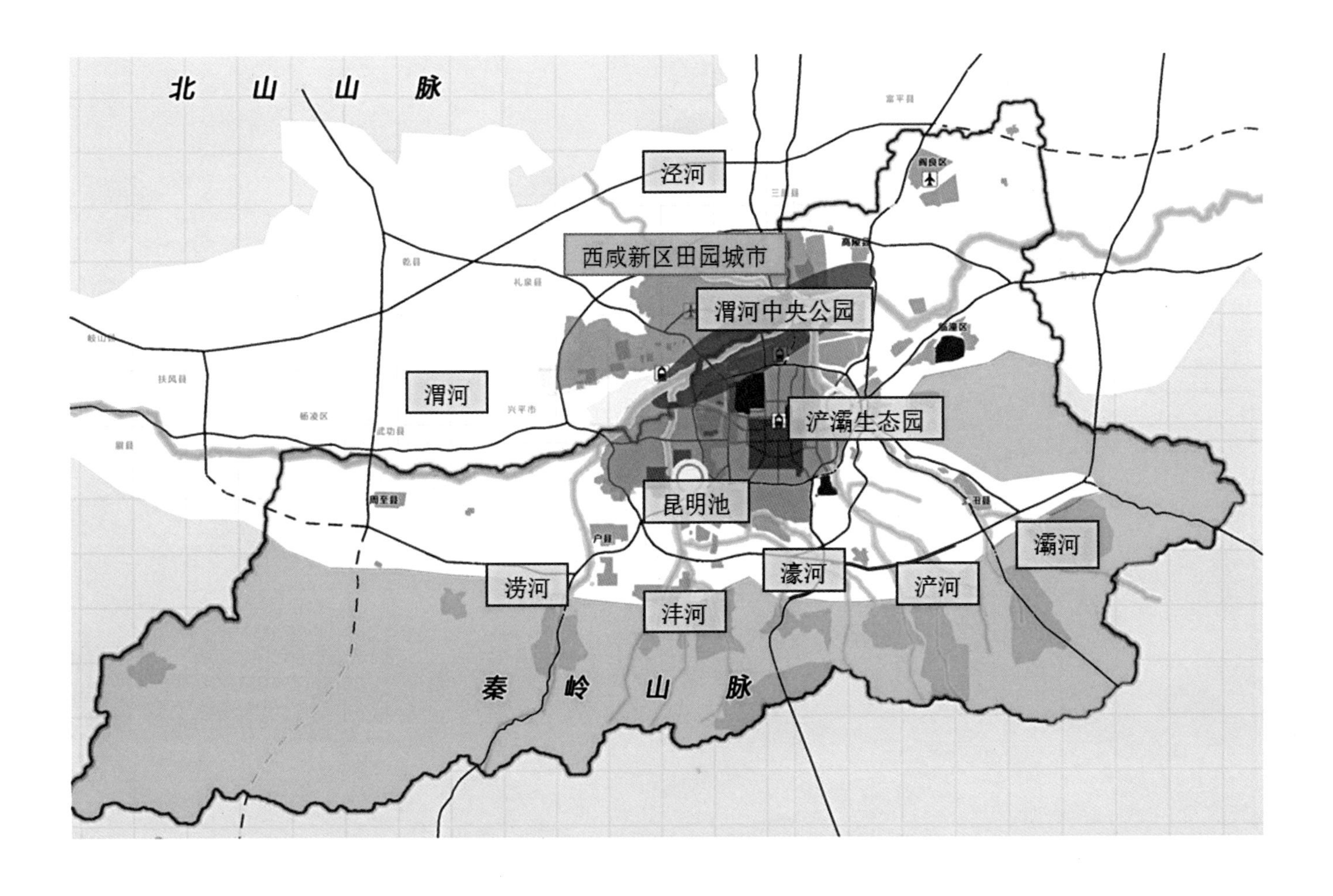

图2-2-7 西安生态要素分布图（来源：舒美荣绘制）

2.3 目标与形象定位

以上认知从更宏观的历史维度和地理维度，将“关天区域”作为整体对象，揭示了其作为中华文明之源的重要地位，这对于在区域环境中把握西安定位至关重要。其次，从都城脉络、营城典范、丝路起点、宗教祖庭、教育高地等多个维度展开的文化特征分析，将作为西安未来形象定位和设计目标的重要支撑。同时，基于历史与现代文化的综合认知，西安总体城市设计将着力从文化价值复兴、生态环境共融、现代内涵提升、文化意蕴感知四个关键方面入手，形成以核心问题为导向的空间应对，力求突出西安最鲜明的城市特色。

秉承文化与生态优先、内涵式发展与存量品质提升、历史脉络与城市精神活化的理念，通过总体城市设计对西安文化价值的揭示和展现，将西安建设成为彰显中华文明复兴的代表性城市、传承东方文化精华的国际化现代都市，旨在以历史文化为特色，彰显文化自信、提高文化自觉。

在这一目标引领下，西安的城市形象定位是：千年故都，山水长安，丝路起点，国际名城。西安将在现实发展基础上承古开新，建立文化生态之城、商贸休闲之城和科技创新之城兼具的未来国际化大都市。

3

核心问题研究与空间对策

通过对历史与现代文化认知，西安总体城市设计明确了四个关键问题：历史文化保护与展示、山水共融的生态环境、现代城市形象提升、城市精细化管理。其中，历史文化保护与展示将结合区域发展目标、城市特色资源，区域协同计划、都城脉络保护、唐城结构修复、软质文化活化等，呈现大西安在中华文明历史长河中的重要地位。对重要文化信息进行活化与微观表征，从而建构富含历史与现代文化信息的整体感知框架。山水共融的生态环境将以生态文明建设为目标，通过生态修复计划、生态隔离计划、山水再现计划、花海融城计划、八水润城计划等，全面营造绿色生态西安。现代城市形象提升将结合城市发展基础与产业优势，重点展示特色产业、构建特色交通、营造特色生活、提升特色空间、建设丝路起点。城市精细化管理将重点探索城市设计与控规等法定规划的衔接，增强可操作性，实现城市设计在城市精细化管理中的地位提升。

3.1 历史文化保护与展示

3.1.1 历史文化遗存现状

1．区域文化格局现状

打破行政区划界限，从文化层面理解，“关中–天水”地区是中华文明的重要发祥地，是一个难以分割的整体文化圈，具有文化资源与旅游产业等方面的整体优势。但两地合作发展较缓慢，整体文化资源价值未得到充分认知，文化旅游产业未得到充分发展，关中–天水区域文化大格局尚未形成。

2．都城脉络体系现状

西安都城遗址群具有数量多、分布集中的特点，遗址在时间、空间、文化上有很强的延续性。随着快速城市化发展，都城遗址虽得到一定保护，但保护内容以遗址本体为主，未能在城市层面形成整体与系统的保护展示，不利于揭示我国古代都城发展高峰时期的整体脉络，也影响了都城演化历史足迹的整体呈现。周秦汉唐形成的“周丰镐遗址—秦王宫与阿房宫遗址—汉长安城遗址—隋唐长安城”遗址带，已经出现被城市建设隔断的趋向，大遗址周围高楼不断拔起，遗址整体空间环境遭到破坏。

3．历史遗址保护现状

（1）都城遗址

西安考古挖掘的都城遗址有西周丰镐遗址、秦咸阳宫遗址、汉长安城遗址、隋唐长安城遗址，四处都城遗址均被列为全国重点文物保护单位，得到了一定的保护。其中，西周丰镐遗址、秦咸阳宫遗址、汉长安城遗址已划定保护范围进行面状保护，但在文物遗迹保护、保护区内村民安置、环境整治等方面仍存在诸多问题有待解决。

隋唐长安城遗址被现状大片城市建设覆盖，遗址包括宫城、皇城和郭城的城墙、门址、宫殿官署建筑遗址、东西两市、坊里街道官邸、池苑等遗存。目前唐城墙局部地段已保护，并形成唐城墙绿化带、唐城墙遗址公园（南城墙所在地）以及东城墙部分段落绿化带等。朱雀门、开远门、金光门、明德门、安化门等虽已经过考古位置确定，但现状多被现代建设占据；通化门位置还在考证中。唐长安西市已打造成为以商业为主体功能，以丝路风情和文化为特色的综合性商业地产项目。东市遗址位于西安市经九路北段以西，咸宁路西段以北，目前尚未恢复。现存寺庙道观建筑主要有大慈恩寺大雁塔、荐福寺小雁塔，将恢复的有天坛遗址公园。玄都观尚未恢复，社稷庙、祖坛已不复存在。民国以来，朱雀大街遗址受城市建设和居民住区叠压，朱雀路、雁塔西路、小寨西路、南二环、友谊西路、环城西路、西大街等城市干道从遗址穿过，多重历史信息叠压沉积严重（图3–1–1、图3–1–2）。

（2）其他文物古迹

现状多处文物古迹未得到有效保护。一方面，部分遗迹本体资源被侵占，如城北的薛家寨汉墓群遗址遍布废品收购站、养殖场、洗车场等，墓群封土受到一定破坏；另一方面，遗址周边遍布高层建筑群，遗址本体成为城市“盆景”。

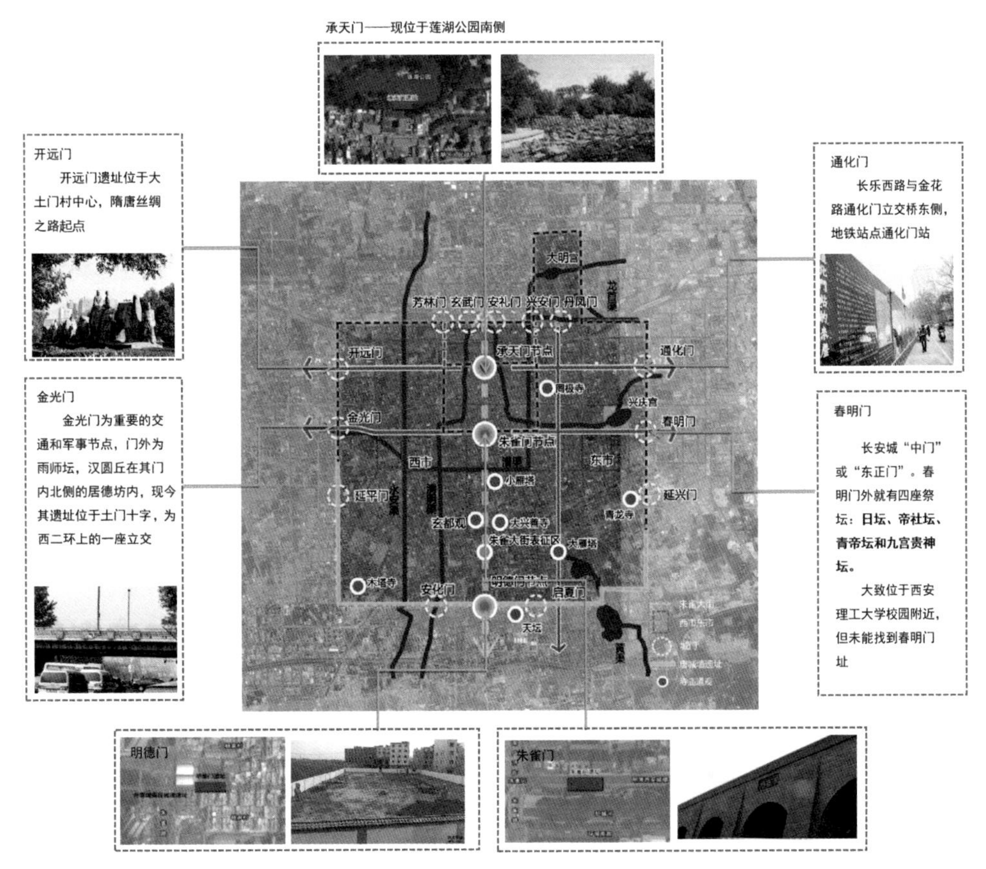

图3-1-1 唐长安城现状节点图（来源：薛妍绘制）

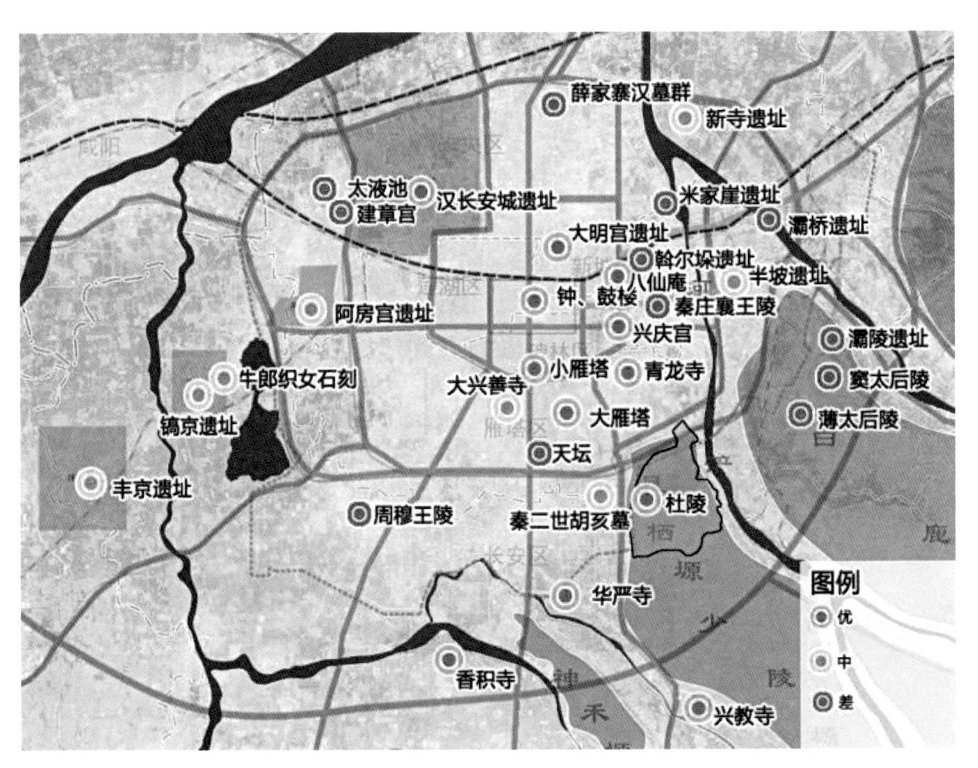

图3-1-2 西安主城区历史文化遗址现状图（来源：薛妍绘制）

4．丝绸之路遗址现状

目前，丝绸之路遗址主要有横桥、直城门、开远门、鸿胪寺、西市等。唐朝时丝绸之路的起点以开远门（今大庆路与西二环交界处南）为标志。开远门是隋唐长安郭城西城墙最北的城门，作为隋唐长安郭城西面的通衢大门，开远门见证过许多重要的历史事件。开远门遗址现为开远半岛高层居住区所占据。开远门遗址东北处大庆路绿化带有丝绸之路群雕，保存较为良好；东南处为中国历史上第一个基督教堂景教寺遗址所在地。

汉代丝绸之路的起点可以推测是汉长安城的直城门，现建有直城门广场，周围为汽车厂大型建筑和城中村。唐代在皇城东南和西南的外郭城内设有东、西市贸易中心，为东西方经济文化的交流中心和当时世界上最发达的商城之一。横桥原是秦代建于渭水上的一座古桥，承载了重要的历史信息，今为西咸新区一座联通西安和咸阳的公路桥，北接咸阳窑店镇小寨村，南连西安草滩八路。唐朝时，商旅多经由此地，向西而行。鸿胪寺是唐朝中央九寺之一，与其他诸寺的最大不同是，它主管外交及少数民族的接待事务，即“宾客之事”，现遗址区内为住宅区。

5．诗词歌赋空间现状

将长安唐诗诗境按照对应空间分为三类：与现实空间明确对应的诗中地点；与现实空间模糊范围对应的诗中地点；与现实空间无对应的地点。

其中，与现实空间明确对应的诗中地点有：华清池、大雁塔 、曲江池、乐游塬、杜陵、香积寺、青龙寺、观音台、街西诸坊、小雁塔、蓝田石门谷、长乐宫、少陵、太液池、长安东城城门、茂陵等。与现实空间模糊范围对应的诗中地点有：骊山、白鹿原、灞河、终南山 、太白山、渭水、泾水、咸阳、潼关、樊川、马嵬、渼坡、六爻等。

为凸显独特的中国唐诗文化意境，实现广义的诗境重现，对唐诗中有明确对应的30个地点进行现状调研，发现以下三类问题：（1）遗址完全被现代城市建设所取代；（2）遗址本身未被取代，但周边已被现代城市建设所包围；（3）遗址较大且完整，只是曾经的意境被现代气息影响。如著名诗句“夕阳无限好，只是近黄昏”所描写的乐游塬，周边环境已被“钢筋混凝土森林”吞噬，曾经优美的景象已经消失。“红尘白日长安路，马走车轮不暂闲”所描写的长安路古时熙熙攘攘的商业氛围如今也不复存在。但有些诗境场所氛围尚存，特别是模糊环境氛围尚可营建，经过必要的整理改造，可以期待形成“诗意栖居”的城市氛围。

6．历史生活体系现状

历史生活体系主要包括服饰装饰类、小吃食品类、游园踏青类、戏曲文艺类、娱乐竞技类、琴棋书画类、礼仪祭祀类等。

服饰装饰类：各时期的服饰着装均有文献和图画记载，款式质地均可复原。现代人们仅在特殊的场所和节庆穿着汉服唐装，但传统的配饰如腰间玉佩等均已略去，女子妆容发饰以及护肤品等，已消失于市民文化中。

小吃食品类：经过长期衍化，各历史时期的民间小食已融入现代生活，地域特色鲜明的小食花样较多，如肉夹馍、羊肉泡馍、各色面食等。而宫廷菜系等高档吃食多已失传。近年来，人们对于古代菜式的研究兴趣高涨，仿唐菜的餐馆在城市中也得以觅见。

游园踏青类：以汉朝时期的兴庆宫为基础建成了今日的兴庆宫公园，唐朝时期曲江一带皇家园林中的绝大部分也得以保留并扩建。

戏曲文艺类：秦腔历史久远，是国粹京剧的重要源头，目前在西北地区依然有广大的听众群。唐代时兴的皮影戏等也成为重要的文化遗存。但戏曲已不再是现代城市人群闲暇时的主要娱乐活动。

娱乐竞技类：马球、步打球、骑射、蹴鞠、木射在历史上均盛极一时，之后便消失踪迹。

琴棋书画类：古琴如琵琶、古镇萧均得以传承，但学习传统乐器的人较少。棋类文化影响广泛，不仅有深厚的群众基础，而且走出了国门。

礼仪祭祀类：成人礼在近年得到追崇，学校及家庭为少年举行加冠及笄礼。除此之外，祖先祭祀活动日趋得到重视，黄帝陵祭祀已成为具有影响力的重要活动。

上述现状反映的问题大致归为七点：

（1）关中–天水地区是中华文明的重要发祥地，文化渊源深厚，但区域整体关联性不强，区域文化大格局尚未形成；

（2）西安都城遗址群与帝陵遗址群是世界范围内罕见的完整遗址脉络体系，但目前未得到整体的保护与展示；

（3）唐长安城是东方营城的典范，历史营城格局已逐渐被现代城市建设所淹没，亟待保护与展示；

（4）部分历史文化遗产未得到有效保护，遗址周边高层群立，遗址成为城市“盆景”；

（5）丝路遗产丰富，但不少遗址被现代城市建设占据，亟待保护整理；

（6）西安是唐诗这一中国独特经典文化的重要承载地，但历史唐诗的意境难觅，应该适度再现唐诗胜境，重塑国际诗城地位；

（7）历史文化生活内涵丰富，形式多样，有些依然在现代生活中扮演着重要角色，或者变异发展。

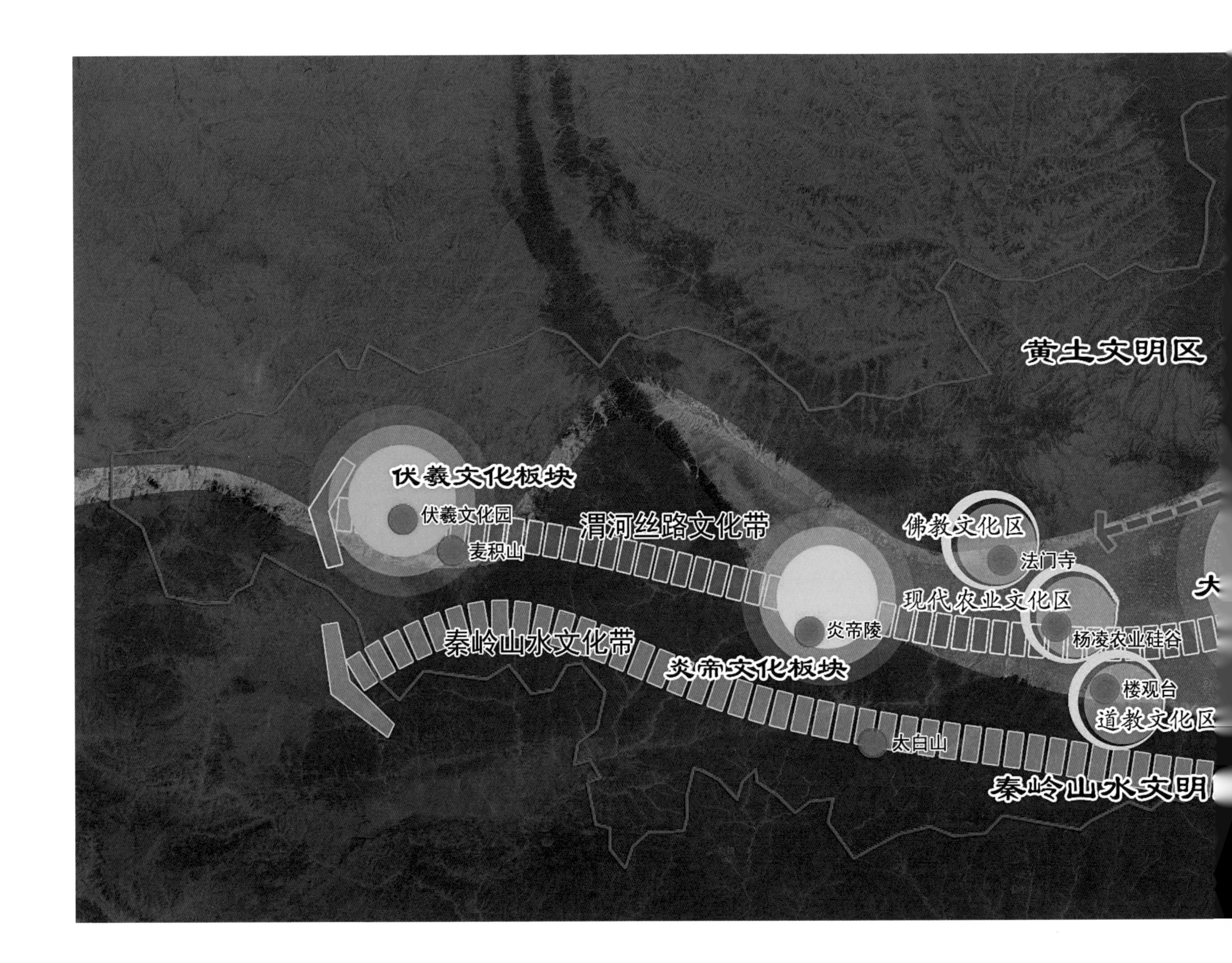

图3-1-3 关天区域文化格局图（来源：李晨绘制）

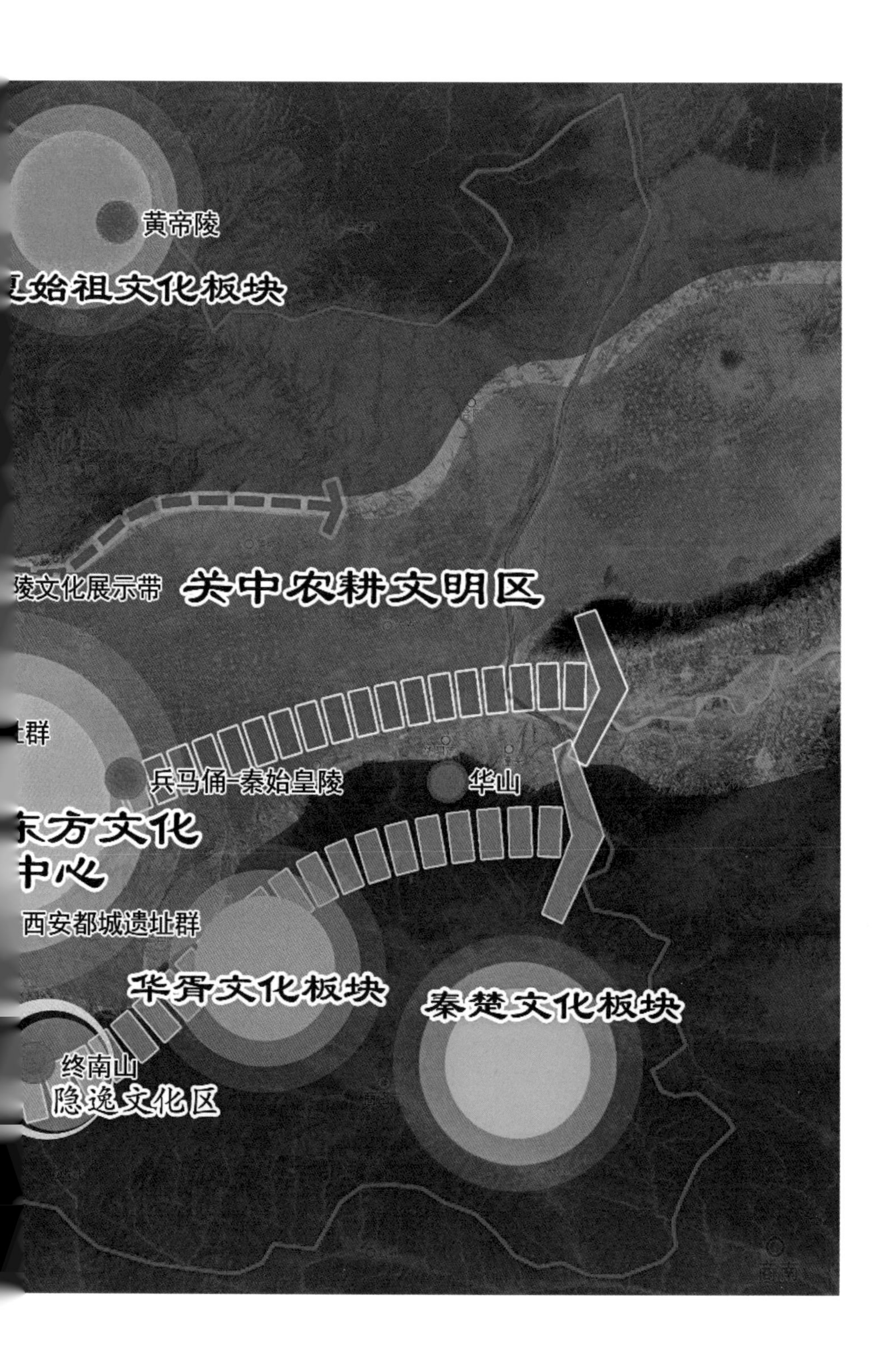

3.1.2 历史文化保护与展示策略

通过区域文化格局整合、都城脉络保护、唐城结构修复、历史意蕴再现四大策略彰显西安历史文化内涵与氛围。协同区域文化资源，强化以西安为中心的大区域文化格局；保护周秦汉唐大遗址及帝王陵带，展示千年都城脉络；保护修复唐城结构体系，展示诗词歌赋等软实力，打造唐诗主题园、周秦汉唐主题城等重点项目，再现历史情境。

1. 文化格局整合——中华文明之源

其一，构建关天文化格局，整体形成“一心三带、五大板块、七大文明文化区”的文化格局。

一心：即大西安东方文化展示中心，是关天区域文化核心展示平台和旅游服务枢纽。

三带：以渭河丝路文化带为主，以秦岭山水文化带和唐帝陵文化展示带为辅，带动关天地区旅游文化一体化发展。

五大板块：以黄帝陵为标志的华夏始祖文化板块，以西府宝鸡为依托的炎帝文化板块，以天水为依托的伏羲文化板块，以华胥陵为依托的华胥文化板块，以商洛为依托的秦楚文化板块，共同构成关天远古文明脉络与格局。

七大文明文化区：结合大西安周边自然地理地貌，形成黄土文明区、关中农耕文明区、秦岭山水文明区，三大文明区共同构成大西安文化基底。在此基础上，形成四大特色文化区，包括以法门寺为标志的佛教文化区，以杨凌农业硅谷为核心的现代农业文化区、以楼观台为标志的道教文化区，以钟南山为标志的隐逸文化区（图3-1-3）。

其二，依托大西安历史沉淀的多元文化和环境载体，形成不同尺度的地域文化圈。其中包括围绕古都遗址形成的周秦汉唐古文化区域、周边自然山水文化区域等。在这一体系中，历史文化、山水文明、外来文化各得其所，相互碰撞，从而实现开放包容、多元创新的长安文化复兴。地域文化圈包括隋唐都城文化圈、汉都城文化圈、秦都城文化圈、西周都城文化圈、骊山秦唐文化圈、黄土塬文化圈、关中农耕文化圈、秦岭山水文化圈、黄土高原文化圈等（图3-1-4）。

其三，在区域层面上对史前文化遗产进行保护与展示。以保护地下遗址资源为核心，遵循原真性、完整性、连续性等原则，建设考古遗址公园和博物馆，营造原始氛围，增强人们对史前原始文明的认知与体验。组织以史前探秘为主题的旅游路线，策划“梦回远古”“感怀陶文化”等主题旅游活动，增强人们对西安作为华夏文明源脉的整体认知。举办大型史前文明学术研讨活动，结合史前遗址在建筑学、植物学、人类学等方面的学术价值，举办学术活动，推动史前文化展示（图3-1-5）。

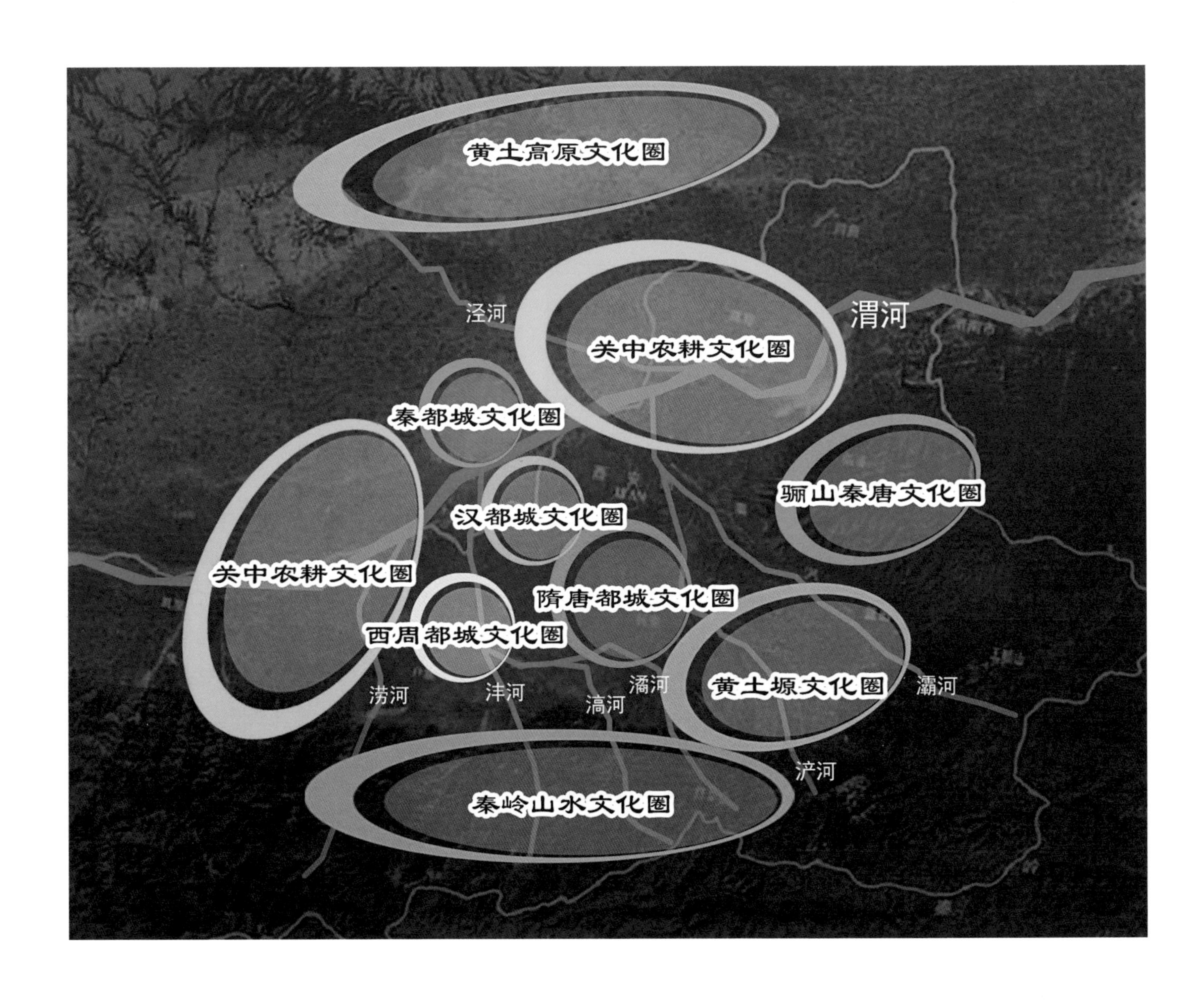

图3-1-4 大西安文化圈（来源：李晨绘制）

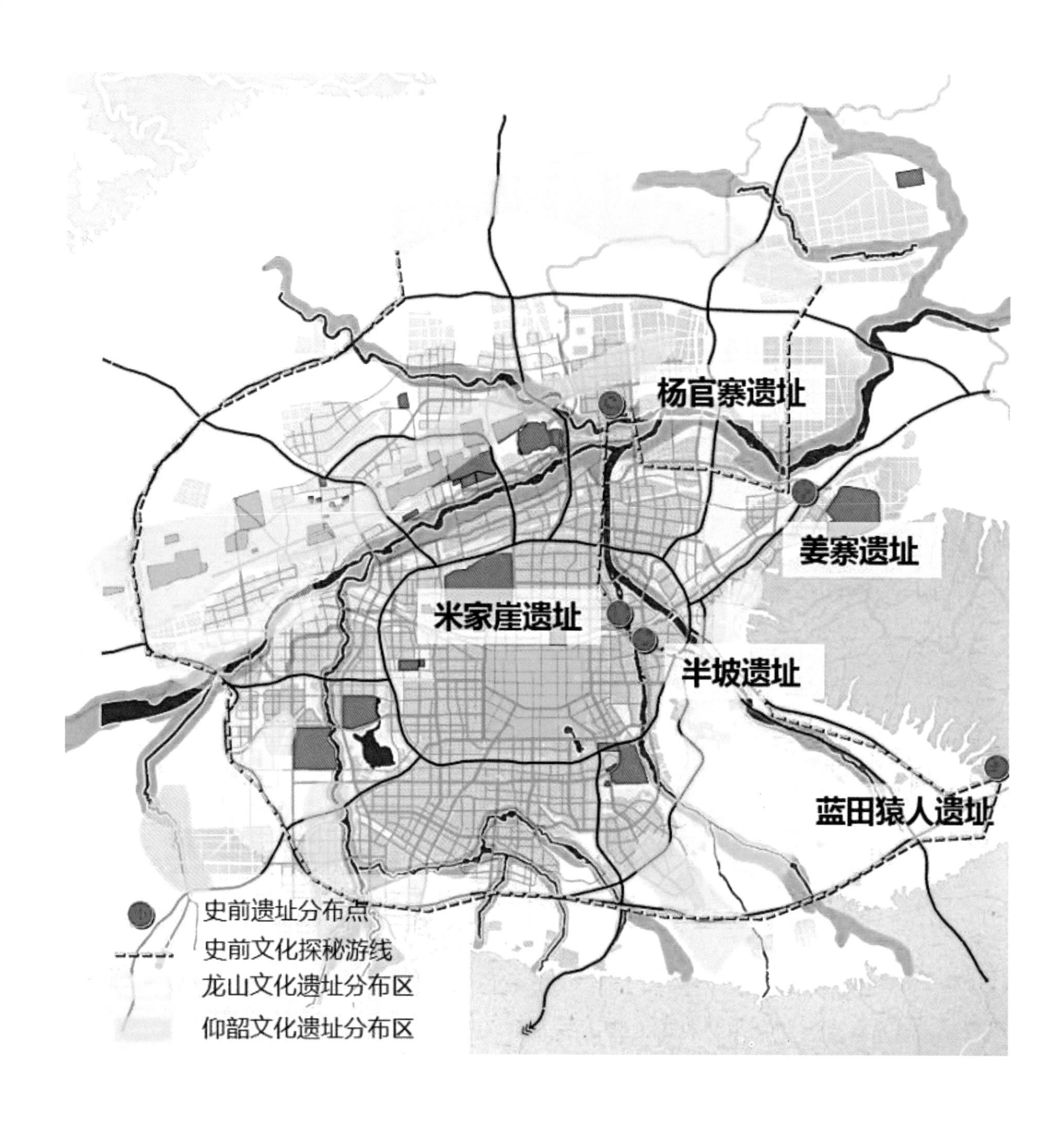

图3-1-5 大西安史前文化展示图（来源：薛妍绘制）

2．都城脉络保护——千年都城脉络

首先，保护与修复西安“山、水、城、陵、岗、塬、道”的山水格局，山——大秦岭保护修复计划；水——八水修复计划、秦兰池恢复计划、渭北郑国渠系恢复计划、唐长安渠系修复展示计划；城——周秦汉唐都城城址保护与展示计划；陵——东方帝陵金字塔群保护与展示计划；岗——保护和凸显唐长安“六岗”计划；塬——白鹿原等黄土塬保护与景观修复计划；道——丝绸之路及秦岭古道考证修复计划、驿站恢复计划。

其二，修复展示西安都城遗址群格局。采用整体保护规划模式，将都城、陵墓遗址作为一个整体区域进行统筹考虑，扩大遗址的控制区域，在各都城遗址周边形成软性的绿色缓冲空间。建设环都城遗址群绿道，将遗址保护与市民游憩休闲结合起来（图3-1-6）。

其三，修复都城历史空间格局。轴线修复：选取适宜的历史都城轴线进行一定的修复展示，如丰镐京的南北轴线，汉长安城南北轴线，唐长安城南北、东西轴线，明清西安城南北、东西主轴线等；标志点、标志区修复：包括寺庙遗址、市肆、风景区等；历史地名恢复：包括城门名称、街巷名称、唐长安城里坊名称等（图3-1-7）。

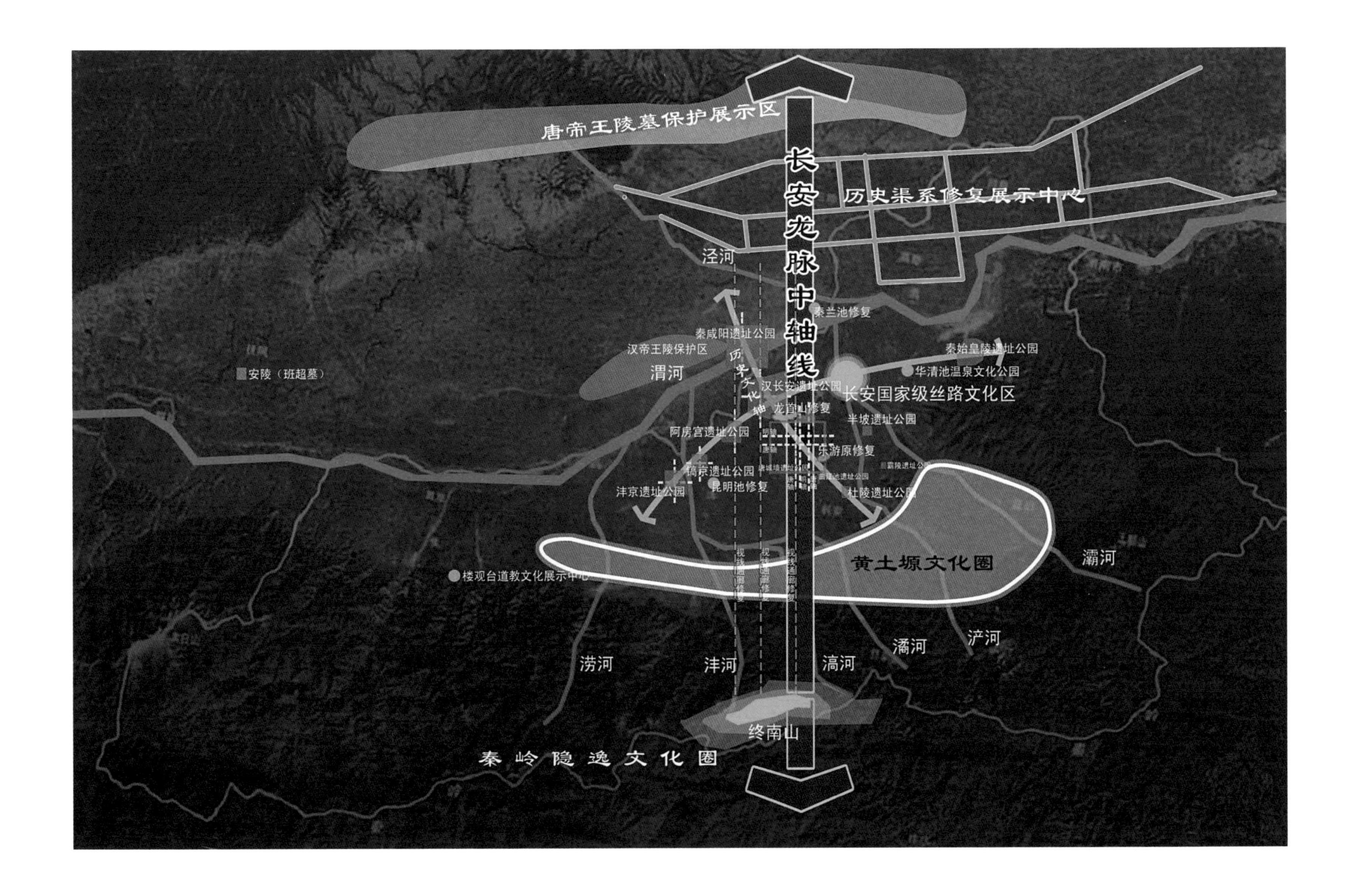

图3-1-6 大西安历史保护结构图（来源：李晨绘制）

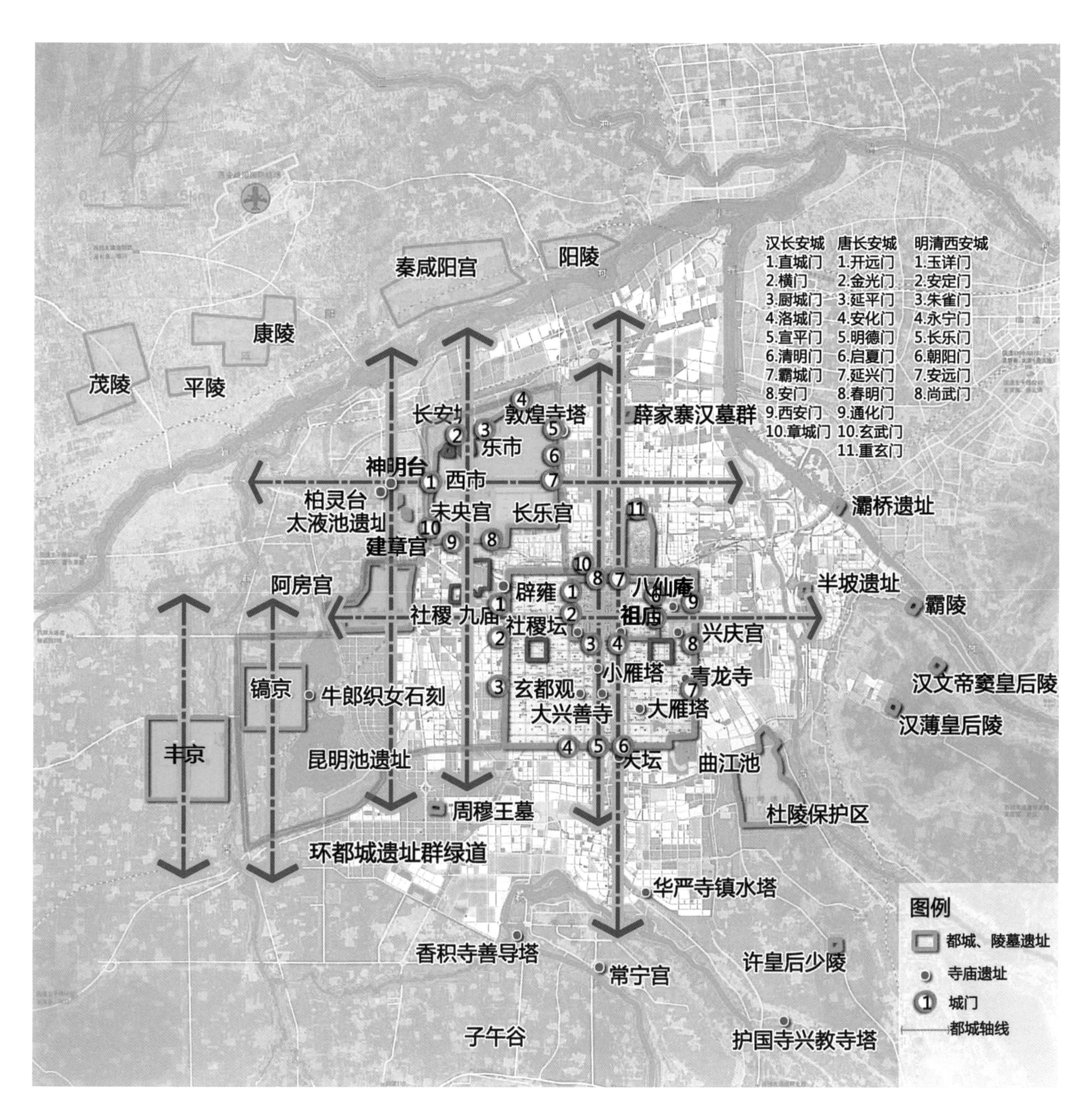

图3-1-7 都城历史空间格局修复图（来源：薛妍绘制）

3．唐城结构修复——东方营城典范

（1）隋唐长安城朱雀大街轴线修复

修复内容主要包括轴线上城门遗址、朱雀大街表征区及标志性里坊。通过采取博物馆模式、遗址标识等措施，展示承天门遗址、朱雀门遗址、明德门遗址。结合雁塔西路与朱雀路交叉口段，通过标志地段标识、小品环境塑造、街景立面改造、道路绿化改善等措施重点修复与展示唐长安朱雀大街空间形象。对小雁塔所在安仁坊进行修复，恢复其历史格局与尺度，为其注入新功能，形成唐长安城标志性里坊。

（2）城墙与城门遗址标识

逐步完善唐城墙绿化带。在现实基础上，经过一定的历史过渡期，最终形成唐长安城城墙绿带，标示出唐城的整体框架规模。对通化门、春明门、开远门、金光门、安化门、启夏门、延兴门、延平门、芳林门、玄武门、安礼门、兴安门、丹凤门的城门位置、重要事件等通过多种环境、雕塑、构造方式进行展示与标识（图3-1-8、图3-1-9）。

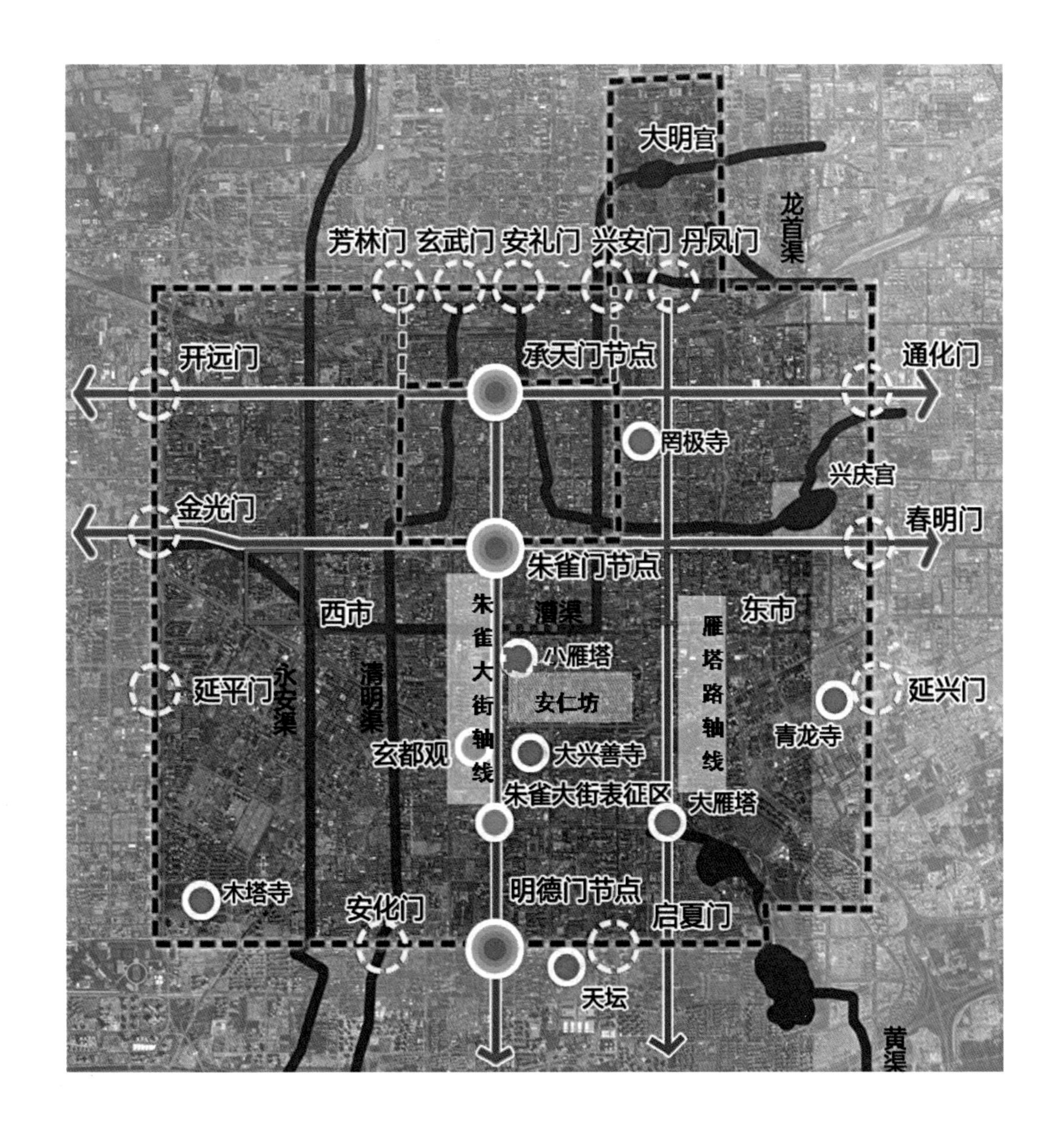

图3-1-8 唐城空间结构修复图（来源：薛妍绘制）

图3-1-9 唐城空间修复效果图（来源：项目团队）

（3）节点展示

明德门节点：展示城市大型开敞空间，显现历史上155m宽的朱雀大街当时的宏大气势，可结合郊祀礼仪进行展示。朱雀门节点：建设环城公园朱雀门段博物馆，增加小品雕塑、地面铺装等。承天门节点：对遗址地段进行标识、设置唐文化演绎平台，展现唐代历史事件。

（4）历史园林系统修复

再现唐代园林“一带、二阜、三苑、五渠、六岗、七寺、八水、十一池、十二街树”的格局。传承历史园林特色，通过景观体系的文化构建，将西安逐步建设成为东方园林之城。

一带：由大明宫太液池—龙首池—夹城—兴庆池—夹城—曲江池串联而成；

二阜：城内六岗中的最高阜地——龙首、乐游塬，为市人登高乐游之所；

三苑：北有西内苑、东内苑、禁苑，是帝王宫廷专用园林；

五渠：龙首渠、清明渠、永安渠、黄渠、漕渠；

六岗：北起龙首塬，南至大雁塔塬，六条平行的东西走向的丘岗；

七寺：大雁塔、小雁塔、大兴善寺、玄都观、青龙寺、大庄严寺、罔极寺，为唐长安城内七个规模较大的寺庙园林，分布在市区坊内；

八水：泾河、渭河、浐河、灞河、沣河、滈河、涝河、潏河；

十一池：太液池、昆明池、兴庆池、曲江池、龙首池、鱼藻池、广运潭、未央池、洁绿池（玄武门外有飞霜殿，旁有洁绿池）、定昆池、九曲池；

十二街树：唐长安皇城有南北七街与东西五街，因以“十二街”借指长安城的街道。韩愈《南内朝贺归呈同官》诗：“绿槐十二街，涣散驰轮蹄。”

4．历史意蕴再现

（1）再现丝路文化

根据丝路文化历史空间研究，结合丝路文化遗产，构建“两起点、三轴、多节点”的丝路文化展示系统（图3-1-10）。两起点即汉代直城门与唐代开远门丝路起点，三轴即汉城路、雁塔路、环城南路轴线，多节点为丝路文化遗址点，包括大雁塔、小雁塔、兴教寺、大唐西市、横桥公园、未央宫、大明宫等。

结合汉唐丝路起点，打造汉唐丝路文化广场，以丝路主题剧、丝路小品景观、丝路文化墙等手法展示。打造汉代直城门丝路起点广场，策划张骞出塞、班超出塞等实景主题剧、音乐剧系列文化活动，通过雕塑、文化墙、景观柱等小品元素烘托汉代丝路文化，修建汉代丝绸之路文化馆；修建唐开远门丝路起点纪念广场，增加具有历史教育意义的设施及一些可与游人互动的丝路体验活动。

（2）再现国际诗城

首先，构建诗词书画“点”。对于现实空间中有明确对应的诗中地点，结合唐代书法打造诗墙、诗廊、诗小品等表征空间；对与现实空间中有范围对应的诗中地点，结合原考辨点进行情景重塑；对与现实空间无对应的点，选取表征点，精选名诗，按主题分类，形成一园一景，通过微缩山水景观、实景主题剧、唐诗小品等演绎诗境。

第二，拉结诗词书画“线”。按照唐诗主题，结合诗词书画场所，形成历史咏怀、长安情怀、园林别业、山水形胜四大唐诗主题游线。历史咏怀游线连接周秦汉唐都城遗址区域的唐诗节点；长安情怀游线主要集中于唐长安城周边；园林别业游线拉结乐游塬、青龙寺、香积寺、草堂寺等节点；山水形胜游线主要拉结渭河、骊山、终南山区域的唐诗节点。

第三，构建诗词书画“网”。结合规划道路和文脉轴线，将“线”与“线”串联，形成新的网络。梳理网络，定位关键节点，结合“点”的结构重点打造。最终形成起承转合、主次分明、完整贯穿的唐诗文化“网”（图3-1-11）。

（3）活化历史生活

通过打造终南书院、中国国学中心等项目，活化周、秦、汉、唐四个时代的历史生活并做集中展示，彰显都城营城特色，展示历史建筑风貌。主题城包括周、秦、汉、唐四大主题区，营建集历史文化展示、历史生活体验、影视拍摄、旅游参观等为一体的历史主题城（图3-1-12）。

图3-1-10 丝绸之路文化空间分布图（来源：薛妍绘制）

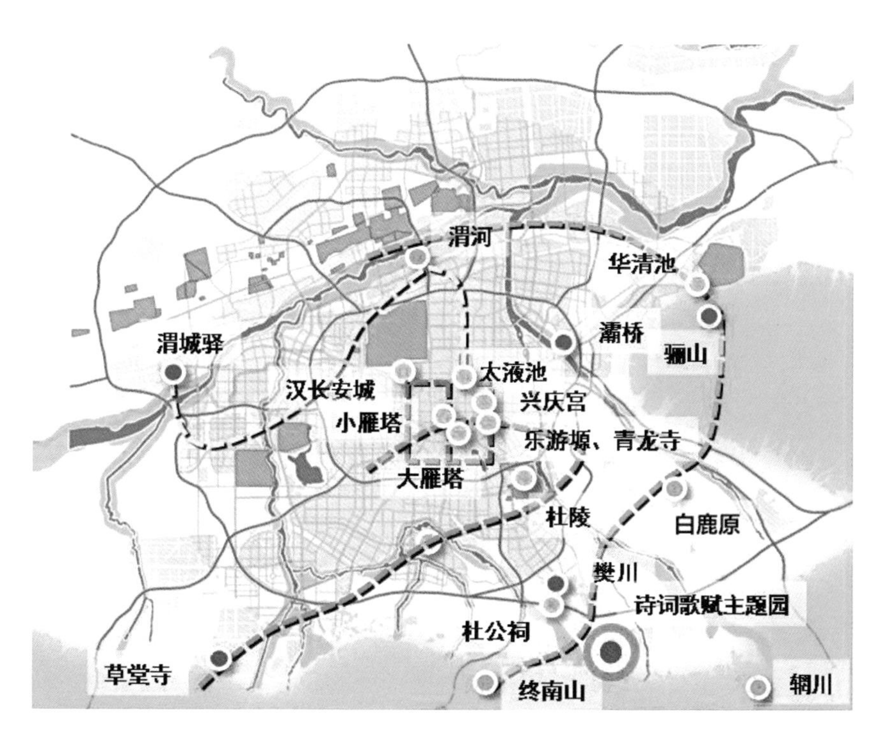

图3-1-11 唐诗意境空间分布图（来源：侯帅绘制）

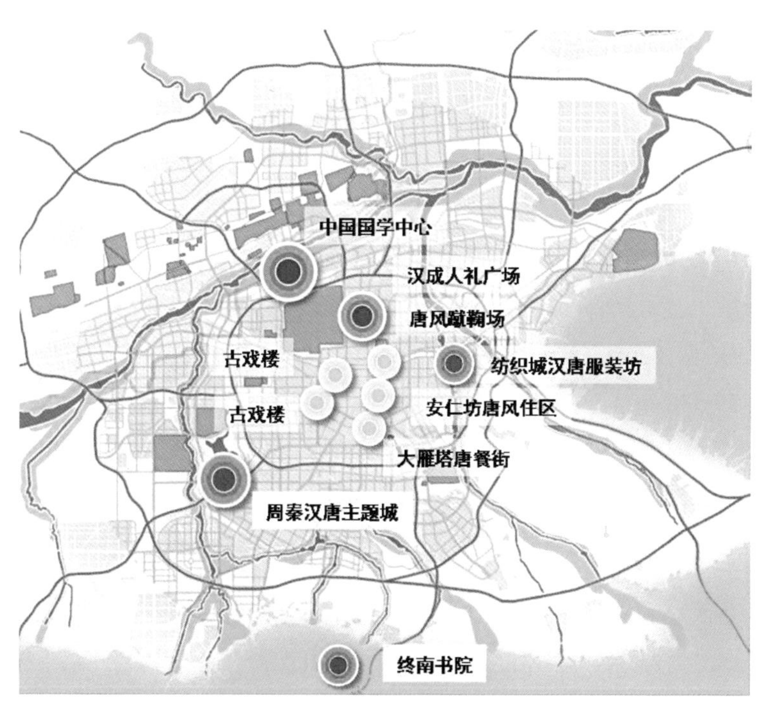

图3-1-12 历史生活展示空间分布图（来源：薛妍绘制）

3.2 山水生态环境

3.2.1 现实问题

古时西安“山河四塞，形胜甲于天下”，“八川分流，相背异态”，自然地理环境优越。随着历史变迁，过重的人口负载和现代建设活动对曾经优美的生态环境带来了破坏。

1. 空气质量问题

近年来，西安空气污染指数逐年增加，主要原因有：

地形地貌因素——西安处在关中平原的中心位置，南面是横贯东西的秦岭，秦岭是南北气候的分水岭，把湿润的南风阻挡在外。北面是渭北高原，这使得西安处在凹洼的盆地之中。常年少风导致市区空气中集聚的细颗粒难以扩散。

气候气象因素——西安4～10月平均风速为0.7～2.6m/s，主导风向为东北风。年平均降雨量为572mm，雨量少，气候干。

城市热岛效应——城市主导风向通道内建设密集，高层建筑较多，主要集中在高新区、浐灞生态区、城北经济开发区、二环沿线等。

汽车保有量逐年上升，汽车尾气排放加剧——1999～2016年，西安汽车总量约增加230.9万辆，年均增加12.8万辆，年均增长率为13.1%。[①]根据国家第五阶段机动车污染物排放标准，每辆车每公里排放氮氧化物0.06g、非甲烷碳氢化合物0.068g，以西安现有机动车258.85万辆计算，每公里要产生331.3kg有害物质。汽车尾气中的碳氢化合物和氮氧化物在阳光作用下发生化学反应，生成臭氧，它和大气中的其他成分结合形成光化学烟雾，散发到空气中对人体健康及环境质量造成严重危害。

工业燃煤排放——关中及其北部原区形成了以能源、原材料、机械、电子、轻纺、航空、航天等为主导的工业化体系，并建成了一大批工业城市（如宝鸡、咸阳、铜川、阎良、岐山、兴平、华县、耀州区等）和工矿区（如韩城、澄城、蒲城）。重工业密集带从韩城到铜川长约220km，宽约37～50km，将近1万km²的集中含煤地带（具体包括铜川市和渭南市的澄城县、合阳县、蒲城县、白水县、韩城市）、重工业密集带位于西安主风向的上风向，对西安的空气质量有较大影响。

2. 水体质量问题

水资源匮乏，地下水超采严重——西安水资源总量为18.02亿m³，人均水资源占有量不到200m³，远低于国际公认的极度缺水标准——人均500m³，属于联合国人居署评价标准中的极度缺水城市。根据《陕西省地下水超采区划定与保护方案》（2015年12月实施），2016年西安市城区严重超采区、西安市郊区一般超采区、浐灞河间一般超采区和西安市高陵一般超采区地下水平均埋深分别为53.31m、27.53m、30.20m和20.70m，与上年同期相比，除了城区地下水位有所回升外，市郊区、浐灞河、高陵等地下水位均有不同程度的下降。[②]

河流水质差，源头污染严重——据2015年水质监测结果显示，西安市河流整体水质有所好转，但15条河流中的12个监测断面为劣Ⅴ类水质，占比依然较高，为37.5%；西安市河流源头的19个监测断面中，与上年相比，9个断面的水质污染有所减轻，10个断面的水质污染加重。

城区水系与外围水系分离——现状水系建设集中于城区内明清护城河、曲江和浐灞河等水域，现状以南湖为主体的曲江池遗址公园，与周边的曲江寒窑遗址公园、秦二世陵遗址公园、唐城墙遗址、大雁塔、大唐芙蓉园等相连，形成了以大面积水域为主的城市生态景观带。但在西安整体范围内，尚未形成系统、完善的生态水系网络，且与周边的河流水系未能形成很好的联系。城区内的太液池、汉城湖、兴庆湖、明清护城河等水系相互独立，缺乏有机联系（图3-2-1）。

3. 绿化质量问题

主城区绿地类型多样，但缺乏系统构建——主城区内大型的斑块绿地多为公园，但公园绿地尚未形成系统，分布不均，现有的城市绿地多集中在城市的南部和二环以内；二环外，尤其东郊、西郊、北郊公园绿地分布较少。旅游观光的公园绿地和市民休憩的公园绿地脱节，缺少贴近市民生活的社区级绿地；生产绿地面积少，质量不高；防护隔离绿地相对缺乏。

主城区内的人工绿地生态系统和城市规划区外围的自然生态系统（主城区外的农田、林地、水源保护地、郊野森林公园、自然保护区和风景名胜区等）未形成有机联系，城市绿地的生态系统效益没有得到全面充足地发挥（图3-2-2）。

---

① 资料来源：西安市2017年统计年鉴。
② 资料来源：2016年陕西省水资源公报。

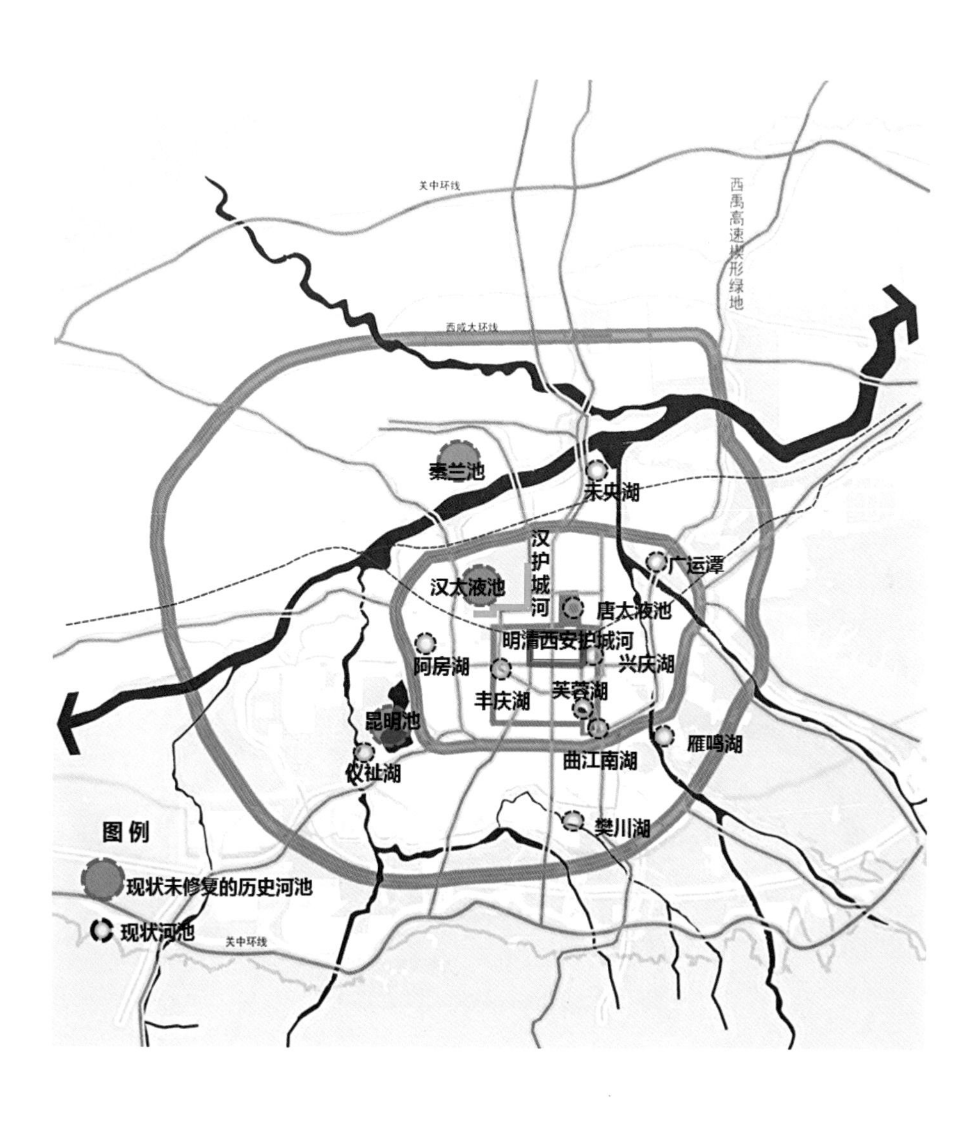

图3-2-1 西安城区水系现状图（来源：赵倩绘制）

绿地总量达标，但人均不足——目前西安市绿化已达到国家园林城市的标准，但“绿地率”“绿化覆盖率”“人均公共绿地面积”“服务半径”等有限的指标，仅仅保证了绿地的数量，未来更应保证的是绿地的质量，如公园的可达性、服务范围等，这些才是绿地作用和功效的客观反映。

塬体等独特的山体地貌被不合理改造——城市快速扩张，导致周边起伏连绵的黄土塬体被吞噬、改造，独特的地貌特征逐渐消失。其中龙首原、乐游塬的破坏较为严重，白鹿原部分被破坏。登高观景的台塬地势被改造为平地，看山望水的视线被阻隔。

图3-2-2 西安市绿地建设现状图（来源：赵倩绘制）

3.2.2 山水城市营建策略

西安山水城市营建的总体策略是：

（1）以维护城市生态安全功能，修复城市生态格局为基础

西安“山水田塬林”的自然生态本底是保证城市生态安全的基础，通过对山塬系统、水域（湿地）系统、森林系统、田园系统的维护和修复，保证生态系统健康发展，形成安全、有效、循环的生态格局。

（2）以控制城市发展边界，划定生态控制区，形成城市风道为重点

转变城市发展模式，引导城市空间按照生态低碳的模式有序拓展，控制城市无限制蔓延，守住城市开发底线，保护生态敏感区域，严格控制主要交通廊道、文化廊道、遗址廊道、生态廊道以及风道区域的城市建设。

（3）以“海绵城市”生态理念为指导，以加强生态修复为补充

打造自然积存、自然渗透、自然净化的海绵城市，让城市弹性适应环境变化和自然灾害，把雨水留住，让雨水循环利用起来，为解决城市资源性缺水问题提供多种途径。

（4）以田园景观、森林彩化、八水润城为特色

在生态本底的基础上，构建田园景观系统、森林彩化系统、水系景观系统，提升城市的生态游憩功能，进而促进城市与自然的良性互动。

1. 保护与修复整体生态系统

（1）城市生态展示计划——构立“山水田塬林”的生态展示体系

通过对山塬系统、水域（湿地）系统、森林系统、田园系统的维护和修复，整体形成四大郊野公园，五大楔形绿地，九大湿地公园，十条水系（图3–2–3）。

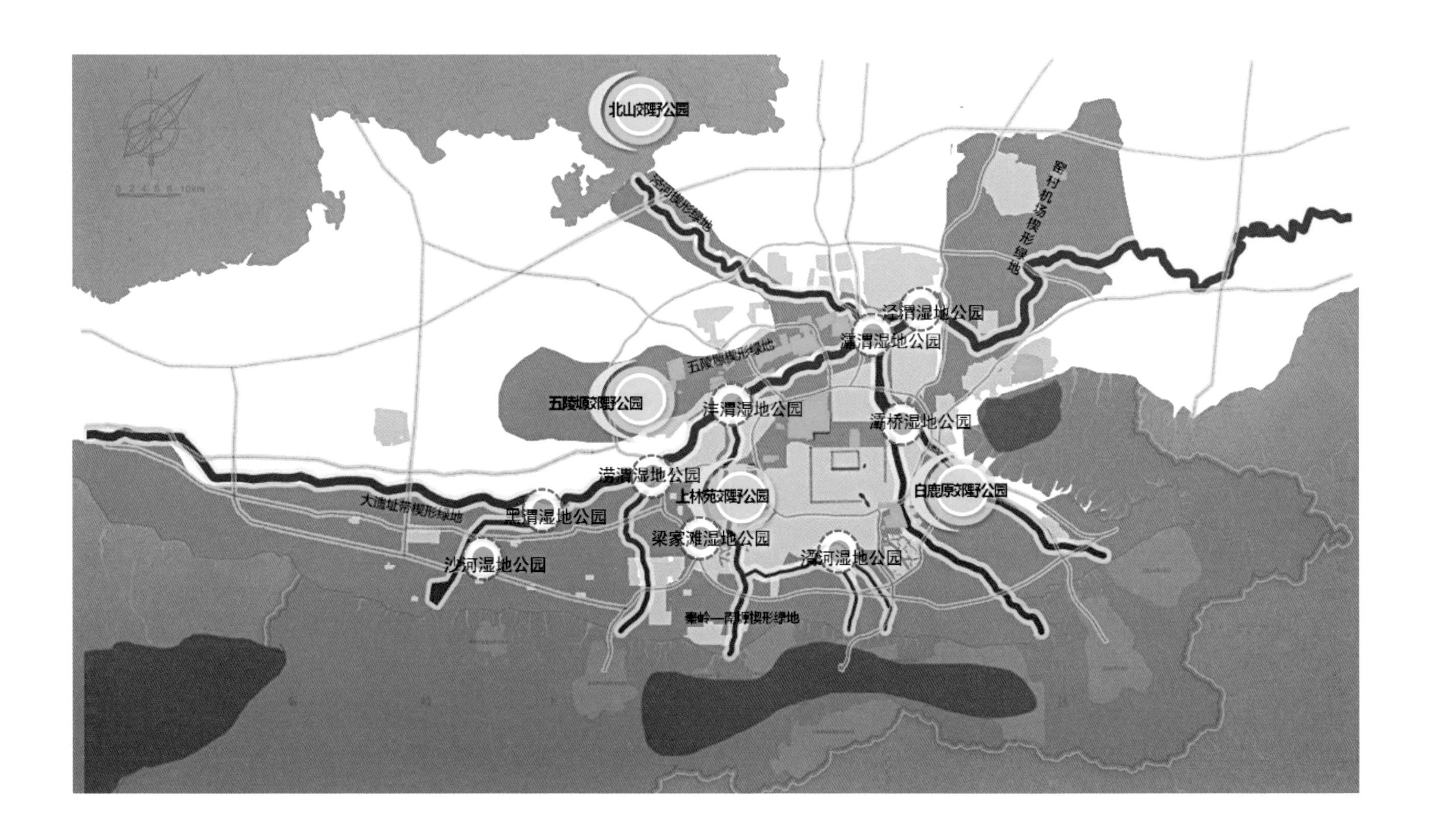

图3-2-3 生态系统保护与构建图（来源：舒美荣绘制）

1）山塬系统：着重保护秦岭北麓、北山、骊山的山体和植被及山前洪积扇区特殊资源，在生态环境敏感区域严格控制山体的开发活动，离山体较远区域可进行适度开发建设；控制塬体的城市建设，尽量还原山塬历史意境，在已有大量建设的塬上，打造“望山看水”的视线廊道及登高远望的观景平台；结合农业生产，恢复塬体植被，打造田园景观（图3-2-4、图3-2-5）。通过对历史十一塬、秦岭和北山等山体的保护与修复，重现历史山塬格局，留住“看山望水守乡愁”的情怀。

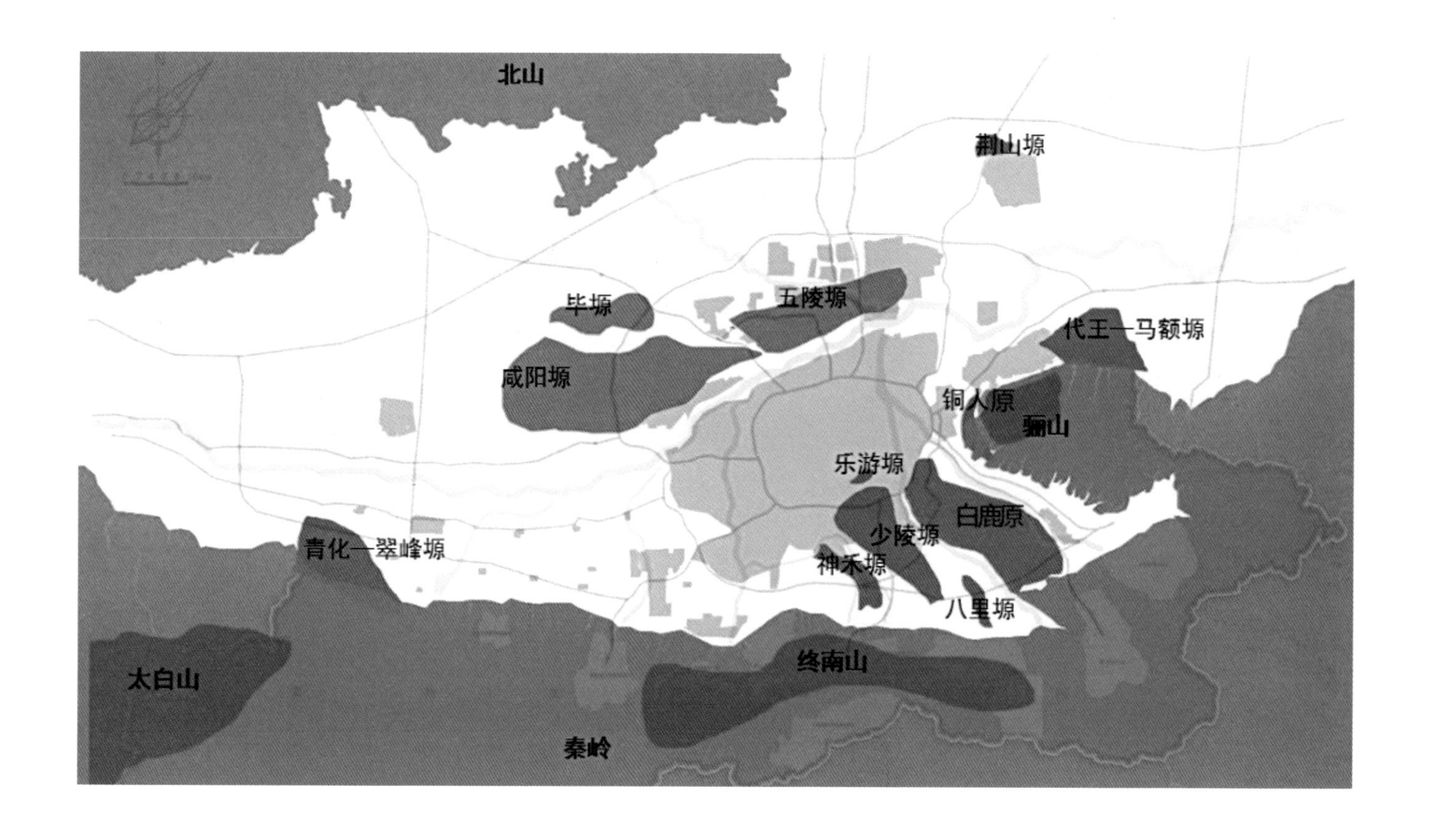

图3-2-4 山塬系统保护与修复图（来源：舒美荣绘制）

图3-2-5 白鹿原景观效果图（来源：西安建大城市规划设计研究院提供）

2）水域（湿地）系统：加强城区河流湖池之间、外围水系与城区水系之间的联系；加强外围水系的治理，进行滨水空间的主题化营造；注重人居环境与滨水空间的有机结合；突出河流湖池的景观性、功能性，同时突出历史人文特色；通过对渭河、泾河、沣河、浐河等十条水系的保护和修复，构建灵动闲适的水域系统；恢复历史河湖水渠池，打造九大湿地公园（图3-2-6）。

3）森林系统：保护现有森林绿地，严格控制城市建设；结合现状打造城市绿楔，控制建设量，包括泾河楔形绿地、窑村机场楔形绿地、五陵塬楔形绿地、大遗址带楔形绿地、秦岭—南塬楔形绿地；在城市外围打造四大郊野公园，将历史人文与自然生态相结合，包括北山郊野公园、五陵塬郊野公园、上林苑郊野公园、白鹿原郊野公园（图3-2-7、图3-2-8）。

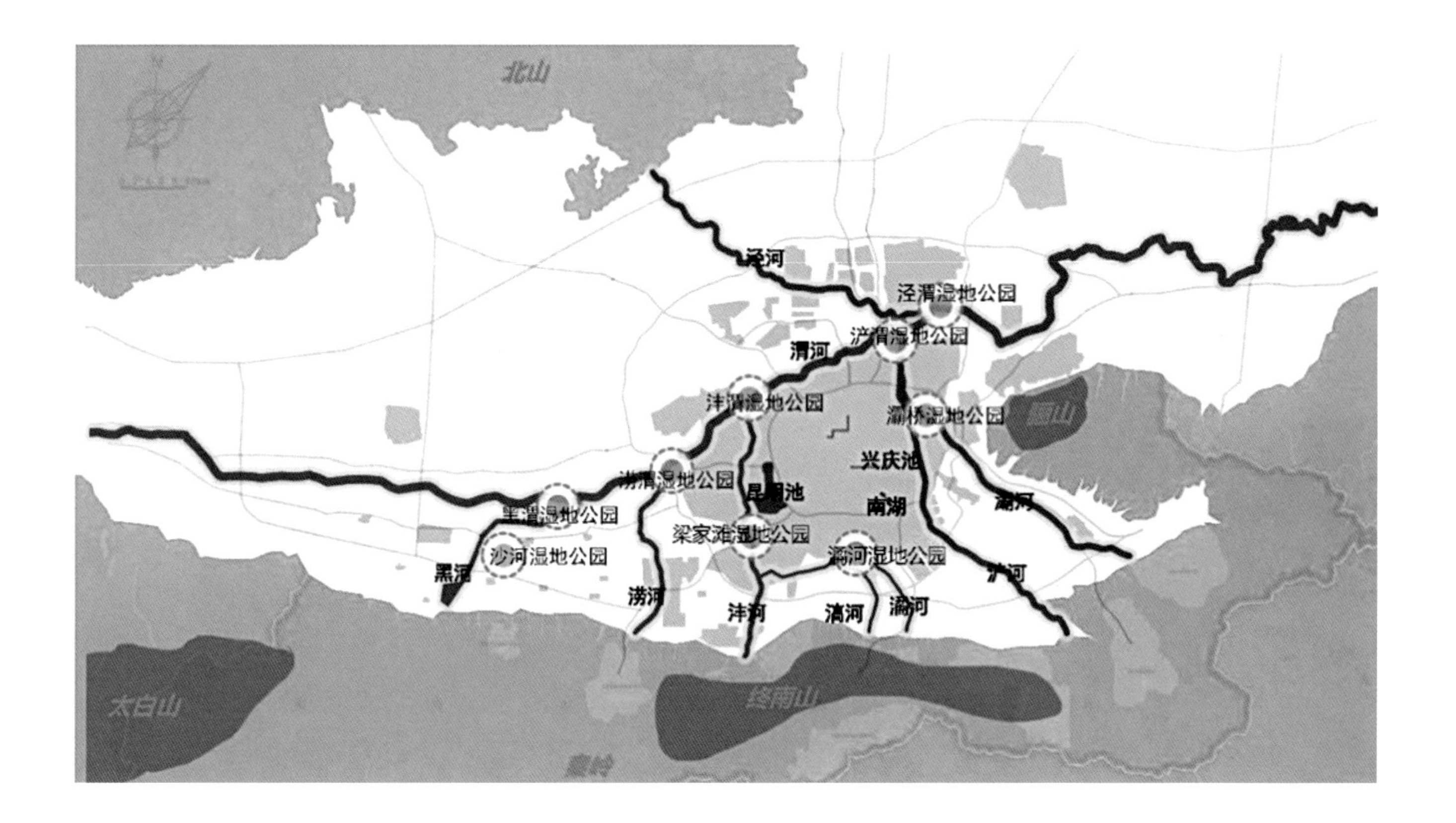

图3-2-6 水域系统保护与构建图（来源：舒美荣绘制）

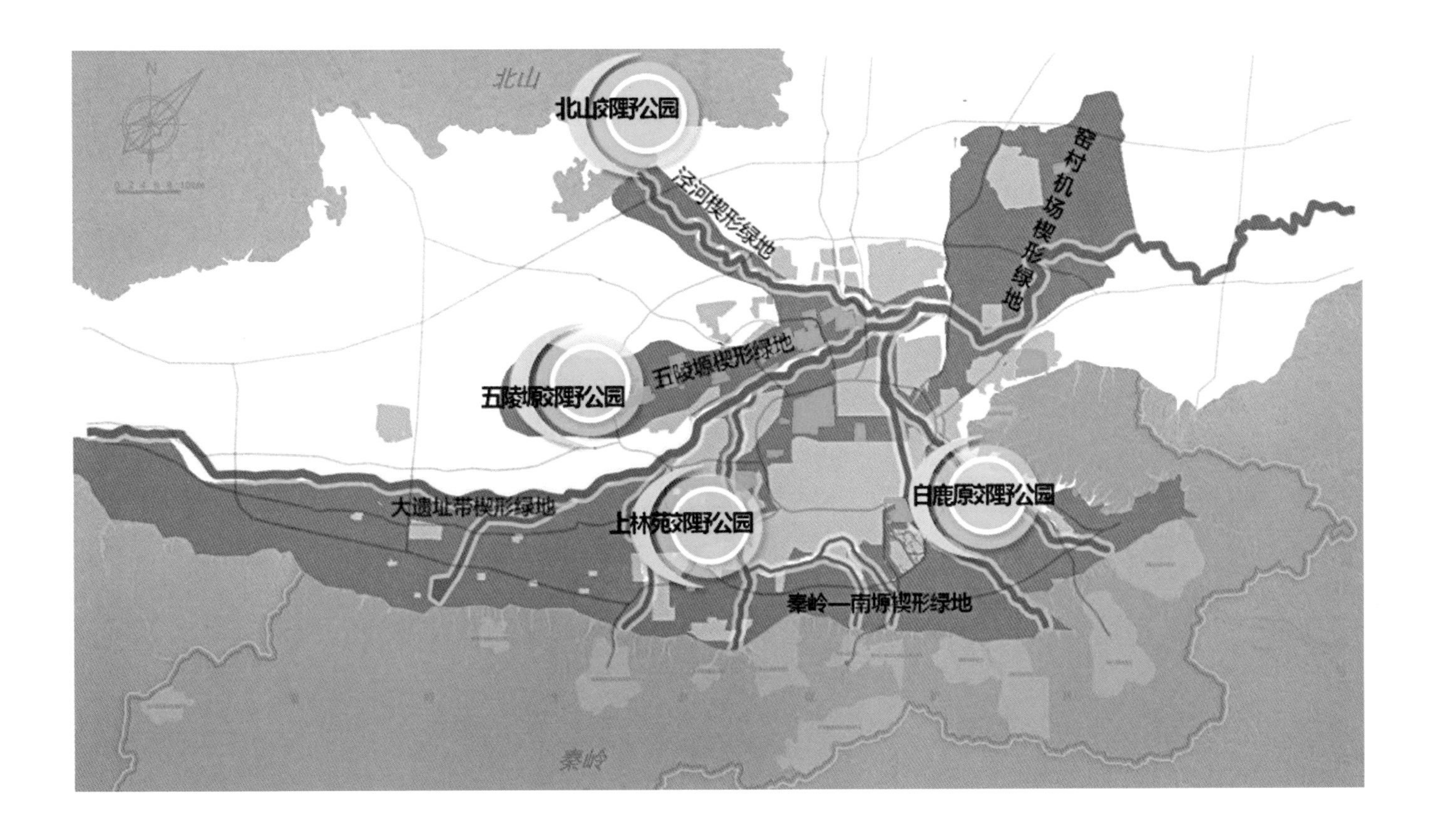

图3-2-7 森林系统保护与构建图（来源：舒美荣绘制）

图3-2-8 白鹿原郊野公园效果图（来源：西安建大城市规划设计研究院提供）

4）田园系统：根据农业分布特点，形成北塬粮食、南郊果林、西部蔬菜的总体格局。立足各县特色果品、花卉，打造农业观光体验园并营造各县区特色田园景观板块，分别形成葡萄板块、樱桃板块、桃园板块等特色景观片区；打造农耕文化园，展示与体验关中平原“八百里秦川”的灿烂农耕文化；营造花团锦簇的花海系统，形成“四季皆有景，四季皆观景”的效果（图3-2-9）。

（2）城市生态隔离计划——构建“楔、环、廊、园”的生态隔离体系

转变城市发展模式，以生态安全为底线，以生态本底为基础，建立生态隔离体系，引导城市空间按照生态低碳的模式有序拓展。确定以“楔、环、廊、园”为主体的生态隔离体系，形成“三楔、四环、多廊、多园”的生态结构（图3-2-10）。

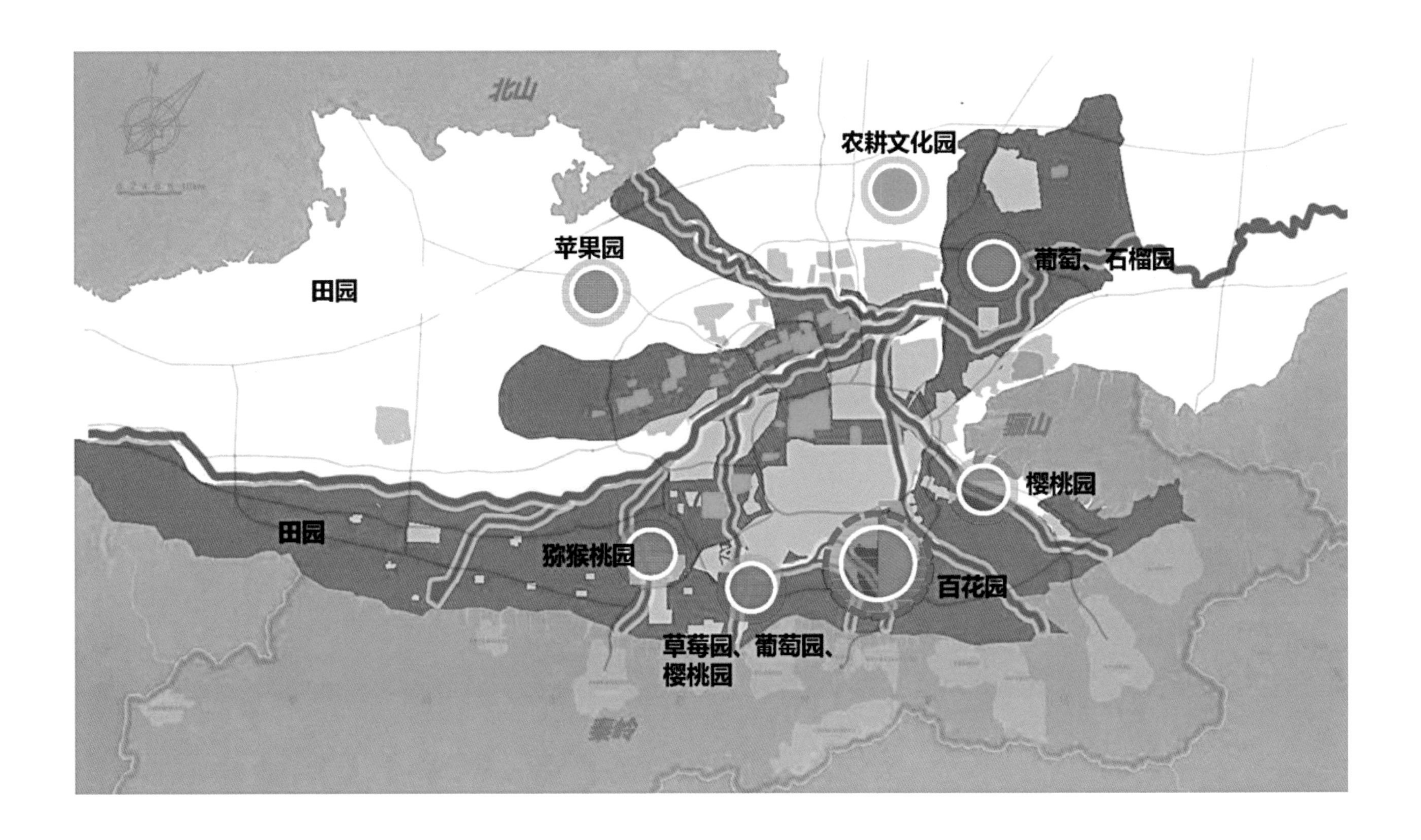

图3-2-9 田园系统保护与构建图（来源：舒美荣绘制）

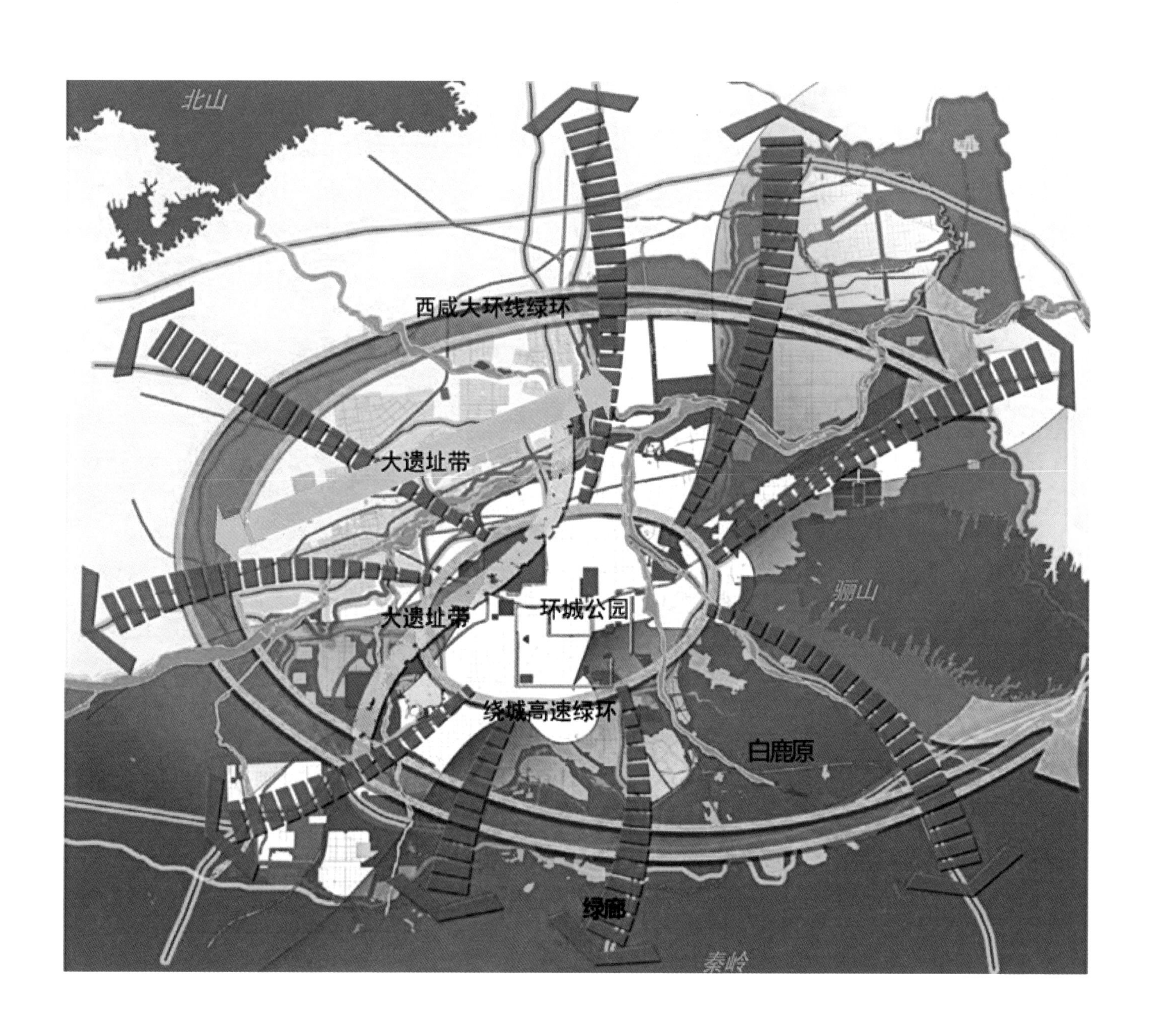

图3-2-10 生态隔离体系结构图（来源：西安市城市规划设计研究院提供）

1）“三楔”：建设城市风道，在山塬绿楔基础上，沿主要风道方向，打造东北窑村机场—西禹高速楔形绿地和周丰镐大遗址带楔形绿地。西安市的主风道由东北方向的窑村机场楔形绿地和西禹高速楔形绿地进入，由西南丰镐遗址楔形绿地出城。

2）“四环”：包括环城公园、唐城林带及幸福林带、三环及绕城高速、西咸大环线等。划定绿环、林带、环线的禁建区和限建区，控制两侧防护绿地的宽度及两侧200m范围内建设用地的建筑高度。

3）“多廊”：包括周丰镐遗址和五陵塬遗址形成的“人”字形大遗址绿化廊道；渭河、浐河等八条主要河流水系生态廊道；西禹、西康等十条城市对外交通绿化廊道。城市组团之间建设绿廊，以控制城市无序蔓延。划定廊道两侧的禁建区和限建区，对建筑高度、建设强度、建设内容提出管控要求。

4）“多园”：包括郊野公园、湿地公园、遗址公园、城市公园等大型绿地（表3-2-1）。

（3）城市生态修复计划——构筑“海绵城市”的生态修复体系

基于自然积存、自然渗透、自然积净化的思路，通过绿色建筑、水系绿廊、绿色街道、绿地广场等空间载体，建构低影响开发的生态建设模式（图3-2-11）。改变以往快排的雨水处理方式，对雨水进行回收并充分利用，解决现状水资源供需矛盾、利用方式粗放、资源型缺水等问题，建设北方“海绵城市”的先行区。

1）绿色街道：建设下凹式绿地和植草沟，强化雨水的滞留能力；采用可渗透路面、自然地面，强化城市的渗水能力；减缓雨水径流流速、促进雨水自然下渗、补充地下水资源、净化雨水水质。在西咸新区沣西新城、城市改造地段、重要景观道路等的建设中充分体现绿色街道的生态理念。

2）绿地广场（雨水花园）：根据《2015年西安市城市精细化管理工作实施方案》，西安年底将建成60个街头绿地小广场。在建设过程中将雨水公园建设的生态理念应用其中，增加吸水、蓄水、渗水、净水的生态功能，将雨水循环利用于景观、市政用水，缓解资源型缺水问题。

3）绿色社区：在新建或改造小区采用绿色建筑屋顶、增加渗水能力；改变传统的集中绿地建设模式，采用下凹式绿地吸收雨水，再通过植物、土壤进行净化，并渗入地下，富余雨水溢流至下沉广场形成景观水体或进入收集池。

表3-2-1 城市公园建设一览表

类型	名称
郊野公园	北山、白鹿原、五陵塬、上林苑等四大郊野公园
湿地公园	灞渭湿地公园、泾渭湿地公园、沣渭湿地公园、灞桥湿地公园、沣河梁家滩湿地公园、潏河湿地公园
遗址公园	周丰镐京、阿房宫、汉长安、汉唐帝陵、杜陵等城陵遗址公园；大明宫、唐慈恩寺、木塔寺、曲江池、寒窑、唐城墙等遗址公园
城市公园	世园公园、城运公园、奥林匹克公园、兴庆公园、植物园、革命公园、莲湖公园、丰庆公园等； 以800～1000m的服务标准，于东西北郊各建若干区级公园；以300～500m的服务标准，新增社区级公园，设置健身休闲设施，达到市民出门5～10min就可步行到公园的目标

来源：舒美荣整理。

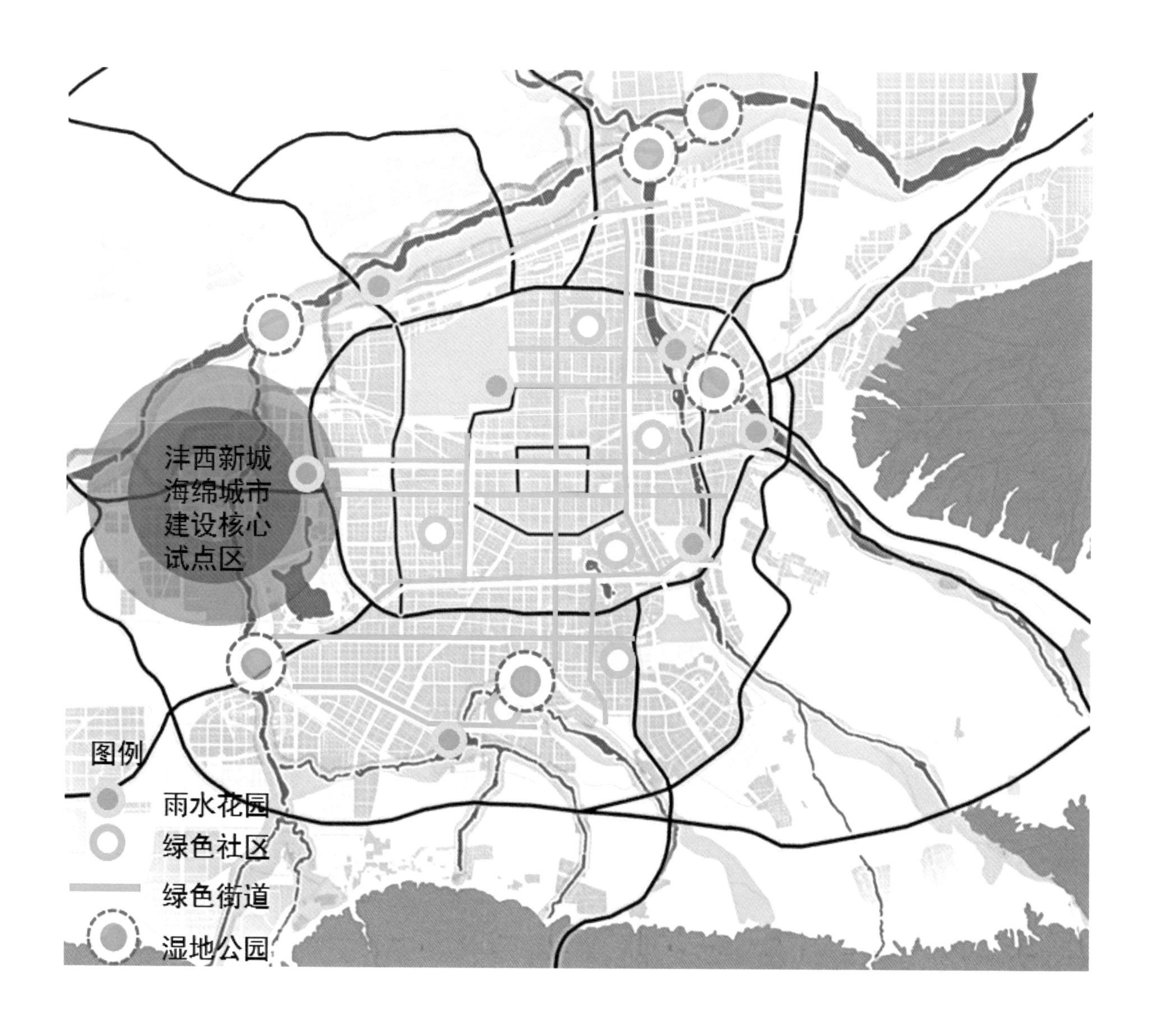

图3-2-11“海绵城市”生态修复构建图（来源：舒美荣绘制）

2．展示与营造蓝绿交融的生态景观

（1）花海融城计划——构筑四季皆可观景的生态景观体系

1）城市外围田园景观化：根据西安周边田园生态现状及田园景观系统着力构建“两区四带多园”的生态景观结构；“两区”：以渭河分界，以北为农田景观区，以小麦、玉米、蔬菜农田景观为主；以南为果林花卉景观区，以特色果品和花卉景观为主；“四带”：形成渭河农业景观带（东段小麦、玉米，中段蔬菜、南段瓜果）、秦岭北麓旅游观光农业带、西咸大环线和绕城高速圈层观光农业带；“多园”：形成四类生态园，包括农耕文化园，农业观光园，果品体验园、特色花卉园（图3-2-12、图3-2-13，表3-2-2～表3-2-5）。

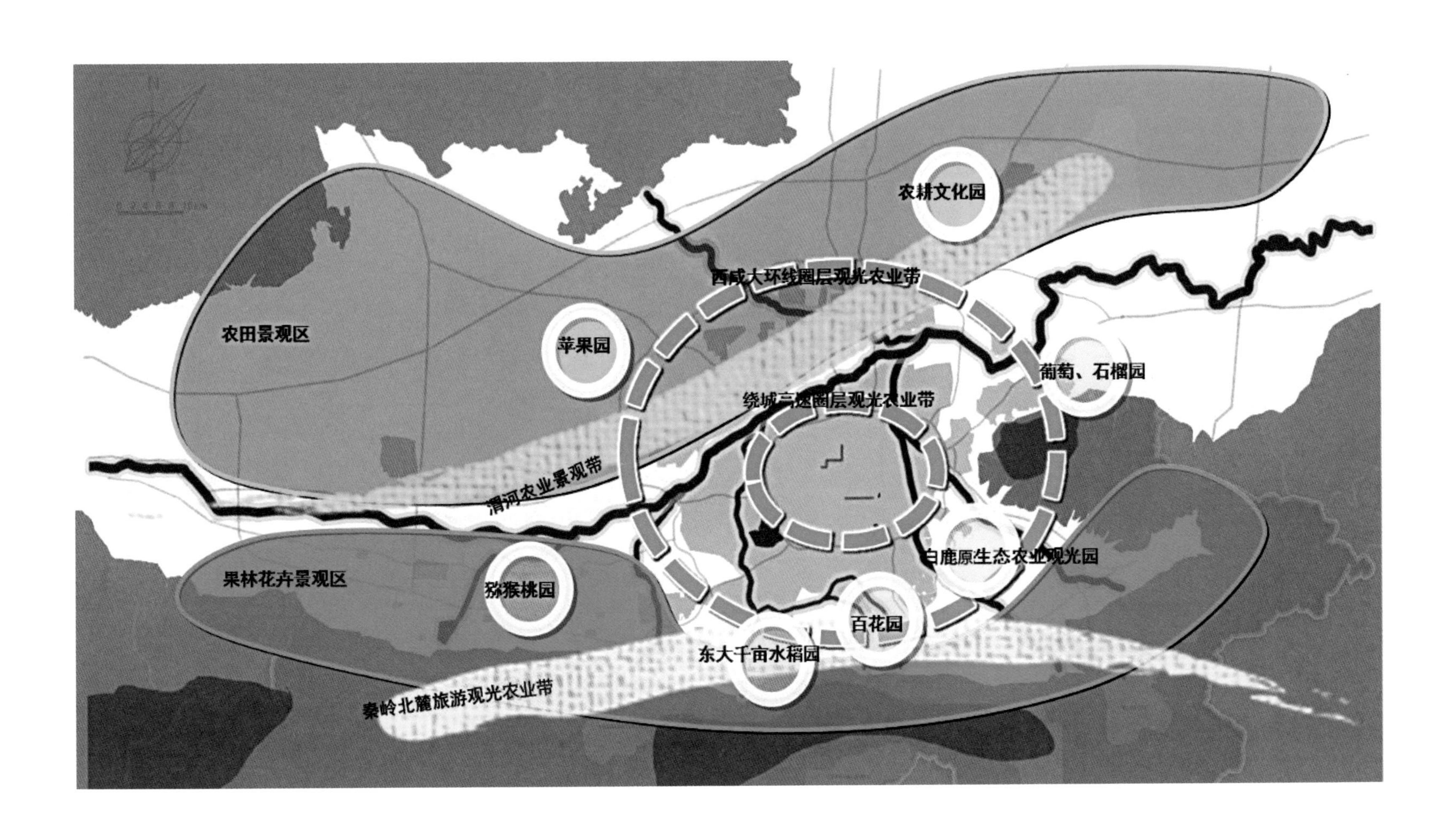

图3-2-12 城市外围生态景观结构图（来源：舒美荣绘制）

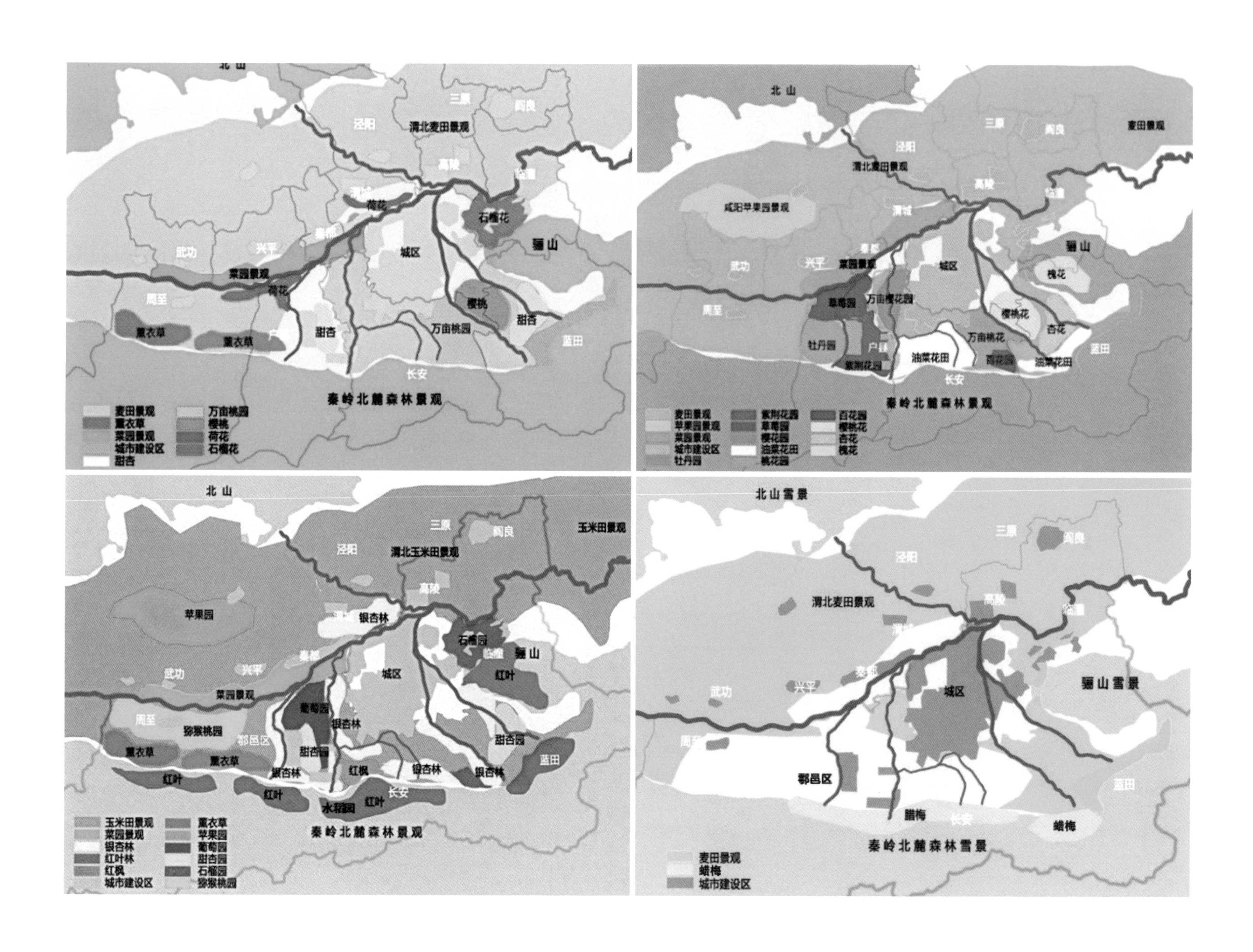

图3-2-13 城市外围田园四季景观分布图（来源：舒美荣绘制）

表3-2-2 城市外围春景分布表

观赏品种		场所
花卉	牡丹花	鄠邑区石井镇阿姑泉牡丹苑
	槐花	骊山黄巢堡国家森林公园、丰裕口的观音山
	紫荆花	鄠邑区太平国家森林公园（每年4月紫荆花节）
	樱桃花	白鹿原万亩樱桃园
	桃花	鄠邑区、樊川潏河桃花堡、王莽乡清水头村、咸阳礼泉榆村、铜川王益区孟家塬
	杏花	蓝田县华胥镇
	樱花	遗址带万亩樱花园
果品	草莓	鄠邑区、长安区
作物	油菜花	长安区杨庄、白鹿原鲸鱼沟、蓝田环山路
	麦子	渭北

来源：舒美荣整理。

表3-2-3 城市外围夏景分布表

观赏品种		场所
花卉	荷花	西安渭河生态景观区（福银高速和机场高速两侧）
	石榴花	临潼
	薰衣草	楼观、周至、杨庄薰衣草庄园
果品	樱桃	白鹿原
	鲜桃	长安王莽乡清水头村（7月鲜桃采摘节）
	甜杏	蓝田、鄠邑区
作物	麦子	渭北
	蔬菜	渭北

来源：舒美荣整理。

表3-2-4 城市外围田园秋景分布表

观赏品种		场所
花卉	薰衣草	楼观、周至、杨庄薰衣草庄园
果品	苹果	咸阳
	猕猴桃	周至
	葡萄	鄠邑区
	石榴	临潼
	甜杏	蓝田镇华胥镇、鄠邑区、周至县九峰乡
林木	银杏林	咸阳渭城区汉阳陵、长安区、鄠邑区、蓝田
	红枫林	咸阳渭城区汉阳陵、长安区、鄠邑区、蓝田
	红叶林	鄠邑区太平国家森林公园、秦岭北麓
作物	玉米	渭北
	蔬菜	渭北

来源：舒美荣整理。

表3-2-5 城市外围田园冬景分布表

观赏品种		场所
花卉	蜡梅	南山
作物	麦子	渭北

来源：舒美荣整理。

2）城区四季景观化：西安城区四季景观呈现“沿环、沿线、成片、重点”的特色。沿环：主要依托西咸大环线、三环、二环、明城、唐城，布置线形景观带；沿线：依托城市主要对外放射型交通线，沿两侧布置景观带；成片：结合楔形绿地、周秦汉唐遗址带、都市森林，成片布置生态景观；重点：依托城市主要公园，如环城公园、大明宫遗址公园、唐遗址公园、大唐芙蓉园、曲江池、植物园、世博园、兴庆宫、大雁塔、小雁塔、丰庆公园、莲湖公园、汉城湖公园等，进行重点地段景观优化（图3-2-14、图3-2-15，表3-2-6）。

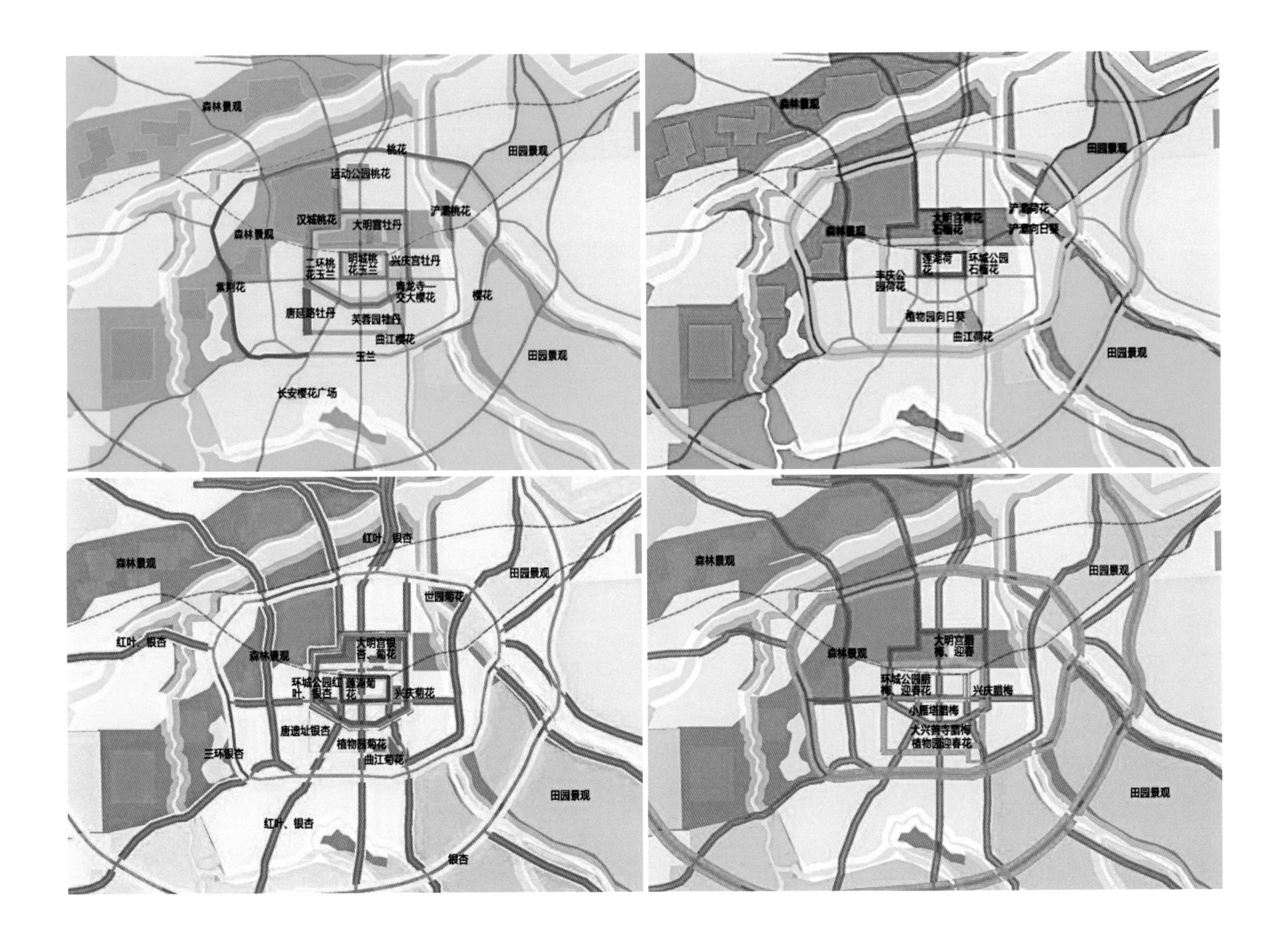

图3-2-14 城区四季景观分布图（来源：舒美荣绘制）

表3-2-6 城区四季景观分布表

季节	观赏品种	场所
春季	樱花	青龙寺、西安交通大学、曲江池、三环东段、西安市长安区樱花广场、大唐芙蓉园、大明宫
	桃花	汉城湖公园、运动公园、浐灞三角洲、明城墙、二环、三环北段
	牡丹	兴庆公园、唐延路、大明宫、大唐芙蓉园
	玉兰	明城、二环、三环南段、大明宫
	紫荆花	三环西段
夏季	荷花	莲湖公园、植物园、丰庆公园、曲江、大明宫、浐灞
	向日葵	植物园、浐灞湿地公园
	石榴花	环城公园、大明宫
秋季	菊花	莲湖公园、植物园、世园会、大明宫、曲江
	红叶	环城公园、二环、城市主要道路两侧
	银杏	兴庆公园、环城公园、曲江、二环、唐遗址公园、西咸大环线、城市主要道路两侧
冬季	蜡梅	兴庆公园、大兴善寺、环城公园、小雁塔、大明宫
	迎春花	植物园、大明宫

（来源：舒美荣整理。）

图3-2-15 唐大慈恩寺遗址公园秋景（来源：李晨摄）

3）森林彩化：以郊野公园、南北两山、主要交通干道、河流水系沿线、风景名胜区等重要生态功能区为重点，大力发展观花观果树种、彩叶树种，提高彩色树种比例，优化森林群落结构，营造多姿多彩的林地景观，构建色彩丰富、层次分明的景观林和风景线，实现花海融城目标。总体结构为“三环四园、二十条林带、两大片区”，包括沿河生态景观林带、沿山生态景观林带、沿高速公路和铁路生态景观林带、城市主要景观带、郊野公园及城市绿地广场等重要景观节点（图3-2-16、表3-2-7）。

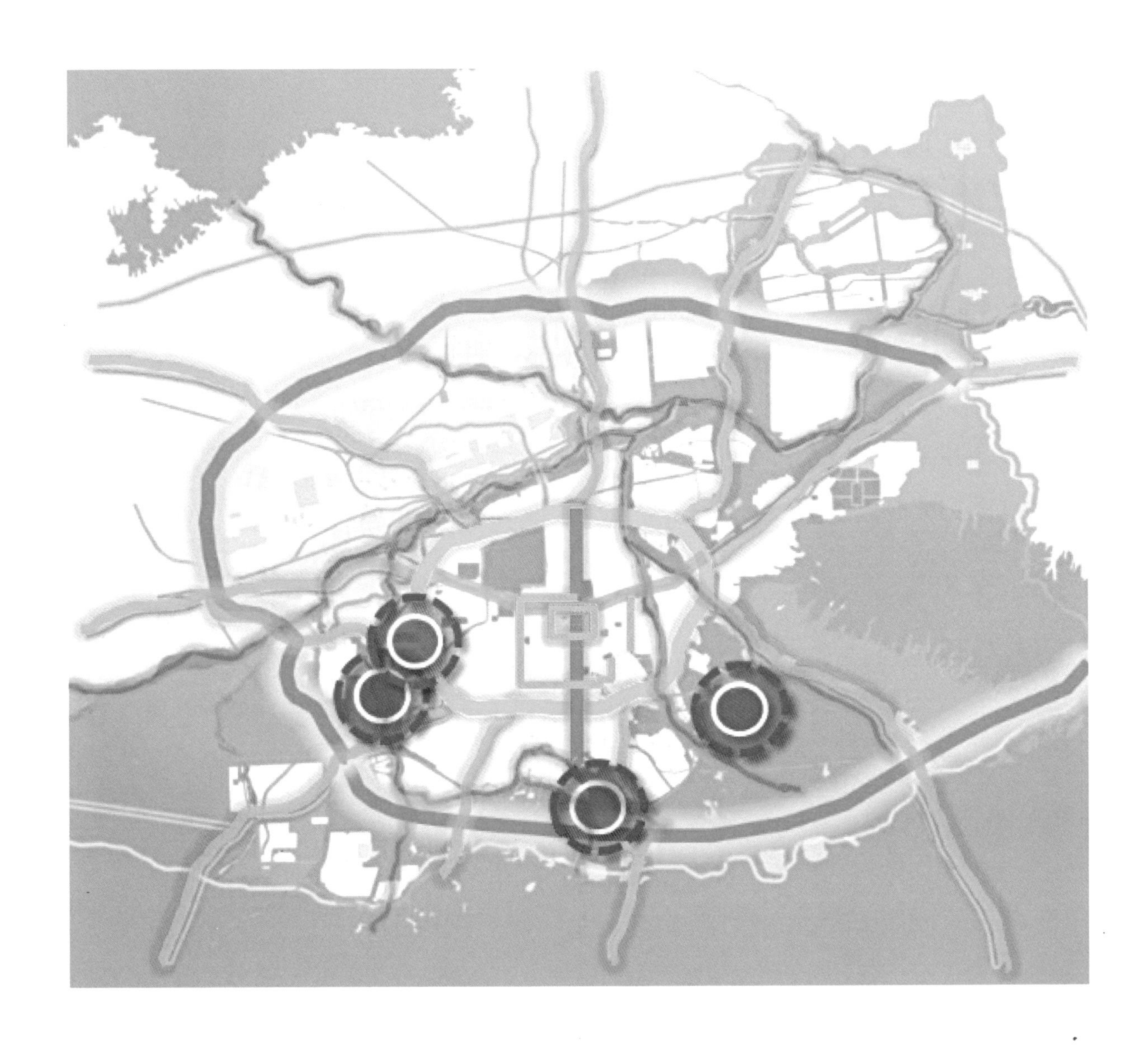

图3-2-16 森林彩化布局图（来源：舒美荣绘制）

表3-2-7 重要景观节点控制表

对象	空间落实	方法
郊野公园	北山郊野公园、五陵塬郊野公园、上林苑郊野公园、白鹿原郊野公园	培育秦岭珍稀植物林，片植彩色树种，形成层次鲜明，色彩多样的林地景观
城市绿地广场	兴庆公园、汉城湖公园、城市运动公园、大唐芙蓉园、大雁塔广场、大明宫遗址公园等	片植和孤植彩色树种，形成主题鲜明的公园景观
城市主要景观带	长安龙脉、东西向轴线、幸福林带、唐城墙绿带	列植国槐、梧桐、银杏、樱花等乔木，丛植彩色灌木，形成色彩丰富，高低错落的生态景观
沿高速公路和铁路生态景观林带	环城路、二环、三环、西咸大环线、十条对外交通廊道	十条对外交通廊道及三个交通环分别列植不同彩色树种，形成银杏大道、黄栌大道、梧桐大道等主题鲜明的景观林带
沿河生态景观林带	八水水系两侧	列植水杉、银杏、柳树，片植芦苇等，展示“蒹葭苍苍，白露为霜”的自然景观
沿山生态景观林带	秦岭、骊山、北山	两山彩化，通过抚育、补植等技术措施，进一步对现有植被进行配置，加入能体现四季色彩变化的树种，开花乔木和芳香植物，形成视觉和嗅觉冲击

来源：舒美荣整理。

（2）八水润城计划——滨水活化，凸显北方水域景观特征

根据河流周边环境特点，将滨水廊道主题化，形成不同的功能、文化、景观特色。

渭河为综合型生态廊道，是城市最重要的生态、景观、人文廊道，具有水域堤防、生态安全、人文历史等功能。依托渭河打造渭河中央公园、湿地公园等，凸显现代城市特色，串联城市商业、办公、历史文化、休闲等功能区，增设交通、健身、休闲娱乐、观景设施等。沣河位于周丰镐遗址带内，为城市重要的历史文化景观廊道，沿河串联各个朝代的景点，结合现代生活设置主题公园、文化展示、休闲娱乐等功能，体现现代与古代交融、生态与城市交织。

浐河、灞河、滈河、潏河为宜居生态廊道，与城区紧密相连，沿线分布多个居住片区，主要为居民提供宜居休闲、健身康体的公共服务设施，沿线可设置多个主题公园，展示宜居城市特色。

黑河、涝河、泾河为郊野生态廊道，以生态保护、生态观光为主，可设置自行车游憩道、生态栈道等，体现原生态自然景观，是西安市民未来休闲的“后花园”。

汉护城河、明清护城河、南三环河为城市休憩生态廊道，其中汉护城河是游览、观赏汉历史文化区重要的廊道，明清护城河是游览、观赏明清老城区重要的廊道，南三环河沟通昆明池和南湖，联系了城市最大的两处集中水面（图3-2-17）。

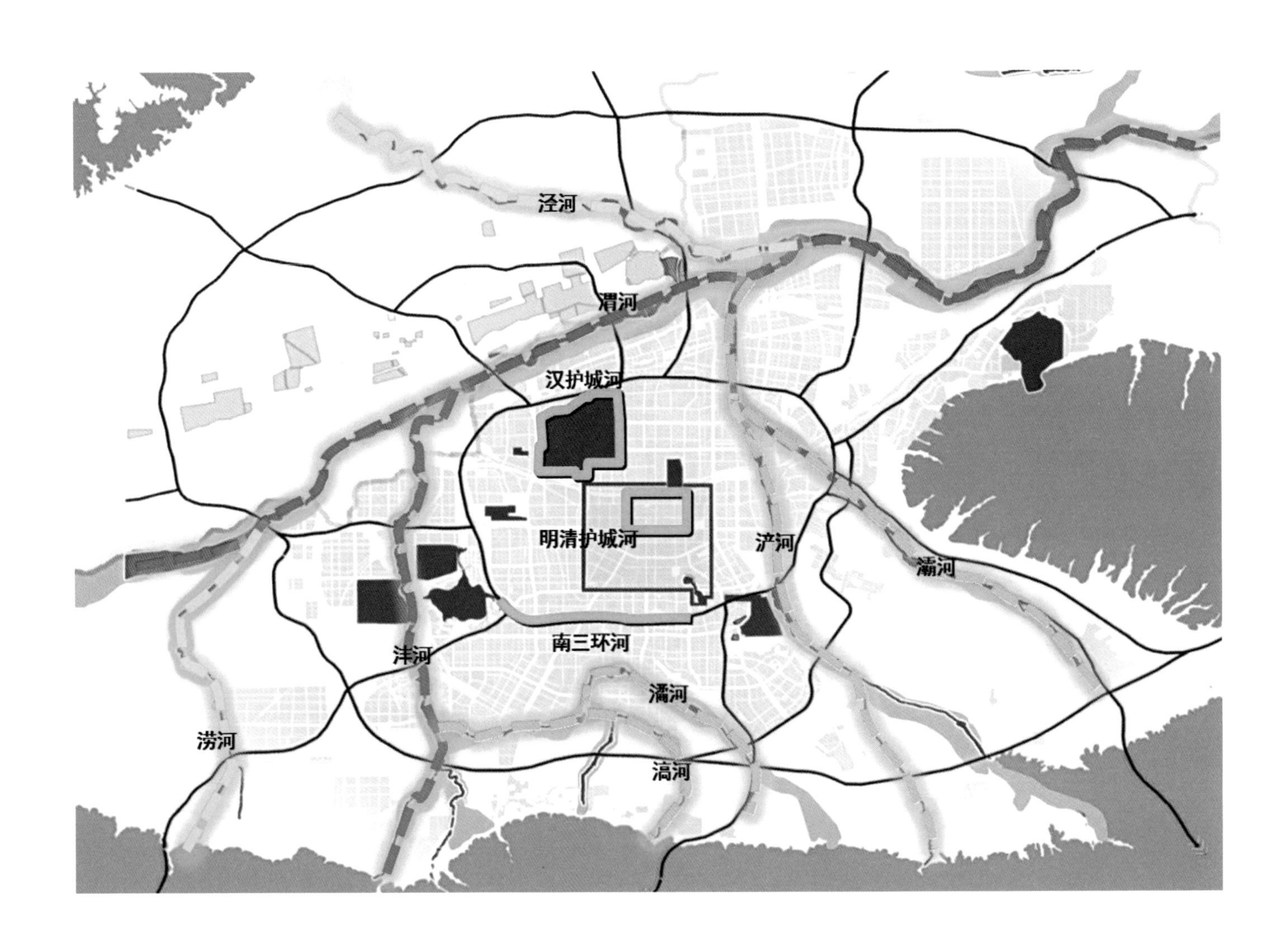

图3-2-17 生态廊道分布图（来源：舒美荣绘制）

3.3 现代城市形象

3.3.1 现实问题

1. 科教文化

西安拥有丰富的教育文化资源，但依托教育衍生的高校外溢产业发展参差不齐。高精尖行业如航空航天、电子信息类良好地利用了高校平台，但其他专业领域则相对较弱。

西安综合科技实力居全国城市前列。西安是中国航天动力之乡，聚集了中国航天1/3以上的力量。值得一提的是，西安卫星测控中心是中国卫星测控网的中心结点，是我国唯一的航天测控回收机构。

高新技术已成为西安现阶段支柱性产业之一，高新技术产业目前发展迅猛，民用航天产业、国际港务区等都已在发展建设中。然而，西安也存在部分产业发展动力不足、产业集聚效应弱、发展势态缓慢等问题。核心问题在于产业结构较为松散，各产业区活力差异较大，缺乏特色产业集群。

2. 基础设施

西安城市道路基本继承了唐长安的棋盘式道路格局，随着城市规模的增大，城市道路逐渐演化成为棋盘、环状加放射的路网形态。总体来看，城市主干道贯通性较强，但干道间距较大，城市交通过度依赖于干道。对于明清城墙围合的古城区域，由于传统街巷的保留使得城墙内次干路和支路的街道普遍较窄，道路通行能力较弱。

目前，西安市城市交通问题表现在空间上的主要有：(1) 道路布局不合理，拥堵严重。西安城区东西走向的干线相对较多，南北走向的干线少，且干线与次干道之间缺乏联系，许多干线直接连接支路；(2) 城市里支路断头路多，未形成“窄路密网”的城市支路体系，无法充分发挥支路“毛细血管”作用；(3) 道路断面设计有待优化，机非混行导致交通混乱（图3-3-1）。城市里机动车与非机动车、行人混行的现象普遍存在，一方面反映出交通管理存在问题，另一方面也为道路断面设计提出了优化需求。只有道路结构健全和交通监控管理双管齐下，城市交通问题方可得到缓解。

图3-3-1 西安交通堵塞情况

3．公共空间

首先，现有大型公共空间集聚度不够，中心不够明晰，如西安市民文化活动中心、体育中心等缺乏国际影响力；其次，社区级文化、体育活动空间匮乏；再次，老城区广场、公园等绿地开敞空间不足；最后，城市公共设施资源分布不均衡，新城区公共设施较为缺乏。

4．民俗生活空间

首先，场所不足，氛围不浓，比如永兴坊气氛热闹却规模偏小，和平门曲艺展示缺乏集中空间；其次，老街巷空间环境不佳，亟待提升改造，如洒金桥地段西安老街巷，虽然生活气息浓厚，但环境和相应基础设施建设有待提升；再次，诸多新建体验空间过度商业化，难以吸引游人；最后，夜市生活较为丰富，但夜市空间环境面貌普遍需要改善。

5．现代生活空间

首先，西安现代生活服务空间总量不足、分布不平衡；其次，具有一定影响力的现代品牌服务空间不足；再次，现状休闲活动以商业购物空间为主，主题较为单一，缺乏国际性的现代文化会展场所，如国际文化体育赛事、服装会展等场所；最后，街头文化艺术活动较少，缺乏相应空间环境。

6．丝路建设空间

首先，现代文化平台建设相对落后，成为制约城市大型文化活动开展的因素之一；其次，城市整体开放度较低，外来投资和文化经济交流有限；最后，对外交通建设虽取得一定成绩，但仍有不足。

3.3.2 现代城市形象提升与发展策略

1．展示现代科教产业实力

航空航天是西安现代产业核心竞争力之一，科研教育、创意文化等方面也有较好的潜力，这些现代特色产业的空间形象应在总体城市设计中重点表现。

针对各产业区主导的情况、上位规划、区域文化底蕴等方面确定各区城镇建设形象主题，并通过重点项目等集中体现。如阎良航空主题公园、航天科普园等，结合航空航天、物流能源、科教创新、文化艺术、电子商务等特色产业集群，营建中国航空城形象特征。依托西安高校教育科研资源，整合高校外溢产业，打造科教创新港等系列高校外溢产业展示中心和服务基地（图3-3-2）。

图3-3-2 中心城区重点产业项目分布图（来源：李莹绘制）

2．加强城市基础设施建设

交通综合体提升：强化交通综合体无缝衔接理念，应用于航空港、火车站、汽车站、地铁站、公交站等多个等级，建立多种交通工具一站换乘的交通综合体体系。将交通枢纽与商业服务、文化展示、广场休闲等功能结合，形成具有生机和活力的交通综合体。

智能化交通：通过大数据与公交系统的结合与应用，实现全城公交体系智能化，方便广大市民出行。结合城市重要交通干线设置智能公交线路，强化公交运行效率，打造智能线路。推动公交车运营调度智能化、公交车运行信息化和可视化，实现面向公众完善的信息服务。结合大数据等科技手段，针对停车难等现象打造智能车库，增加出行效率，缓解交通压力。

优化交通枢纽：地铁、车站、公交站等各类交通枢纽内部应实现最优的线路组织，建立清晰完善的标识体系。尽量减少行人的停留时间。各类交通枢纽应尽量结合城市广场、文化中心和商业综合体等设施，增强城市活力，带动经济发展。

积极考虑通过打造特色化交通，丰富市民出行及游客观光的出行选择，规划自行车高速公路、铛铛车、主题公交、低空观光线路等，构建西安城市出行特色。结合幸福林带、唐延绿带等建设自行车高速公路，为市民提供优美、安全的骑行环境。

结合长安龙脉中轴线、环城墙以及纺织城、电工城等区域，设置特色有轨电车和无轨电车，回味原汁原味的老西安情感。结合环唐城旅游线路组织特色公共交通体系，打造主题公交专线，加强环唐城特色游览公交环线，充分展现唐代文化特质。此外，开辟西安低空旅游航线，市民游客可从空中俯视古都西安城市景观（图3-3-3）。

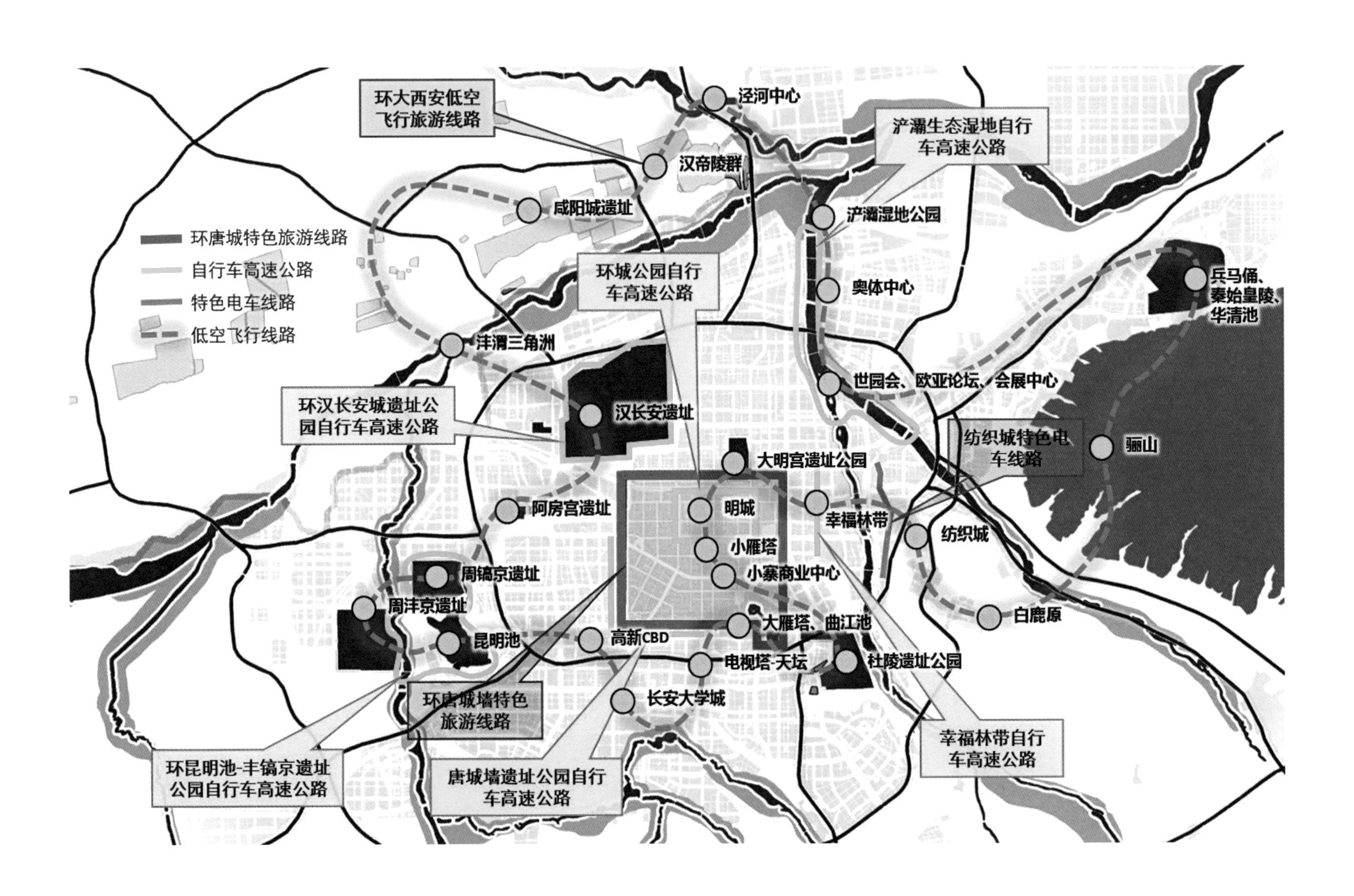

图3-3-3 特色交通线路图（来源：李晨绘制）

3. 提升城市公共空间品质

首先，优化公共空间分布格局。在原有设施外，新建高新时尚街区、欧亚论坛丝路风情街，满足各区域及人群对于时尚体验的需求；扩建大型游憩广场——直城门丝绸之路起点广场，发挥其应有的文化领衔作用，同时满足周边居民的休憩游览需求；滨河空间新建浐灞国际湿地公园、渭河城市绿地运动公园、潏河-香积寺复合三角洲等大型公共服务设施，完善绿地休憩系统，在作为西安对外合作交流的绿色窗口外，也为市民提供周末、假期休闲的好去处。

其次，提升公共空间形象。对于重要商圈广场，增加绿植、花卉、水体等软质景观，注意二维平面和三维立体空间的景观搭配协调，同时增强和美化夜间广场照明。城市小品设计融入历史元素，并适应现代功能，增强对历史的标识性及自身的可识别性。增加绿化，注重高低、颜色、大小等的层次感，形成丰富的室外活动空间；增加照明设施。对于体育运动空间，在小品设计中融入体育文化符号，营造充满健康活力的形象。对于滨水休闲空间，保持水资源的干净卫生；将标志性建筑融于自然，形成丰富的天际线及对水的视线廊道；在改善物质环境的同时增加活力，承办国际级体育文化赛事和活动，如国际足球赛、城市马拉松、欧亚论坛、文化达沃斯等，增强西安国际文化品牌的影响力。

再次，做大城市级公共中心，完善片区级公共设施，增补社区级公共场所。对于城市级文化、商业、体育中心等空间力求整合做大，形成西安城市公共形象的重要表征空间。对于片区级公共场所，应进一步完善公共设施，尤其是文化和体育设施。对于社区级公共场所，应结合市民实际需求加以增补，达到便民利民的效果（图3-3-4）。

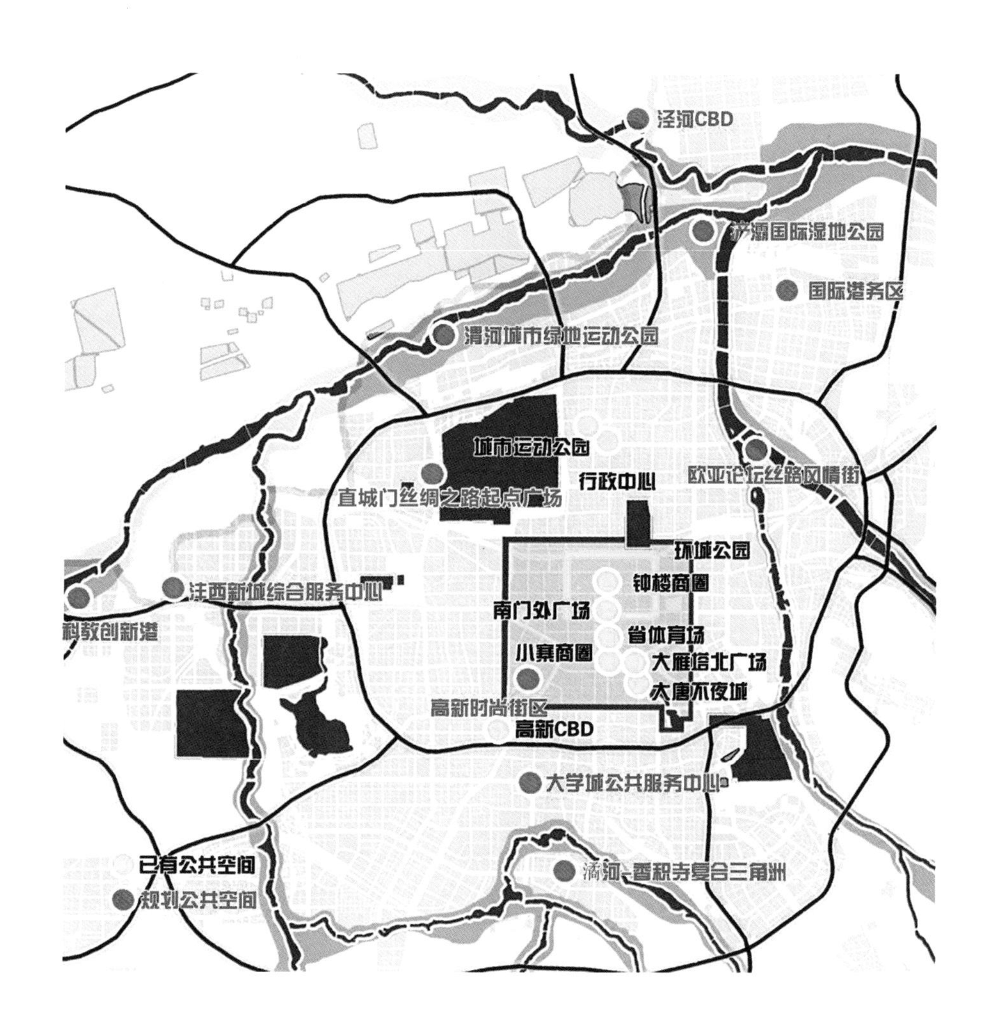

图3-3-4 公共空间体系规划图（来源：王嘉溪绘制）

4．展示民俗文化特色内涵

展现原汁原味的民俗生活，展示民俗文化品质内涵。

首先，启动四大主题民俗文化项目。以洒金桥老民居片区、环城公园为载体展示老西安生活景象；结合现有民居、街巷，打造“老西安”居住体验和茶艺文化等民俗文化体验场所，再现老西安原汁原味的市井生活。在建筑形式及其氛围营造上尊重现有的居住及商业形式，不过多干涉居民生活。以回民街、永兴坊为代表打造民俗小吃聚集地，对规模不足的进行扩建，将小吃街主题化，如汉民小吃，回民小吃、陕北、陕南、东府、西府小吃。各主题区均采用当地被列为非物质文化遗产的小吃类型，展示饮食文化的博大精深；建筑形式上形成风格鲜明的地域特色。和平门曲艺园增加主题街景家居小品，改善绿化品质，营造活动氛围，建设秦腔曲艺主题馆，展示秦腔戏服。鄠邑区农民画展馆场所应通过品质精细化、功能复合化、环境生态化等方式，形成新的文化旅游发展增长点，组织爱好者参与书法绘画大赛等活动，扩大影响力（图3-3-5）。

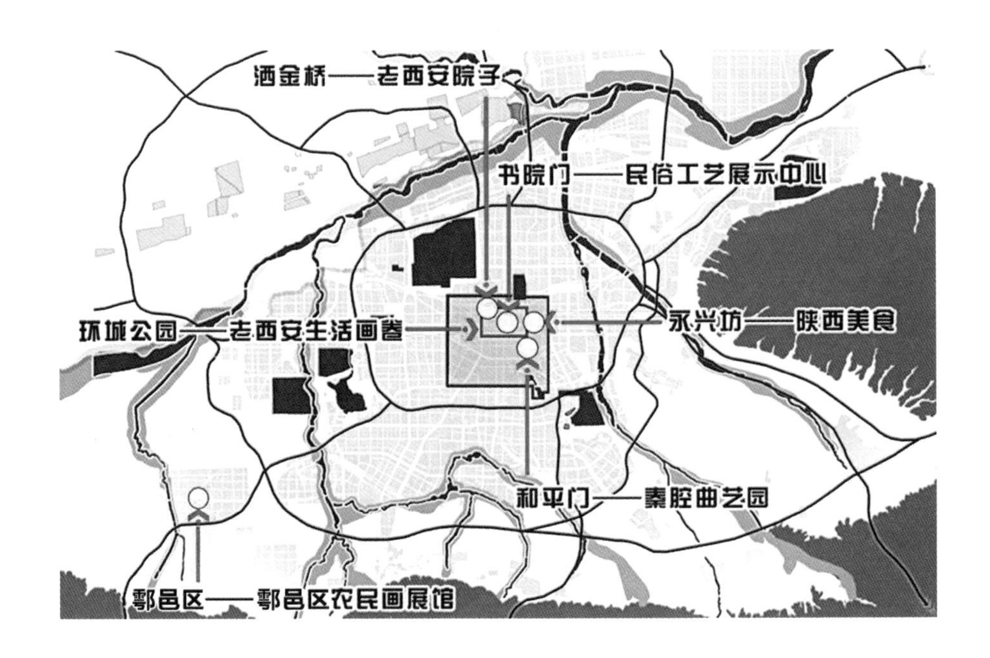

图3-3-5 四大主题民俗项目分布图（来源：李莹绘制）

其次，完善民俗村建设。加强西安与周边特色民俗区域的联系，构筑完善的民俗展示体系，包括三原柏社村、礼泉袁家村、马嵬驿、上王村、鄠邑区秦渡镇、关中博物院等。民俗村中的建筑要彰显鲜明的民族或地域特色，反映古朴的生活方式和地方建筑文化；除硬质空间外，注重对软质艺术的保护，如声乐舞蹈、礼仪服饰等。此外，通过影视剧取景、网页广告与活动等多方式进行推广宣传；增加更多的体验经营类空间场所，如关中食醋、豆腐作坊；增加特色村落的居住体验空间，如客栈旅馆、窑洞民宿等（图3-3-6）。

图3-3-6 白鹿原民俗村效果图（来源：西安建大城市规划设计研究院提供）

5．建设现代公众文化平台

首先，策划时尚生活主题，挖掘大学空间作为时尚艺术、时尚运动的承载地，打造重点时尚休闲街区。

表3-3-1 现代时尚主题策划

<table>
<tr><th>增加时尚主题</th><th>空间场所</th><th>备注</th></tr>
<tr><td rowspan="3">生态运动</td><td>浐灞、沣河、渭河城市沿河休闲带</td><td>规划项目</td></tr>
<tr><td>幸福林带、唐延路运动绿廊</td><td rowspan="5">已有项目</td></tr>
<tr><td>环城运动公园</td></tr>
<tr><td rowspan="8">活力运动</td><td>城北城市运动公园</td></tr>
<tr><td>丈八路综合运动训练场地</td></tr>
<tr><td>环城马拉松</td></tr>
<tr><td>曲江夜跑</td><td rowspan="5">规划项目</td></tr>
<tr><td>秦岭绿道骑行</td></tr>
<tr><td>大学运动联盟</td></tr>
<tr><td>省体运动中心</td></tr>
<tr><td>“驴友”户外营地</td></tr>
<tr><td rowspan="7">时尚艺术</td><td>大唐不夜城涂鸦艺术酒吧街区</td><td rowspan="3">已有项目</td></tr>
<tr><td>德福巷酒吧咖啡休闲街</td></tr>
<tr><td>纺织城创意艺术产业区</td></tr>
<tr><td>高新国际时尚体验街区</td><td rowspan="4">规划项目</td></tr>
<tr><td>北城四海唐人街</td></tr>
<tr><td>大学城时尚摄影基地</td></tr>
<tr><td>小寨青年活力购物街区</td></tr>
<tr><td rowspan="5">文化会展</td><td>西安音乐厅</td><td rowspan="3">已有项目</td></tr>
<tr><td>西安美术馆</td></tr>
<tr><td>陕西省历史博物馆</td></tr>
<tr><td>西安北城文化交流中心</td><td rowspan="2">规划项目</td></tr>
<tr><td>高新汽车主题园</td></tr>
</table>

来源：李晨整理。

其次，重点项目引领驱动。高新国际时尚体验街区：服务于都市时尚“白领”“金领”，以国际时尚风情为体验主题，打造体验街区。街区内设置北欧冰雪酒吧、欧洲特产专卖店、韩国美食街、奔跑游戏娱乐中心等项目。浐、灞、沣、渭沿河生态休闲带：主要服务于周边居民和各地游客，定位为生态休闲、滨水体验。空间要素有滨水慢行步道、浅滩生态景观、沿河夜景、水上浮岛，同时设置滨水晨跑、自行车运动、亲子体验、鸟类摄影活动、夜游滨水岸线、水岸婚纱摄影展等项目。欧亚国际文化体验街：服务于国际商务人士和各地游客，风格为欧亚风情，定位为观光体验，由欧洲主题文化园、亚洲主题文化园、各国文艺表演中心等构成。设置欧洲小镇观光游、亚洲美食体验街、欧亚传统服饰走秀、国际精品购物长廊、花车环游等项目（图3-3-7）。

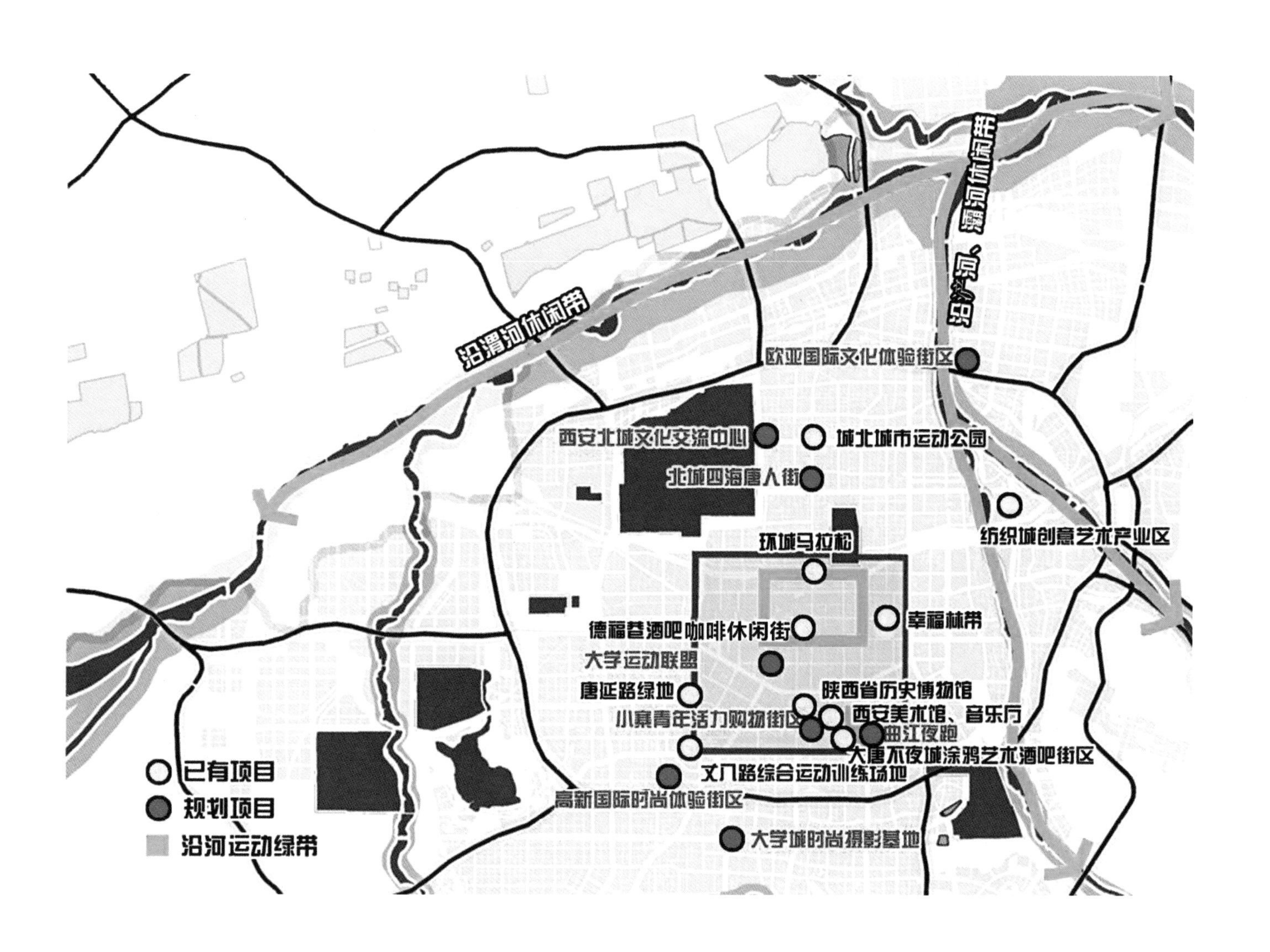

图3-3-7 时尚生活体系构建图（来源：王嘉溪绘制）

6. 彰显丝绸之路文化精神

丝绸之路申遗项目是世界上第一个以跨国联合申报形式成功列入《世界遗产名录》的项目。

西安将积极结合“一带一路”倡议中的城市定位，发展成为丝路中心城市和枢纽城市，紧抓发展机遇。秉承古丝绸之路开放包容的精神，西安将建设成为丝绸之路经济带的新起点。目前，西安已初步建成国际交流合作窗口和国家内陆合作高地。其中重要节点有国际交流合作窗口——欧亚经济论坛、中国第一个国际性内陆港口——西安国际港务区、全国八大区域性枢纽机场之一——西安咸阳国际机场。

丝路经济带的建设将为西安未来发展带来更广阔的国际交往机会，体现在文化、科技、经济等多个方面。

文化方面：依托丝路文化遗产，构建“两起点、三轴、多节点”的丝路文化展示系统。结合汉唐丝路起点，打造汉唐丝路文化广场，通过丝路主题剧、丝路小品景观、丝路文化墙等方式展示丝路文化。结合外事空间，进行文化表征或打造历史友好纪念平台。此外，还将建成欧亚风情街区等商业场所（图3-3-8）。

图3-3-8 商贸合作平台构建图（来源：王杨绘制）

科技方面：结合高校外溢产业，打造科技创新港，如三星城、丝路人才交流中心（能源深加工前沿技术交流中心、旱作节水农业技术支援中心、交通管线工程技术交流中心）、丝路科技交流中心（人才联合培养、人才双向流通）等。

经济方面：今后将重点打造丝路金融中心和能源交易中心。丝路金融中心依托沣东新城，吸引沿线国家投资开发银行、上合组织银行等金融机构入驻，形成金融信息中心、结算中心、数据服务中心、证券中心、灾备中心等。针对能源交易，构建战略平台。依托泾河新区，补充能源期货交易中心、能源信息发布中心、能源贸易电子商务平台、能源数据服务等，形成以能源信息商务服务为主的能源交易中心。

贸易方面：以丝路经济带沿线国家特色商品为对象，构建“市场+街区”的特色贸易体系（图3-3-9）。

图3-3-9 对外交往平台体系构建图（来源：王杨绘制）

3.4 文化意蕴感知

通过宏观框架与微观表征确定文化意蕴的感知框架，借助多元感知方式与精细化感知场所设计，最终确定主题感知游线，重现西安文化意蕴。

3.4.1 现实问题

西安拥有悠久的历史文化、壮丽的山水台塬、现代科教创新产业、舒适宜人的城市环境，需要从普通市民最日常的感知方式与视角对城市空间与环境做出判别，让市民和游客能直观感受到这些场景，使西安这些综合优势迸发蓬勃的生命力。西安目前在文化意蕴感知方面存在的问题如下：

1. 感知方式单一

历史沧桑巨变遗留下的记忆逐渐淡漠，大多数古代历史风貌都已被“掩埋”于地下，而今存留下来的是与历史相去遥远的场景。如何在地面遗存很少的情况下，首先满足历史遗址保护的要求，又能够通过整体环境氛围的营造，尽量让人们感知历史的存在，体验历史的变迁与启示，是对历史文化保护与利用的更高要求。在这方面需要更多的探索，从而引发历史文化资源真正持久的活力。

汉长安城、杜陵等遗址区虽尺度宏大、内涵深厚，但只能通过游览的方式观赏空间，且目前游览方式也有许多提升空间，很难真正体验遗址所蕴含的深厚历史；城墙区域提供了接触城墙的感知体验，可以用步行或自行车去感受城墙带来的震撼，让人们和城墙空间产生共鸣，但当前引导方式不够丰富（图3-4-1～图3-4-3）。

图3-4-1 汉长安未央宫遗址

图3-4-2 西安城墙（来源：宋平 摄）

图3-4-3 杜陵

2．特色感知场所缺失

一首“夕阳无限好，只是近黄昏”凸显了乐游塬的特色景致和千年惆怅，然而现代城市建设用重重高楼阻隔了昔日景象。一部分历史遗产像唐代天坛一样当前面临着窘境，居民无法感受到历史的印记。现代建筑、仿古建筑以及老旧的建筑糅杂在一起，对许多重要的历史场景造成了挤压与破坏。

唐天坛圜丘遗址和乐游塬青龙寺被周围高挑的大楼包围，建筑风格的不协调让城市特色越来越不明显，也阻挡了原有远近空间所带来的不同感受。这种状态使得历史区域保护与感知工作依然任重道远（图3-4-4、图3-4-5）。

图3-4-4 唐天坛圜丘遗址（来源：李晨摄）

图3-4-5 乐游塬青龙寺

3. 感知空间未成体系

德福巷、三学街、北院门等景点作为城市名片，在空间上呈点状分布，没有有效线路对其进行串联，迈出景区的边界看到的是西安脱去历史外衣的现代场景。风貌上的巨大差异常常使得参观者在游览中感到意犹未尽，城市内各重要景区未形成成熟的串联游线，已有游线缺乏连续的空间引导。城市郊区数个重要都城遗址之间同样面临被城市建设整体分割的担忧，这不仅把历史文化空间整体脉络阻断，使其丧失了独特的整体空间呈现优势，同时也可能失去利用大遗址空间营造城市风道的机会。

（1）德福巷历史街区游线空间现状问题

德福巷街巷空间古朴，与城墙色调协调，但迈出德福巷边界，现代化的城市街道与德福巷内空间秩序、尺度等截然不同，在空间感受上无法形成过渡或连续界面。在图3-4-6中，德福巷的牌坊与外围现代化建筑形成了强烈鲜明的对比，导致城市空间序列感知不协调。

（2）革命公园西入口街道缺少历史氛围

作为明城墙内历史性的绿化节点，革命公园整体定位为具有历史气息的休闲公园，但现状周边环境却与历史氛围不相协调。

图3-4-6 德福巷的牌坊

3.4.2 文化意蕴感知策略

针对以上问题，本次设计从对象、方式、感知场所、游线串联四个方面构建感知系统，提出文化意蕴的感知策略。

1. 确定感知对象

西安具有丰富的历史底蕴、现代内涵和山水景观，人们需要在城市中体会到文明之源、千年脉络、营城典范、宗教圣地、丝路起点、诗词意蕴等厚重的历史场景；还需要感受西安作为科教高地、现代丝路起点、航空航天基地、能源枢纽、旅游胜地、宜居之城的现代城市气息；更需要在山水之间体会两山傍城、八水润城、花海融城、森林郁城、沃田丰城、多园缀城的生态宜居感受。据此，可以将感知对象分为历史西安、现代西安和山水西安，营造丰富而多元的感知体验。

2. 丰富感知方式

丰富感知方式不仅要增强空间的体验性与参与性，更要体现感知方式的动态与静态相结合。通过观、闻、着、品、宿、戏、游、学的全方位感知方式，调动人的多种体验信息；同时不只感知某一个特定空间，更要在行走的过程中感受连续的空间序列（表3-4-1）。

表3-4-1 感知方式

感知对象	山水西安	历史西安	现代西安
感知方式	望——登高望远、远眺山河 闻——林野鸟鸣、山涧水声 瞰——低空鸟瞰、一览山水 游——环山骑行、日环八水、峪道探幽	观——观汉唐遗址，感知古都脉络 听——听唐朝声乐，感知古都典雅 穿——穿唐装汉服，感知古都华贵 食——吃唐餐汉宴，感知古都滋味 行——行主题列车，感知古都开放 品——品古诗古文，感知古都精神	食——吃特色陕西美食 闻——听陕西秦腔 游——游航空主题园 学——西安高校游学 购——时尚购物体验 浴——温泉养生 宿——民宿体验

来源：李晨整理。

3．建立感知场所

建立感知场所不仅要定义独立的感知场所，更要强调场所串联起来所营造的线性空间序列，从而强调感知中的区域概念，强调建立感知场所的整体体验。

用路径将感知节点空间分类串联，保证空间序列性的同时，强调路径可达性，让人们在行进的过程中感知不同的城市形象，例如以大西安遗址带为历史文化感知带，以八水、秦岭沿线、大西安环线为山水田园感知带。也可根据不同区域的城市风貌划分感知区，以传统风貌区为历史文化感知区，以现代风貌区为现代城市感知区，以自然风貌区为山水生态感知区。

（1）历史西安感知场所

周秦汉唐的地面遗存寥寥无几，唐长安除了大、小雁塔等建筑外，其余48km^{2}的城址已被覆压在现代城市建设之下。

为了感知这些被覆盖的久远历史，规划采用了宏观框架提示，微观节点表征的方式：即通过绿带等生态方式逐步把唐长安城墙、城门、重要建筑场所等提示出来；选取天坛、东西市、金光门、小雁塔里坊等进行环境展示或结合现代功能开展必要复建。通过相关手段，使得深埋地下的历史痕迹得到必要的显现。同时，将重点历史遗迹作为感知历史西安的主要场所，以感知线路进行串联，形成整体感知体系。除了历史文化感知点、感知带以外，历史文化感知区也是重要的感知场所。通过地面城市标示系统、市政交通等设施的设计，增强历史文化区域标示，多层面多方式揭示相关历史文化遗迹，充实历史文化底蕴（图3-4-7）。

图3-4-7 历史情景再现——丰镐大遗址公园景区（来源：项目团队）

（2）现代西安感知场所

随着现代西安的建设，高新技术产业开发区、科技创新港、经济技术开发区、泾河新城等都是展示城市活力的新形象区域。结合服务休闲和相关城市功能，进行轨道游线、步行游线、驱车自驾游线等方式串接，形成人们休闲、健身、旅游、交往、学习、消费等多种功能复合的节点性区域，通过专项设计，构建具有活力的现代西安功能活动感知场所。

（3）山水西安感知场所

南秦岭、北嵯峨，两山相立，是自古以来关中的重要屏障。通过兴建南北郊野公园、环山旅游线等，加强山地与台塬的感知体验。八水润长安构成了西安独特的城市滨水空间和景观体系，强化渭河、浐河、灞河、沣河等河道的水质净化与绿化设计，建设不同的湿地公园，也是构建山水西安感知场所的重要内容。西安田园系统和花卉景观也是重要的山水特色，要结合“春风得意马蹄疾，一日看尽长安花”等诗词意象，营造花海系统、打造田园景观，构建农耕文化园。同时，要结合台塬高地、景观平台、高层建筑等高度、视野、功能适宜的场所形成能够吸引人群的眺望点，作为山水西安感知场所的重要节点。

4. 组织感知游线

重点打造十条主题感知游线，对线路、场所和交通工具进行主题化设计，感知历史西安、山水西安，并与现代西安的感知相融合（表3-4-2）。

表3-4-2 感知游线

组织原则	类型	线路说明	线路意向
1. 串联更多的感知场所； 2. 明确道路的落定； 3. 线路尽量简短明了	现代类	能够将现代西安感知场所通过道路串联起来，通过环线，在线路序列中感知现代西安的七大特色：历史文化名城、教育科研高地、丝绸之路起点、航空航天基地、物流能源枢纽、世界旅游城市以及生态宜居之城	
	历史类	将突显西安历史文脉的场所串联起来，整体地去感知历史西安的六大特色：华夏文明之源、千年都城脉络、东方营城典范、丝绸之路起点、诗词书画胜境、礼儒释道圣地	
	生态类	西安自然景观丰富，山水形胜，将山水西安的感知场所串联起来可以让人更好体验西安显山、理水、导风、聚气的生态格局	
	综合类	现代西安、历史西安、山水西安各成体系还不足以完整地感知西安的特色。将现代西安、历史西安、山水西安的主要节点串联起来，综合感知大西安的特色	

来源：李晨整理。

4

城市设计构架

培根在《城市设计》一书提出，城市空间设计应对影响城市总体形态的关键性要素进行控制，保留城市原有空间体系和城市结构，从而使后期的局部设计与原有城市格局相呼应。培根从较广泛的角度对既存物质形态的空间构成进行分析，强调城市形态作为一个过程的整体性特征，由运动系统、设计结构出发，系统分析了三者的关系，对当今城市设计有诸多启示。

基于对关中-天水大区域的文化认知，西安作为关天区域文化格局中的重要核心，其城市形象和空间框架的构建离不开区域语境。因此，研究以建立相对完整的文化地理空间格局为原则，突破行政范围，从关天区域、中心城区等不同层级展开研究，在整体上提炼和构建区域文化形象，从全局把握西安的城市精神与文化空间特征。

4.1 区域空间构架与引导

协同区域文化资源，衔接关天地区相关重大规划，结合重点问题进行研究，构建区域文化交流平台和旅游服务平台，形成“一心展示，二府相衬，两脉架构，三带延展，四关拱卫，多点表征”的区域文化空间构架（图4-1-1），展示区域历史文化脉络，并对区域重点形象标志要素进行引导。

一心——大西安文化保护与展示中心

以关天区域为研究范围，形成大西安文化保护与展示中心，展示都城脉络、诗词歌赋、丝绸之路、民俗文化等传统与现代文化特色。

二府——东府渭南、西府宝鸡

大西安都市圈的两翼，是大西安的重要门户与形象展示窗口之一，是大西安都市区功能的有机组成部分。

两脉——长安龙脉、渭河水脉。

长安龙脉：以西安都市区为核心，以金锁关和子午关为收束点，串联山、水、城、陵、塬、田等风貌区，与终南山、电视塔、明城、北客站、泾河中心、北山郊野公园等标志点，建立大西安中轴骨架，强化对龙脉遗址点的标识与保护。

渭河水脉：以渭河中央公园为核心，串联关中城市群与遗址群，保护渭河生态水环境，建立湿地公园群，提升渭河水景观，展示渭河农业文明与西安城市变迁足迹，东西延展串接关中城市群核心区。

三带——汉帝陵文化旅游带、唐帝陵文化旅游带、秦岭北麓休闲旅游带。

汉帝陵文化旅游带：保护汉帝陵群的整体环境，控制帝陵群间开发建设，重点保护阳陵、茂陵，增强汉帝陵文化展示与旅游宣传，展示“东方金字塔群”的宏大气魄。

唐帝陵文化旅游带：保护唐帝陵群的整体环境，控制帝陵群间开发建设，重点保护昭陵、乾陵，展示因山为陵的大地景观特色格局。

秦岭北麓休闲旅游带：保护秦岭北麓生态环境，挖掘秦岭北麓资源，发展自然观光旅游、温泉度假旅游、宗教文化旅游、乡村休闲旅游等活动，重点保护楼观台、草堂寺、八仙庵、蓝田猿人遗址、华清池、骊山等自然人文旅游资源。

四关——潼关（函谷关）、武关、散关、萧关。保护关中四关历史遗迹，结合高速、铁路等主要交通线，设立门户标识，凸显关中区域门户特征。

十古道——丝路古道、秦驰道、秦岭古栈道等。保护古道遗迹，建立古道标识体系，确立古道主题，发展古道寻踪旅游。重点保护与建设丝路古道，展示丝路文化。

多点标征——西安都城遗址群、兵马俑-秦始皇陵、黄帝陵、炎帝陵、伏羲庙、法门寺、华山、太白山、终南山、麦积山、阎良航空城、杨凌农业硅谷等。

西安都城遗址群：保护与展示西安周秦汉唐大遗址整体格局，保护大雁塔、小雁塔、明城墙等历史文化名胜古迹，彰显东方营城典范和千年都城脉络。

兵马俑-秦始皇陵：保护兵马俑、秦始皇陵外围环境，完善景区配套设施，提升世界第八大奇迹的形象。

炎帝陵、黄帝陵：保护炎帝陵、黄帝陵山水格局与山林植被等，推广寻根祭祖文化旅游活动，完善景区配套设施，彰显炎黄始祖文化。

伏羲庙：保护伏羲庙建筑群，彰显伏羲文化，打造中华伏羲文化园，建成中华寻根祭祖圣地。

法门寺：保护法门寺古建筑群，展示佛教文化内涵。

华山：保护华山风景名胜区自然生态环境，限制高强度旅游开发，保护华山宗教文化资源，展示华岳整体景观特色。

太白山：保护太白山景区自然生态环境，提升太白山风景区影响力和知名度，展示太白积雪景观特色。

终南山：保护终南山自然生态资源和历史人文环境，彰显隐逸文化特色，提升终南山景观形象。

麦积山：保护麦积山历史文化资源和自然生态环境，彰显佛教文化特色，提升麦积山景区形象。

阎良航空城：建立阎良航空主题公园，展示航空产业实力，彰显航空主题特色，增强航空旅游体验与科普宣传，打造中国航空城。

杨凌农业硅谷：保护区域农业资源，建立国家农业科技公园，展示农业技术成果，提升中国农业硅谷形象。

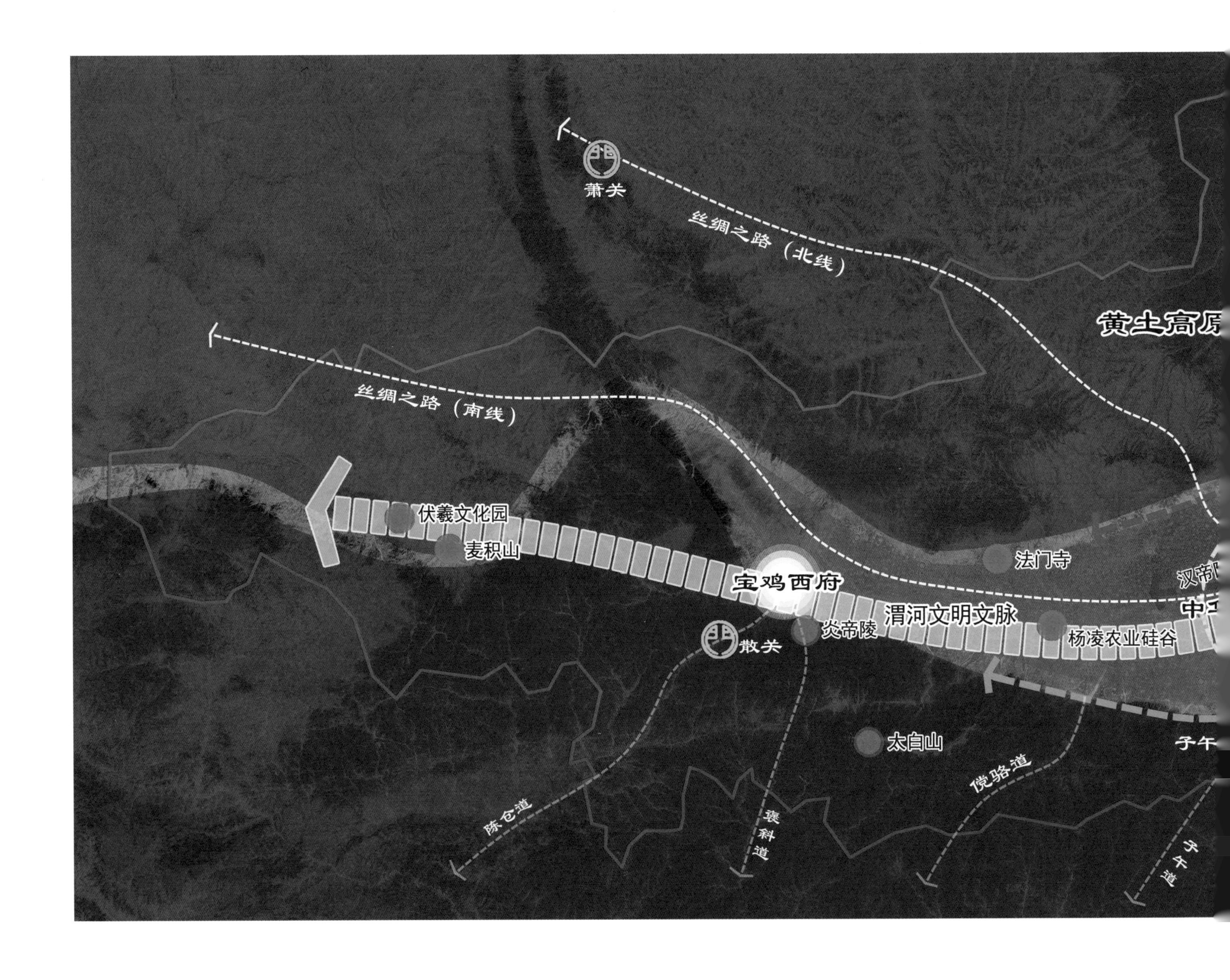

图4-1-1 关天区域文化空间构架图（来源：李晨绘制）

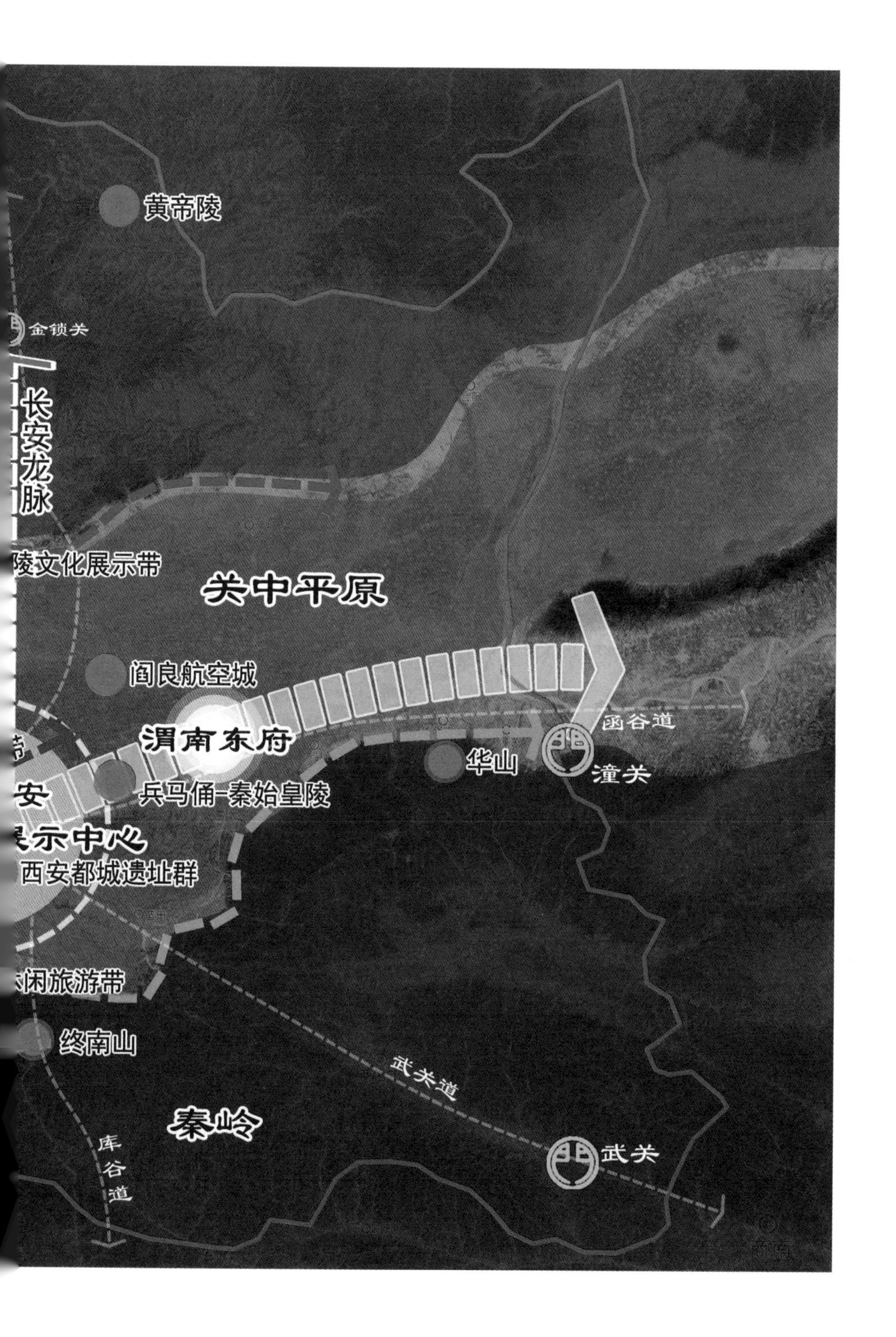

4.2 大西安空间艺术构架

4.2.1 建构思路

针对历史、生态、现实三大重点问题，通过保护、策划、提升等手段将重点问题研究结果落实到空间中，衔接总规等近期重大规划，整合梳理要素库，建立总体城市设计框架作为衔接问题研究与管控实施的技术平台；遴选重点形象标志要素，构建大西安空间艺术构架，形成西安未来空间艺术蓝图（图4-2-1）。

4.2.2 大西安空间艺术构架

通过对重点问题进行研究策划，凝练特色形象标志点，衔接相关规划，形成“渭水贯城、两山环抱、四轴引领、五址展示、八水润城、九宫格局、十点表征”的大西安空间艺术构架（图4-2-2）。

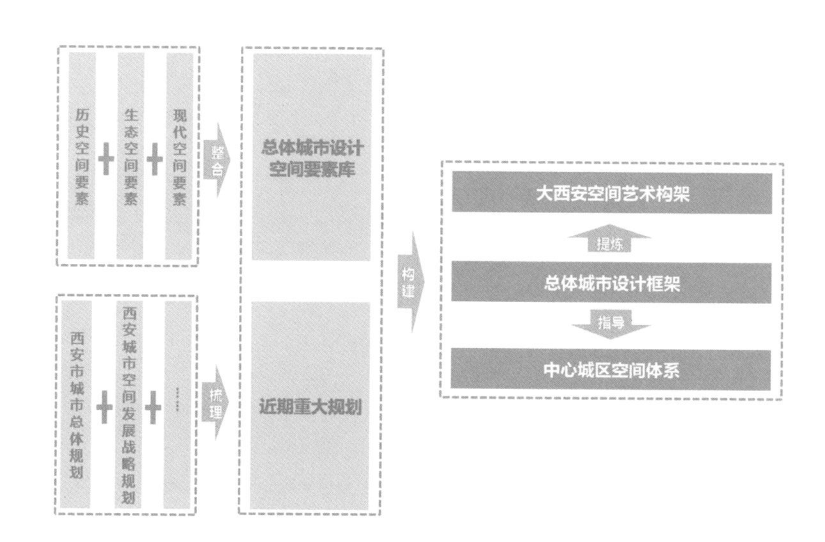

图4-2-1 总体城市设计框架生成路线图（来源：李晨绘制）

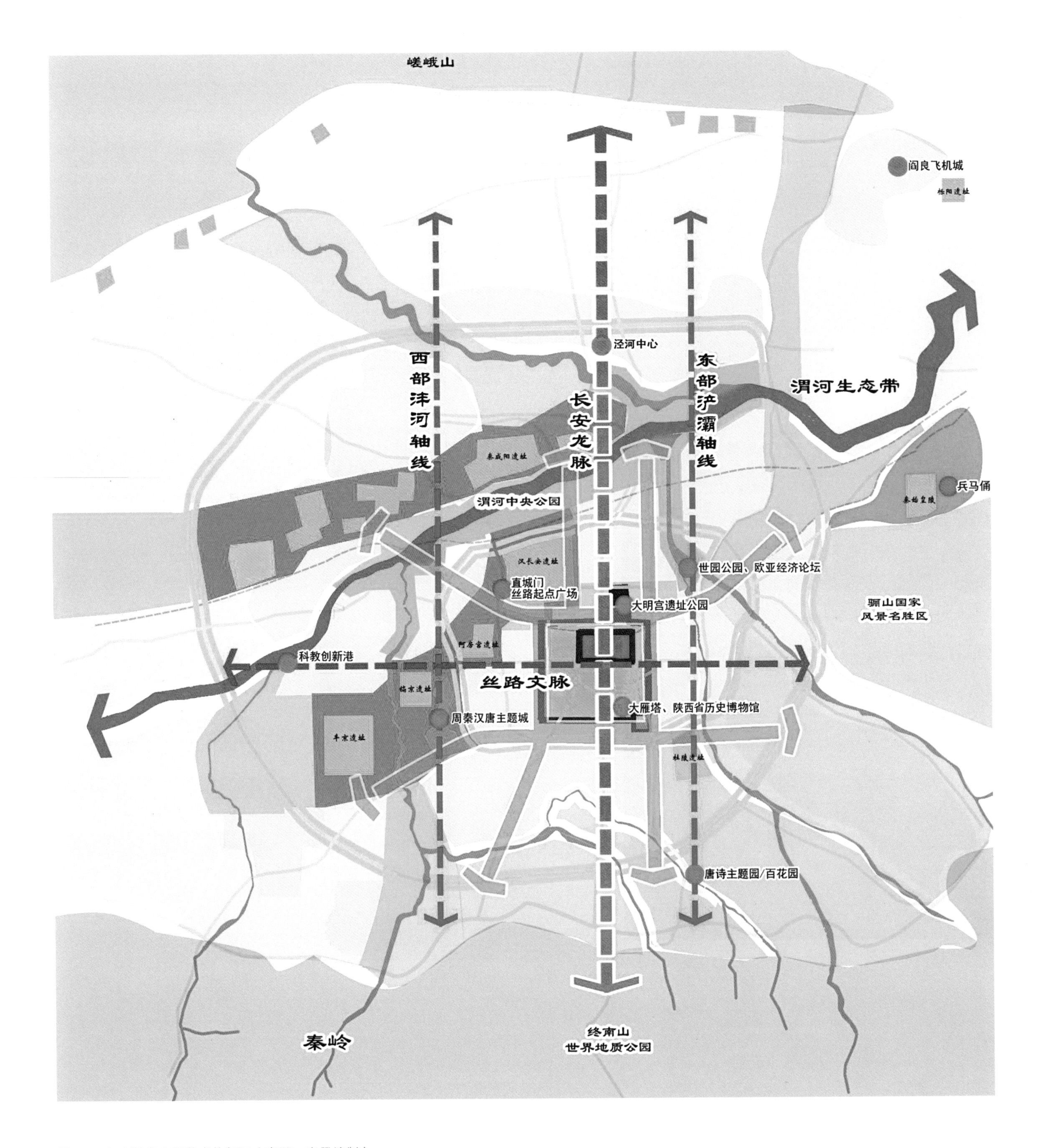

图4-2-2 大西安空间艺术构架图（来源：李晨绘制）

渭水贯城：渭河作为城中河横贯东西，成为城市生态横轴，并与大遗址、滨河生态区、湿地公园等一并形成城市中央公园。

两山环抱：秦岭终南山、嵯峨山从南北对城市形成环抱之势，是城市重要生态屏障，也是生态保护与修复的重要区域。

四轴引领：南北主轴线（长安龙脉）、东西主轴线（丝路文脉）、东部浐灞轴线、西部沣河轴线，四条特级轴线共同构成大西安城市空间核心骨架。

五址展示：明城、唐城、周秦汉大遗址、五陵塬汉帝陵、临潼秦陵与骊山等五个特级片区，集中展示西安历史文化特色。

八水润城：渭河、灞河、浐河、沣河、潏河、涝河、滈河、泾河穿城而过，丰富城市景观，改善城市环境。

九宫格局：延续西安第四轮城市总体规划提出的九宫格局，结合重要交通线，明确城市空间板块划分。

十点表征：兵马俑、大雁塔、小雁塔、大明宫、世园公园–欧亚经济论坛、泾河中心、周秦汉唐主题城、直城门丝路起点广场、科教创新港、阎良飞机城十个点作为西安城市形象标志点。

4.2.3 总体城市设计框架

总体城市设计框架由重点问题表征空间要素叠加而成，是大西安空间艺术构架的细化和延伸，涵盖了大西安层面特级要素和一级要素。总体城市设计框架是衔接问题研究与管控实施的技术平台，包括风貌片区、轴线体系和节点体系三大框架（图4–2–3）。

风貌片区框架：结合历史文化遗存、城市环境特征等因素将大西安核心空间分为传统风貌区、协调风貌区、现代风貌区、生态风貌区。

轴线体系框架：两主轴——南北中轴线（长安龙脉）、东西轴线（丝路文脉）；两副轴——西部发展轴线、东部发展轴线；多支轴——唐长安朱雀轴、唐大明宫大雁塔轴、汉长安南北轴、汉长安东西轴、明清西安东西轴、阿房宫南北轴、周丰京南北轴、周镐京南北轴、秦始皇陵南北轴、商贸大道城市发展轴、秦汉大道城市发展轴、西三环城市发展轴。

节点体系框架：整合城市历史文化节点、标志节点、门户节点、开敞空间节点、公共空间节点，形成节点体系。对节点的知名度、现状发展概况、发展潜力进行评价，形成三等级节点空间体系，作为导则控制的重要依据。其中特级节点为十个，是代表大西安空间艺术形象的重要标志点。一级节点为城市各分区重点控制内容，二级节点为下一层级城市设计控制内容。

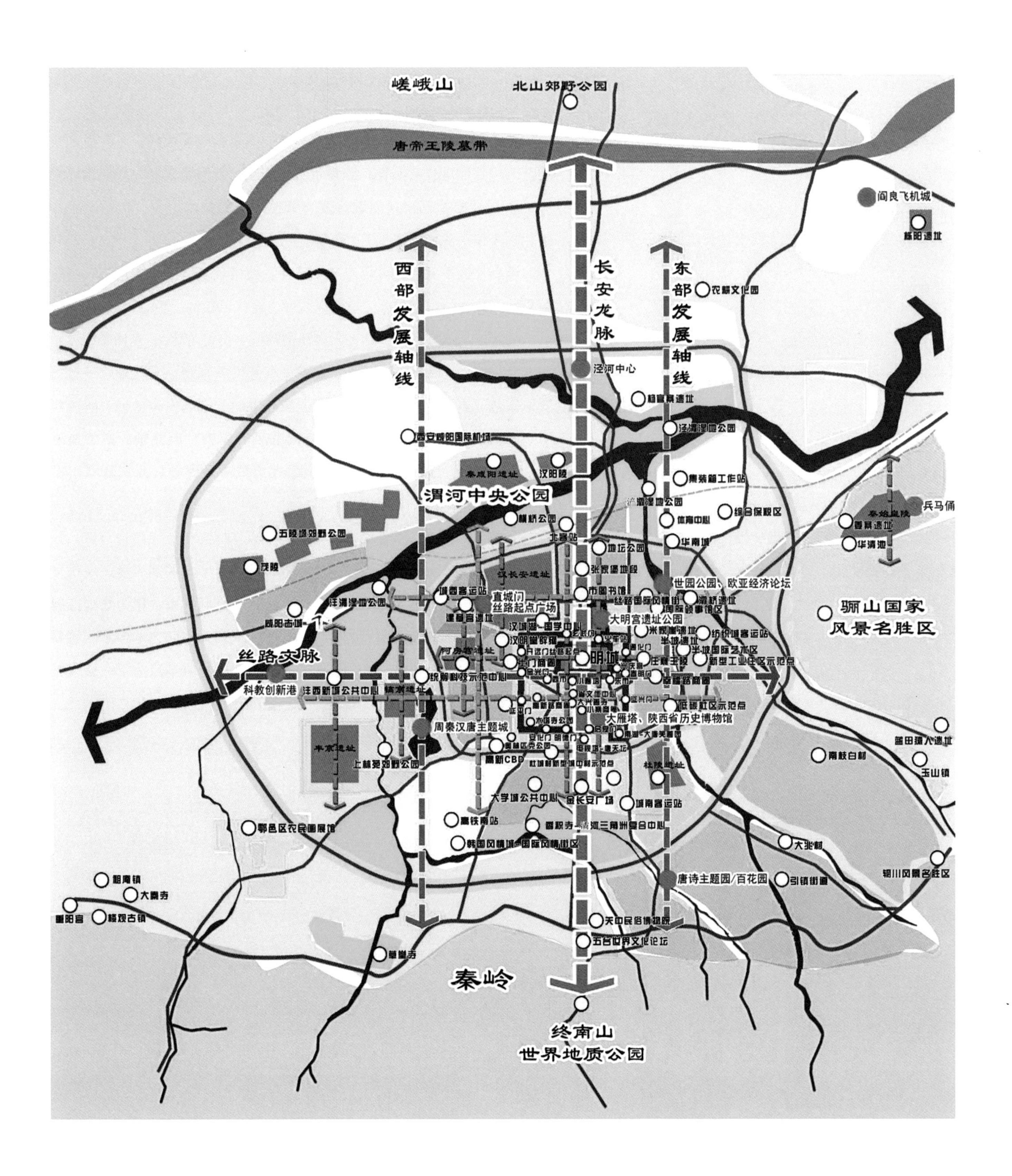

图4-2-3 西安总体城市设计框架图（来源：李晨绘制）

4.3 总体城市设计空间要素库与分级体系

4.3.1 空间要素库

城市设计是以“外部空间环境”为研究对象，以塑造城市特色、提升城市空间品质和体现人文关怀为主要目标的规划编制类型。城市公共开放空间与建筑地块空间共同构成了城市外部空间环境，城市设计即针对组成城市外部空间的各个要素进行控制与指引。

在快速城镇化背景下，如何在规划管理中对城市设计要素进行筛选分类，形成有效的技术要素导控体系，是城市设计急需探索的内容。结合西安市特色资源条件，根据《西安市总体规划（2008～2020年）》《西安市总体城市设计导则》等不同层面规划设计中的空间风貌内容，搭建总体城市设计要素库，主要体现城市空间特色、空间感知性、空间公共性和要素针对性几大因素。

根据要素提炼原则，结合已编制城市设计项目的实效情况，确定六类城市设计技术要素，包括公共空间、建筑群组、建筑单体、交通类、环境类、设施类。将要素库进行整理分析，合并同一种要素或相似要素，按照点、线、面进行分类。明确城市重点控制要素和一般控制要素。重点控制要素包括高度控制、风貌控制、色彩控制、天际轮廓线、建筑群组、建筑第五立面、地下公共空间等，须明确控制级别、控制范围和管控要求。一般控制要素包括照明、雕塑、城市家具、门户空间、广告标识等，须明确管控要求。

4.3.2 总体城市设计空间要素分级体系

对应总体、分区、地段三个层级的城市设计机制，为明晰各层级管控要素内容，突出管控重点，同时强化各控制要素的延续性，应对各要素进行明确分级。

综合重要性、特殊性及其他因素，将要素分为：特级、一级、二级、三级。特级要素是在对生态空间要素、历史空间要素以及现代空间要素全面研究的基础上提炼出来的核心要素，是最重要、最具代表性、最能反映城市特色的要素。在特级要素基础上，增加一级要素，作为重点把控对象，与特级要素一起形成总体城市设计空间体系。其中，特级要素作为总体层面重点控制对象，一级要素作为各片区重点控制对象。二级、三级要素将在片区和地段层面进行深化落实。

5

空间子系统设计

总体城市设计的研究系统大致有二十多种，每个城市都有自己的发展特点和地域特色，也会在不同方面存在不同问题，因此完全统一的设计系统无法完全适用于每个城市，应该在基本体系前提下，增加应对城市特征的相关研究。确立哪些空间系统作为城市设计框架的重要体现和具体支撑，是西安总体城市设计重点探索的环节。以上述核心问题研究结论为基础，以大西安空间艺术构架为引领，总结并筛选对西安城市空间形象影响最大的因素，最终确立十大空间子系统，通过控制目标、控制思路、控制体系等对设计框架的核心内容细化落实。

5.1 空间系统分类与研究重点

西安市作为世界著名的历史文化名城，地面上分布着许多历史文化建筑，地下也埋藏着大量历史文物及城池遗址。随着社会文明程度的不断提高，在基本共识层面上，历史文化遗产已经不再被认为是城市发展的累赘，转而成为塑造城市特色、彰显城市文化内涵的重要财富。本次选择了能够引导西安展现丰富历史文化、协调现代城市建设的城市设计要素，作为子系统选择的基本面，在此之上拓展出能够把握城市特点、抓住主要矛盾、引导空间布局、彰显文化魅力的十个系统进行重点研究。

对照以上目标，西安市在空间建设方面仍有很多问题，如风貌建设分区模糊、色彩分区不明、传统风貌区缺乏保护、现代建筑群体缺乏统一引导、山水结构及生态安全格局未凸显、开敞空间未成体系、城市轴线的连续性遭受破坏严重、界面天际线单一、城市节点缺乏串联等。针对上述突出问题，总体城市设计选择了风貌分区、轴线体系、节点体系、生态开敞空间、高度强度、界面体系、视线体系、建筑风格、色彩体系、感知游线十大系统进行重点研究和设计，逐步完善具有西安特色的城市设计体系（图5-1-1）。

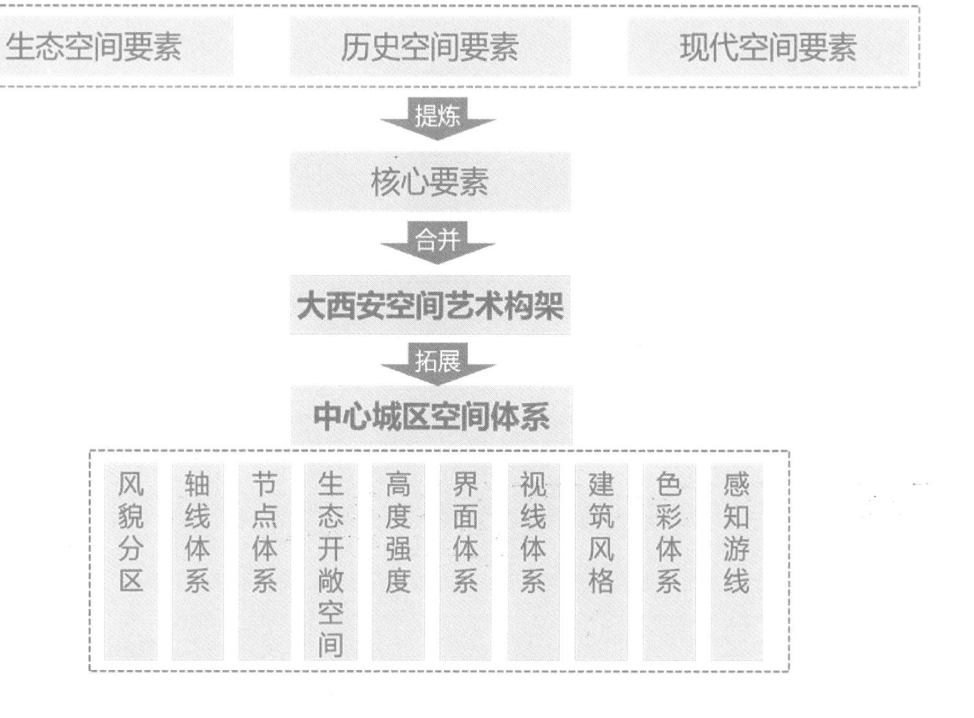

图5-1-1 空间系统分类图（来源：李晨绘制）

5.2 十大空间子系统设计

5.2.1 风貌分区

1. 分区原则及目标

城市空间风貌分区以地域性、文化性、人本性、可操作性为原则，综合考虑城市的历史文化遗存、自然环境特征、社会经济情况、城市风貌建设四类要素，进行风貌分区划定。

风貌分区的控制目标为：特色彰显、环境有序、风貌鲜明，并指导下一层级（片区级）风貌分区的导控。

2. 市域风貌分区

城市空间风貌分区指对城市中不同区域的特色进行提炼与提升，针对不同特色进行划分而形成的空间格局。在综合考虑城市历史文化遗存、自然环境特征、社会经济情况和城市现状风貌建设等要素的前提下，以西安市域范围作为整体对象，划分四大风貌分区：历史文化特色风貌区、风貌协调区、自然生态风貌区、现代风貌区（表5-2-1、图5-2-1）。

表5-2-1 市域风貌分区管控表

分区类型	控制引导
历史文化特色风貌区	规划建设应严格按照文物保护相关法律法规进行控制，运用历史文化符号展现片区独特风貌
风貌协调区	规划建设应运用现代材料和表现方式，表现古今融合的独特风貌，做好历史文化片区和现代片区的过渡
自然生态风貌区	规划建设应突出保护生态环境，在禁止建设区域进行生态保育；在可建设区域也要结合自然条件，就地取材，形成与环境相协调的空间营造
现代风貌区	规划建设应着重表现各城市功能板块的主要功能及产业特色。运用现代工艺技术，表现时尚、开放、简约、多元、生态的现代城市气息

来源：西安市城市规划设计研究院整理。

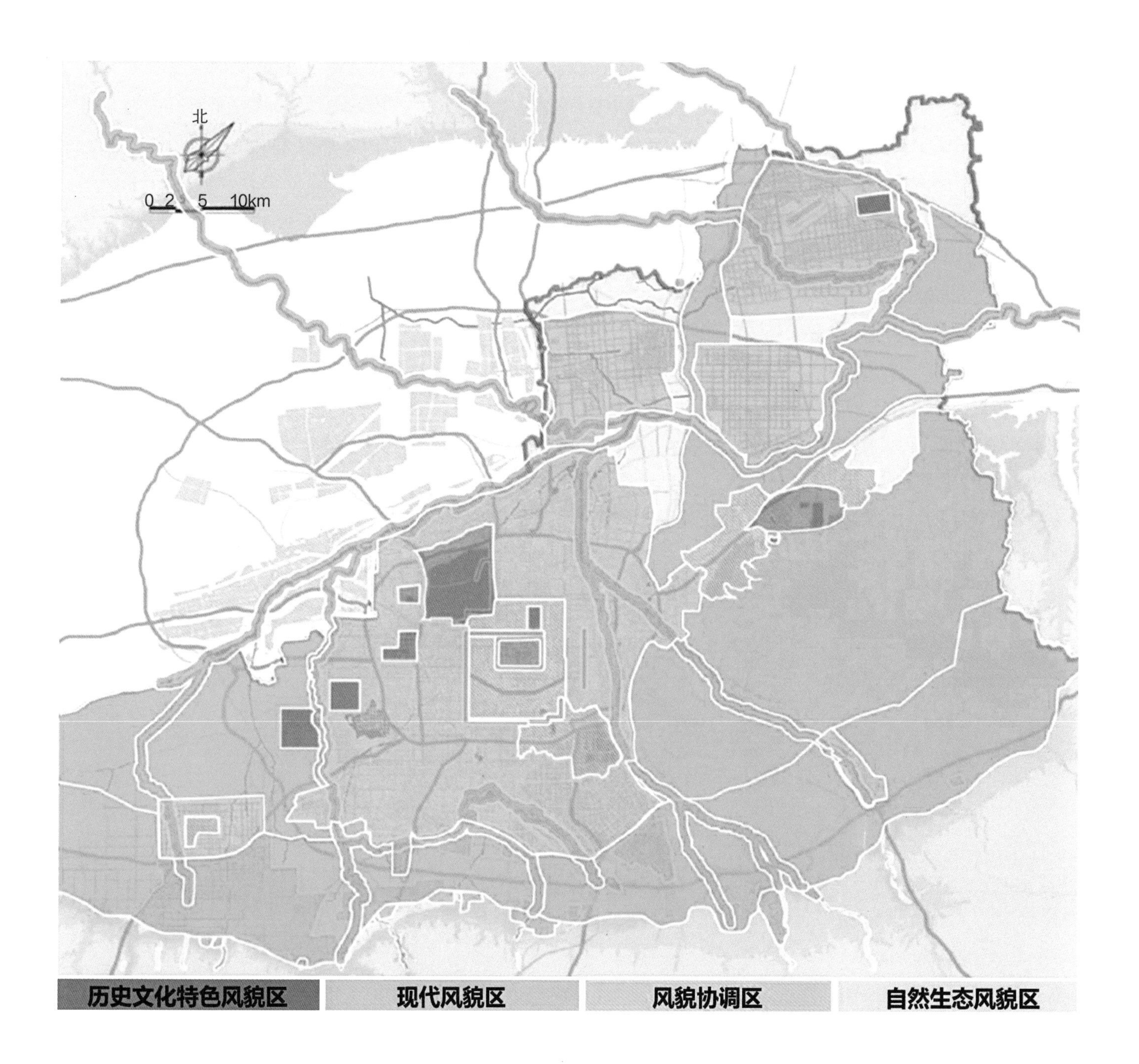

图5-2-1 市域风貌分区图（来源：《西安市城市设计专项导则》）

（1）历史文化特色风貌区

历史文化特色风貌区主要指大遗址和历史文化遗址集中分布、能够集中体现和展示城市不同历史时期文化特色的区域，重点承载和发展文化旅游等适宜职能。该区域应按照文物保护的相关法律法规和文物保护规划中对建筑风貌、高度、色彩等要素的相关要求进行严格管控，注重对道路、河流、街巷等重要历史肌理的传承和延续，注重运用历史文化符号来表达历史文化信息，展现区域独特风貌。

依据《西安市历史文化名城保护规划》，划定范围主要为周丰京遗址、周镐京遗址、阿房宫遗址、建章宫遗址、汉长安城遗址、大明宫遗址、明清古城、骊山组团、栎阳遗址及杜陵遗址十个区域及周边控制区域。此风貌区依据不同历史发展时期又可分为周、秦、汉、唐、明清五大历史文化特色风貌亚区。西安总体城市设计对历史文化风貌区提出具体的控制引导要求，对五大亚区进行范围划定并提出具体的控制引导要求（图5-2-2、表5-2-2）。

表5-2-2 历史文化特色风貌区控制引导表

分区类型	控制引导
历史文化特色风貌区	（1）应严格按照文物保护的相关法律法规和文物保护规划中对建筑风格、高度、色彩等要素的相关要求进行严格管控； （2）历史文化特色风貌区重点承载和发展文化旅游等适宜功能； （3）与区域的历史文化内涵相结合，运用历史文化符号表达历史文化信息，展现区域独特风貌；应注重对道路、河流、街巷等重要历史路径的空间肌理的传承和延续，深入挖掘历史文化特色，实现有效的保护和控制

来源：姚珍珍整理。

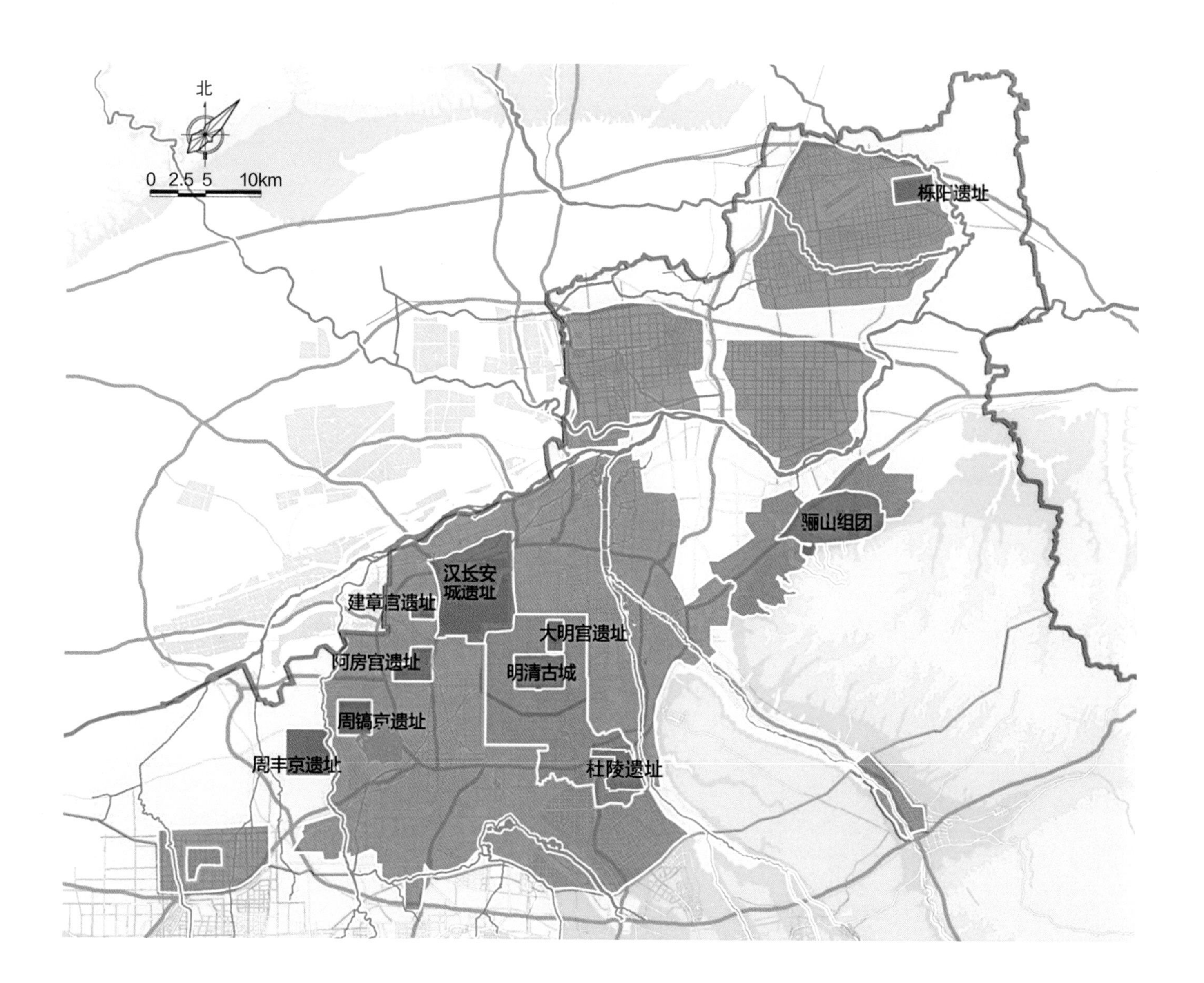

图5-2-2 历史文化特色风貌区分布图（来源：《西安市城市设计专项导则》）

（2）风貌协调区

风貌协调区主要指毗邻历史文化特色风貌区、与历史风貌区取得必要协调、成为历史与现代风貌区过渡的区域。划定范围主要为大兴新区、曲江新区、临潼旅游度假区、唐城遗址内区域、明清城墙外区域、周丰镐遗址协调区域、汉城遗址协调区域及鄠邑老城八大区域。此风貌区同样可细分为周、秦、汉、唐、明清五大文化风貌协调亚区。设计对风貌协调区提出具体的控制引导要求，对五大亚区进行范围划定并提出具体的控制引导要求（图5-2-3、表5-2-3）。

表5-2-3 风貌协调区控制引导表

分区类型	划定依据	划定范围	控制引导
风貌协调区	主要指对历史文化特色风貌区有重要协调作用的区域	大兴新区、曲江新区、临潼旅游度假区、唐城遗址内区域、明清城墙外区域、周丰镐遗址协调区域、汉城遗址协调区域及鄠邑老城八大区域	（1）主要承载商贸、文化、居住等职能； （2）在现代建筑艺术及工艺水平的基础上反映相邻历史文化片区的历史文化信息； （3）应通过多种形式，表现古今融合的独特风貌

来源：倪萌整理。

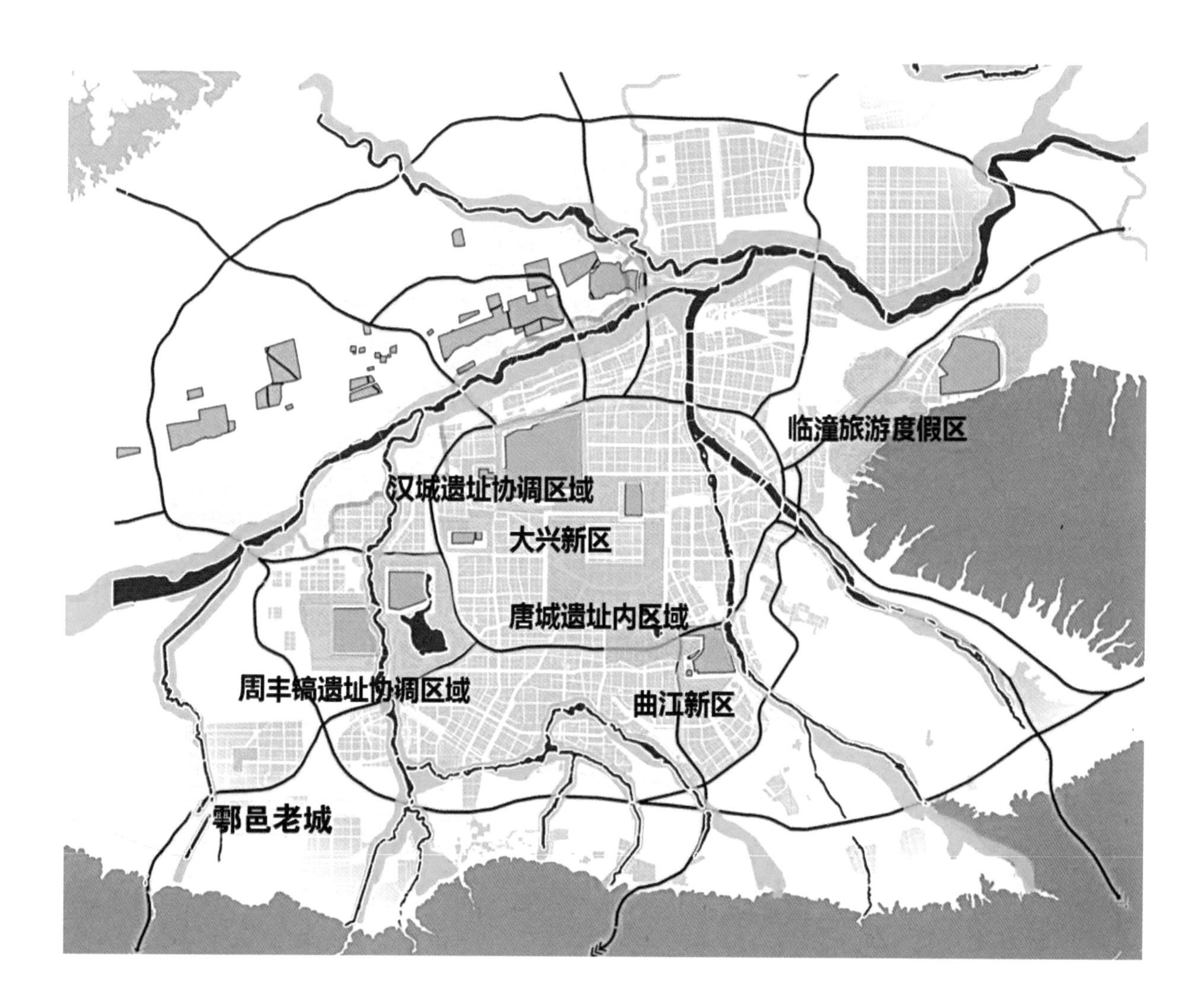

图5-2-3 风貌协调区分布图（来源：倪萌绘制）

（3）自然生态风貌区

自然生态风貌区指依据《西安市城市总体规划》《西安市生态隔离体系规划》等确定的对城市生态环境产生重要影响的河流、湿地、山体、生态廊道等区域，主要包括“南山、八水、三楔”等区域，设计结合生态管控要求对“南山、八水、三楔”提出了具体控制引导要求（表5-2-4、图5-2-4）。

图5-2-4 自然生态风貌区分布图（来源：姚珍珍绘制）

表5-2-4 自然生态风貌区控制引导表

分区类型	划定依据	划定范围	控制引导
自然生态风貌区	对城市生态环境产生重要影响的河流、湿地、山体、生态廊道等区域	“南山、八水、三楔”等区域主要包括秦岭西安段南控线以南控制范围；泾、渭、浐、灞、沣、滈、潏、涝八条河流蓝线控制范围及两侧防护绿地；东北绿楔、西南绿楔、秦岭北麓-白鹿原-洪庆塬绿楔	秦岭25°坡以上区域：（1）主要进行生态保育。不得进行破坏山体、占用河道、污染河流水系等影响生态环境的活动；（2）已破坏的山体必须建立生态补偿机制，采用绿化种植、坡面整理等各种方式，进行生态环境恢复，保护山体的完整性和景观的统一性。 秦岭25°坡以下至南控线区域：（1）区域内动植物及湿地保护区等生态区域严禁一切开发建设。其他区域结合秦岭保护相关法规、移民搬迁等统一协同小城镇及村庄规划建设，可适度安排生态农业观光及旅游项目；（2）在可建设区域，建筑总体布局应以低层群落形式控制，并结合具体地形地貌进行合理布局，形成灵活多样的空间环境。新建建筑应采用绿色建筑技术，屋顶提倡采用坡屋顶或进行屋顶绿化，建筑材质宜结合秦岭地域特点就地取材，充分利用石、砂、瓦、木等材料。严格控制建筑高度、密度等建设指标

来源：姚珍珍整理。

（4）现代风貌区

现代风貌区主要指历史特色风貌区及协调区之外、没有集中的历史文化保护地段，重点体现现代城市建设成就和特色的所有区域。此风貌区依据市域不同发展板块又可分为生态田园、工业产业、综合现代、城镇住区四大现代风貌亚区。设计对现代风貌区提出了具体的控制引导要求，对四大亚区进行了范围划定并提出了控制引导要求（图5-2-5，表5-2-5）。

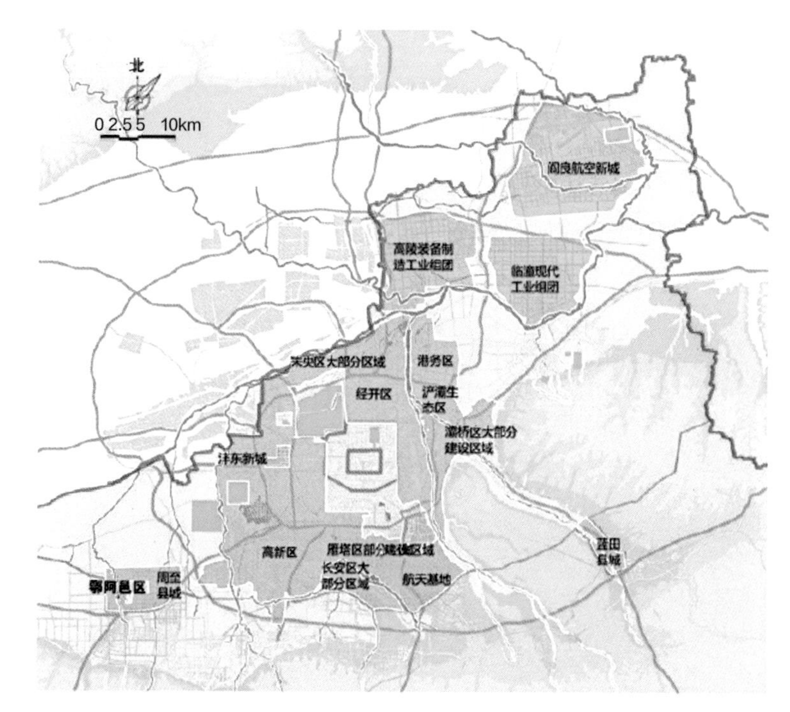

图5-2-5 现代风貌区分布图（来源：《西安市城市设计专项导则》）

表5-2-5 现代风貌区控制引导表

分区类型	划定依据	划定范围	控制引导
现代风貌区	主要指历史特色风貌区及协调区之外、没有集中的历史文化保护地段，重点体现现代城市建设成就和特色的所有区域	主要包括：阎良航空新城、高陵装备制造工业组团、临潼现代工业组团、港务区、浐灞生态区、灞桥区大部分建设区域、经开区、未央区大部分区域、高新区、航天基地、雁塔区部分建设区域、长安区大部分区域、沣东新城、蓝田县城、鄠邑老城	居住板块：（1）建筑布局应形成高低、大小、进退变化，塑造丰富的城市轮廓线；（2）道路两侧高层建筑裙房的高度、色彩、风貌宜相互协调，形成统一清晰的临街建筑界面；（3）建筑立面通过造型变化、细部处理和色彩搭配，形成丰富宜人的视觉效果。 商贸板块：每个商圈应形成1～2个标志性区域，在标志性区域可适度建设部分高层或超高层建筑。商业板块绿地率不低于25%。每个商圈至少应布局一个规模不小于1hm^{2}的开敞空间，绿地率不低于65%。 工业板块：（1）工业项目的建筑密度应不低于30%；绿地率不得超过20%；容积率不得低于0.5；配套行政办公和生活服务设施用地面积不得超过工业项目总用地面积的7%；（2）产生有毒有害气体的项目绿地率不低于40%，并应当建设宽度不低于50m的卫生防护绿带，其选址必须符合相关法规和规划要求。 文教板块：重点轴线沿线的建筑界面应形成进退有序、收放有致的空间特征。整体宜采用多层形式，除办公建筑外，建筑高度不宜大于24m，办公建筑高度不宜大于100m

来源：姚珍珍整理。

1）居住板块管控

整体布局——组群布局：各居住小区、组团布局宜以行列式、院落围合式为主，应考虑相互协调和衔接；每隔5～7km，各居住小区、组团布局形式可考虑适度变化，居住板块建筑布局应形成高低、大小、进退变化，塑造出丰富的城市轮廓线；景观环境：应充分利用城市现状河流、湿地、塬体及道路防护绿带，塑造优美的居住环境，绿地率应不低于30%，每2km范围内应设置面积不小于5hm^{2}的区级城市公园一处。各居住小区、组团中心绿地宜采用开敞式，以绿篱或其他通透式隔墙栏杆作分隔；公共设施：居住板块应参照《城市居住区规划设计标准》GB 50180及《陕西省城市规划管理技术规定》，优先配备完善的教育、医疗、养老、文化体育及停车设施（图5-2-6）。

单体建筑——建筑形式：宜采用多种手法丰富屋顶造型。主要交通性干道两侧的居住建筑不宜设置裙房。建筑立面应通过造型变化、细部处理和色彩搭配，形成丰富宜人的视觉效果，道路两侧高层建筑裙房的高度、色彩、风貌宜相互协调，同时体现西安地域特色；建筑退距、高度及面宽：临近主要道路交叉口的建筑布局宜加大退距，增加公共活动空间，宜参照《陕西省城市规划管理技术规定》要求的1.1～1.3倍执行。除特殊地段外，二环以内居住建筑高度不宜大于100m，二环与三环之间建筑高度不宜大于200m。多、低层住宅建筑最大连续面宽不宜大于80m。高层住宅建筑高度小于或等于80m时，最大连续面宽不宜大于60m，建筑高度大于80m时，最大连续面宽不宜大于40m。

图5-2-6 居住板块管控图

（来源：姚珍珍绘制）

2）商贸板块管控

整体布局——组群布局：商业板块每个商圈应形成1～2个标志性区域，区域内可适度建设部分高层或超高层标志建筑，形成商圈中心到外围高度逐步递减的空间氛围，商业板块绿地率应不低于25%。每个商圈至少应布局一处规模不小于$1hm^2$的开敞空间，绿地率应不低于65%；商业氛围：应形成由面状的高端商业商务办公区域、点状商业综合体及线状精品商业街组成的商业体系，高端商业商务办公区域应加强建筑地下、地面及空中廊道的联系。对于精品商业街区域的商业建筑24m以下部分，在满足建筑连续面宽规定的前提下鼓励拼建，鼓励增设近人尺度的骑楼、檐廊、挑檐、挑廊等建筑构筑物；交通组织：中学区域应适度减少机动车停车位，增设轨道交通出入口，在商业板块中心外围应加大停车场建设；疏散空间：商业建筑退红线距离应按照《陕西省城市规划管理技术规定》要求的1.1～1.3倍执行，增加疏散界面和开敞空间。地下空间：宜充分结合地下轨道交通，地下人防设施进行集中开发，相邻新建高层公共建筑地下空间鼓励设置连接通道，同时考虑交通疏散、交通接驳的便利性与快捷性（图5-2-7）。

单体建筑——新建商贸建筑要求绿色建筑比例宜达到50%以上，屋顶绿化面积宜达到50%以上，高层建筑裙房高度不宜大于相邻较宽道路的红线宽度。

图5-2-7 商贸板块管控图

（来源：姚珍珍绘制）

3）工业板块管控

整体布局——用地管控：工业项目的建筑密度应不低于30%，绿地率不得超过20%，容积率不得低于0.5，配套行政办公和生活服务设施用地面积不得超过工业项目总用地面积的7%；整体空间形态：工业板块建筑空间布局在考虑实用、经济、美观的前提下，避免平顶、呆板的建筑造型，力求丰富的空间变化，沿主要道路的工业建筑应实现50%以上的垂直绿化，宜通过增加构件、加强构成感的方式丰富屋顶及建筑立面；景观环境：产生有毒有害气体的项目绿地率应不低于40%，并应当建设宽度不低于50m的卫生防护绿带，屋顶绿化比例应达到80%以上。选址等应同时满足相关法规和规划要求（图5-2-8）。

单体建筑——工业区建筑宜结合工艺流程特点，采用简洁的形体，体现高效、现代的设计理念。

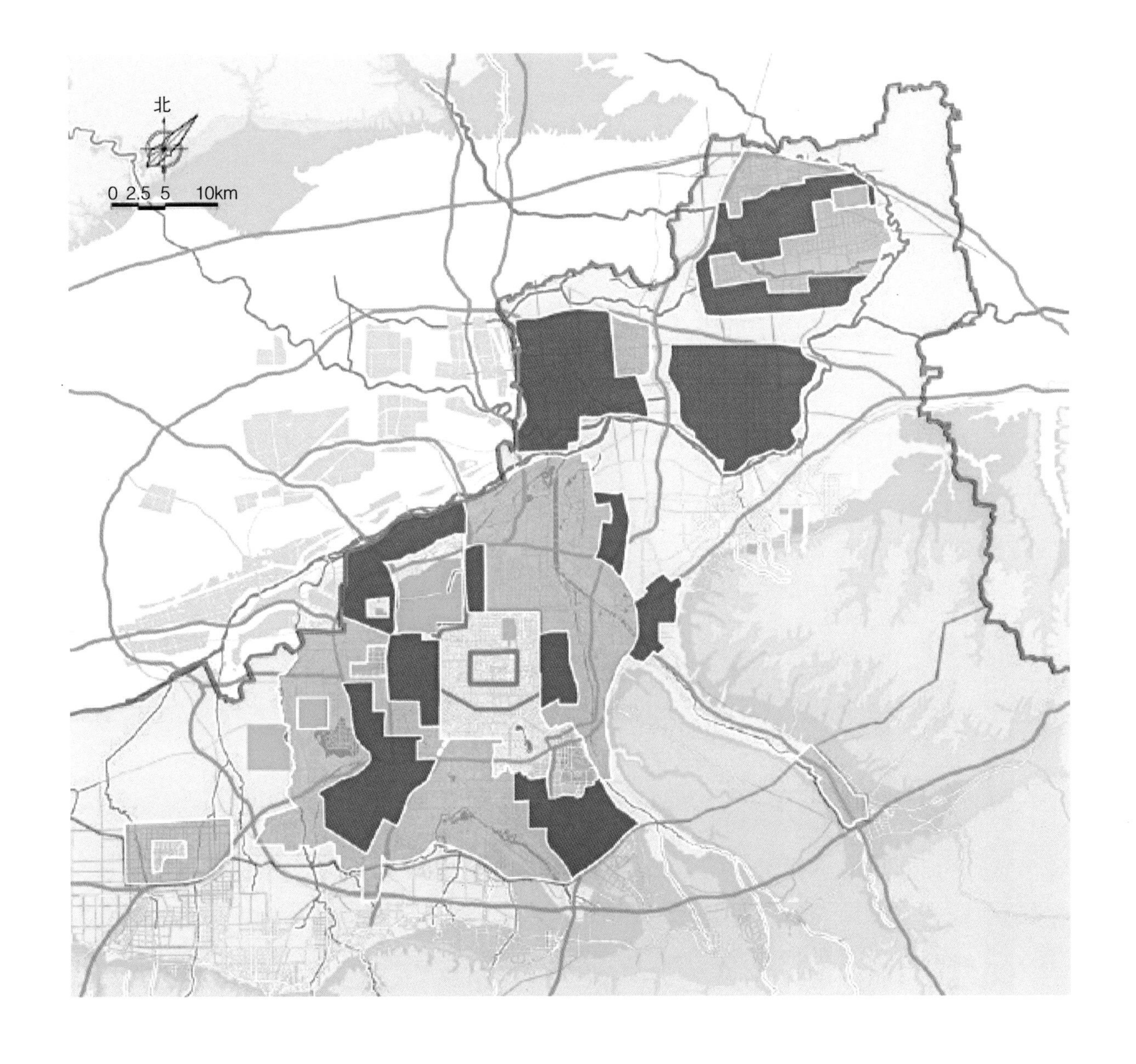

图5-2-8 工业板块管控图

（来源：姚珍珍绘制）

4）文教板块管控

整体布局——组群布局：各学校及科研机构宜形成院落围合式或聚落式的布局单元，考虑相互协调和衔接，总体形成组团式、簇群式的布局。设施共享：应通过开放式的设计和管理手段，实现板块内部各类科研设施和生活服务设施的共享；环境开放：宜采用开放式的设计及管理模式，不建议采用实体围墙将园区与城市割裂，现状为实体围墙的园区应逐步实施拆墙透绿，融入城市环境，主要道路两侧建筑应形成进退有序、收放有致、虚实结合的空间特征（图5-2-9）。

单体建筑——科研类建筑宜采用多层形式，建筑高度不宜大于24m。办公类建筑高度不宜大于100m，应采用现代简约的设计手法，创造高效的现代化形象，彰显富有活力的大都市气息，教育建筑应采用围合式布局，营造安静、专注的研究学习氛围。

图5-2-9 文教板块管控图
（来源：姚珍珍绘制）

5.2.2 轴线体系

1．控制目标

城市轴线是城市及片区中串联各文化及功能板块、展示与拓展城市空间风貌形象的主要廊道。控制目标为：打造具有鲜明地域特色的城市轴线体系，凸显西安“两山一水、四轴引领”的城市空间格局。通过对下一层级（片区级）轴线具体管控，增强轴线界面空间的连续性和丰富性。

2．控制思路

针对城市不同功能、特征等因素，对城市轴线进行分级、分段管控并确定相应管控要求。

根据西安城市已有轴线的重要程度进行分级管控的级别划分，形成市域特级、一级的两级轴线体系（图5-2-10）。

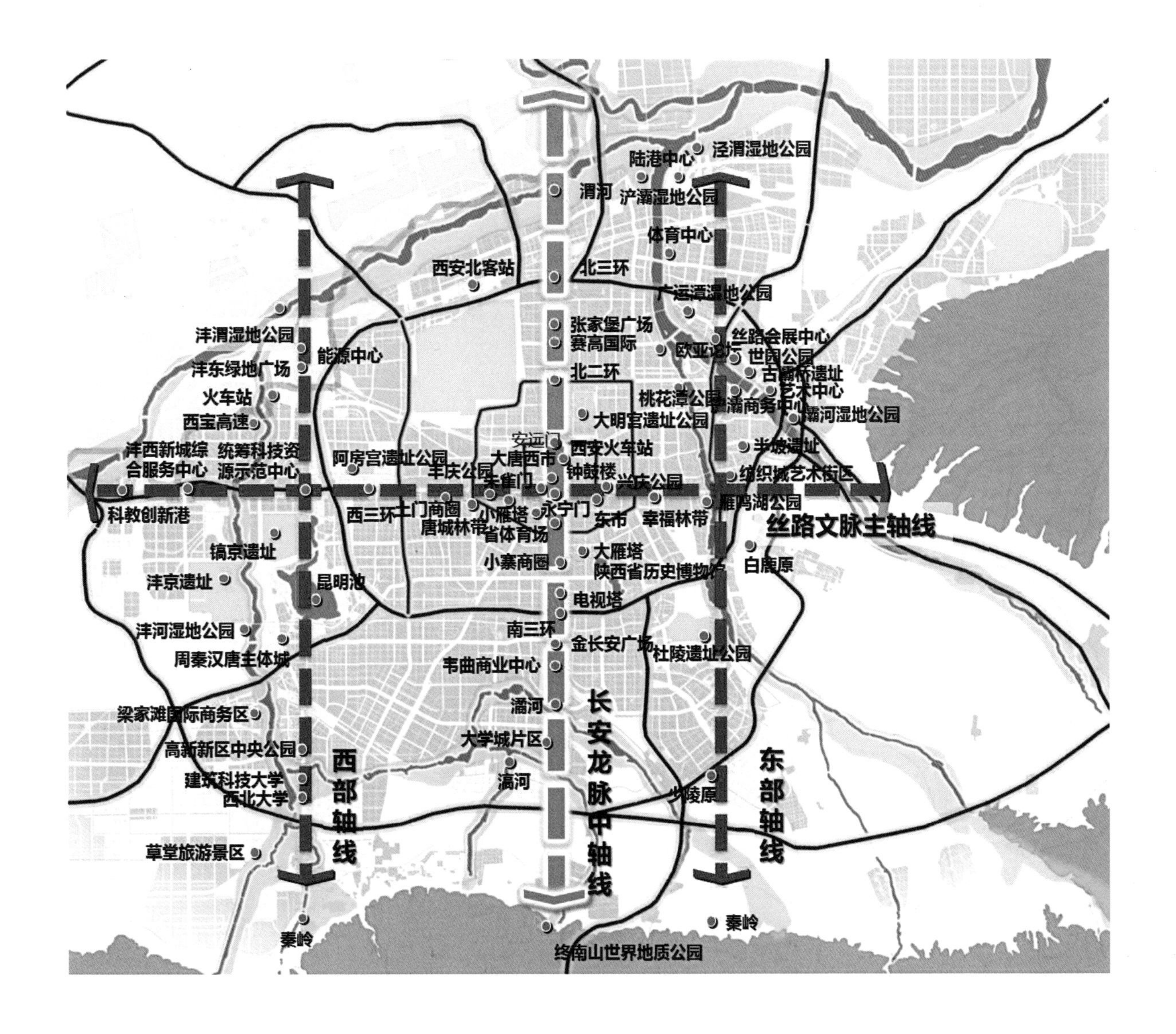

图5-2-10 市域特级、一级轴线分布图（来源：张江曼绘制）

（1）特级轴线

特级轴线为南北主轴线（长安龙脉中轴线）、丝路文脉、西部轴线、东部轴线四条。通过轴线空间连续性、轴线天际线丰富性、轴线水平界面变化性等方面对特级轴线进行控制引导（图5-2-11）。特级综合轴线构成西安“四轴引领”的城市骨架。

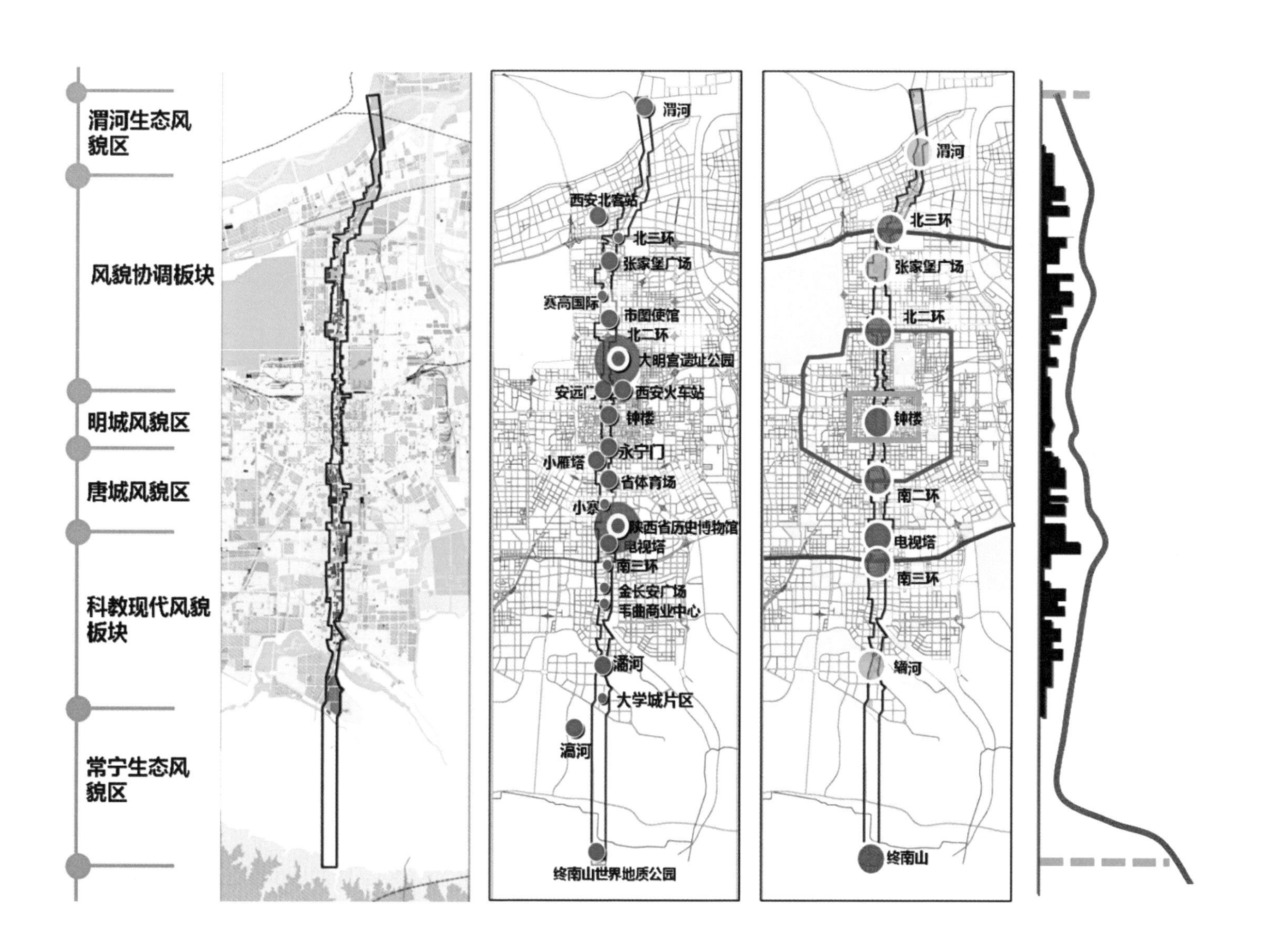

图5-2-11 南北主轴线引导意向图（来源：李罡绘制）

（2）一级轴线

城市一级轴线是城市结构及历史印记的主要组成部分，是构建城市肌理、展示城市空间风貌形象的重要补充。本次确定的西安市一级轴线为唐长安朱雀轴、唐大明宫大雁塔轴、汉长安南北轴、汉长安东西轴、明清西安东西轴、阿房宫南北轴、周丰京南北轴、周镐京南北轴、秦始皇陵南北轴、商贸大道城市发展轴、秦汉大道城市发展轴、西三环城市发展轴等十二条轴线。一级轴线应充分考虑轴线两侧建筑风貌的形象管控。

特级和一级轴线管控要求见表5-2-6。

按照风貌分区，对各轴线实行分段控制，在不同风貌特征段内，采用不同的建筑风格、建筑色彩、建筑高度、开发强度等进行控制，避免轴线过长形成的单调与重复。

表5-2-6 轴线管控表

轴线类型	涉及轴线名称	控制要求
特级轴线	南北主轴线（长安龙脉中轴线）、东西主轴（丝路文脉）、西部轴线、东部轴线	以体现城市历史与现代特色景观为主，建筑高度应结合所在片区要求高低变化，在重要节点处应重点考虑城市景观标志性
一级轴线	唐长安朱雀轴、唐大明宫大雁塔轴、汉长安南北轴、汉长安东西轴、明清西安东西轴、阿房宫南北轴、周丰京南北轴、周镐京南北轴、秦始皇陵南北轴、商贸大道城市发展轴、秦汉大道城市发展轴、西三环城市发展轴	以公共类建筑、居住类建筑、生态景观环境为主，注重关键节点的功能、形象引导，形成空间序列变化。轴线两侧建筑高度和建筑风格应严格控制，协调一致，展示西安的特色底蕴文化

来源：张江曼整理。

5.2.3 节点体系

1. 控制目标

城市节点指重要的广场、标志性建筑周边环境、开敞空间绿地等代表城市标志性景观形象、可供人活动集散的场所。城市节点是城市空间结构与主要形象要素的结合点，重要节点更有可能是城市与区域的形象核心。城市节点由其所处位置、功能等可分为不同层级，共同构成城市节点体系。

设计应通过对不同层级节点的梳理分析，构建各具特色的城市节点体系，强化节点标志性及差异性，加强城市记忆。

2. 控制思路

对西安市现有节点资源进行筛选、分类、分级，整合城市历史文化节点、公共空间节点、绿地公园节点等，形成节点体系。针对不同功能、特征、标志性等因素，分别确定特级节点及一级节点的类型、名称及管控要求。对特级节点的形象定位、风貌营造等提出明确管控要求；明确一级节点的名称，并结合相关规划对其提出管控要求。

3. 控制体系

（1）特级节点

特级节点为九个代表大西安城市形象的重要标志点，包括：兵马俑–秦始皇陵、大雁塔–陕西省历史博物馆、大明宫遗址公园、直城门丝路起点广场、周秦汉唐主题园、唐诗主题园–兴教寺–百花园、世园公园–欧亚经济论坛、阎良航空主题园、科教创新港（图5–2–12）。

针对特级节点的形象定位、控制范围等进行具体管控：历史文化类节点应严格按照文物保护相关法律法规和文物保护规划，对本体进行严格管控。周边建筑应按照相关法规和规划进行高度控制，外围协调区以低层建筑为主，风格色彩以传统风貌为主，同时对视线廊道等设计要素进行管控，形成适宜的城市天际线。对地下空间建设适度管控，以不影响本体形象为原则。公共空间类节点的管控原则应主要与公共空间功能、所在区域控制要求等相协调（表5–2–7、表5–2–8）。

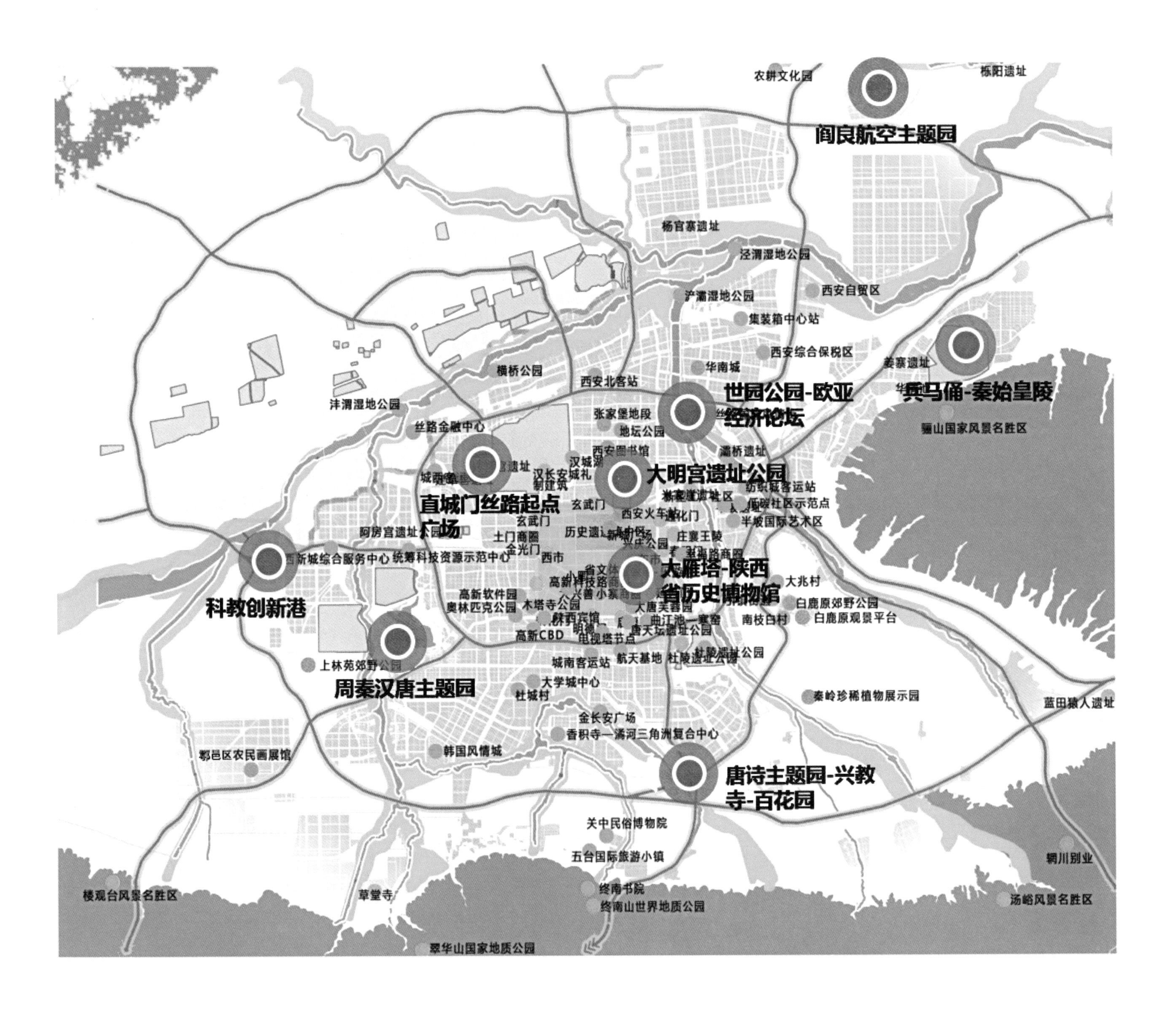

图5-2-12 节点体系分布图（来源：薛晓妮绘制）

表5-2-7 历史文化类节点控制引导要求

类型	名称	形象定位	保护区	协调区
历史文化节点	兵马俑-秦始皇陵	彰显大国文明的遗产名片	控制范围与控制要点：按保护规划控制要求落实	控制范围：遗址本体周围50～200m或外扩1～2个街块。 控制要点：适度管控，周边建筑应以低层建筑为主，风格色彩以传统风貌为主，同时对视线廊道进行管控，形成适宜自然的环境天际线。对地下空间适度管控建设，不应影响本体形象
	大雁塔-陕西省历史博物馆	世界文化遗产，古都西安和陕西的象征性节点	控制范围与控制要点：按保护规划控制要求落实	控制范围：遗址本体周围50～200m或外扩1～2个街块。 控制要点：适度管控，周边建筑应以低层建筑为主，风格色彩以传统风貌为主，同时对雁塔路视线廊道及周边重要视线节点进行管控，形成适宜的城市天际线。对地下空间适度管控建设，不应影响本体形象
	大明宫遗址公园	世界文化遗产，丝绸之路的东方圣殿	控制范围与控制要点：按保护规划控制要求落实	控制范围：遗址本体周围50～200m或外扩1～2个街块。 控制要点：适度管控，周边建筑应充分考虑与大明宫遗址公园历史风貌相协调，形成梯台状的高度控制区，色彩控制应与传统历史风貌相协调。对地下空间适度管控建设，不应影响本体形象
	直城门丝路起点广场	彰显丝路文化底蕴，融汇传统建筑符号的纪念性广场	控制范围与控制要点：按保护规划控制要求落实	控制范围：遗址本体周围50～200m或外扩1～2个街块。 控制要点：适度管控，广场可做主题雕塑及相关环境设施。周边建筑应以低层建筑为主，风格色彩以传统风貌为主，对地下空间建设适度管控
	周秦汉唐主题城	体现周秦汉唐历史风貌特色，形成城市特色开放空间	控制范围与控制要点：按保护规划控制要求落实	控制范围：遗址本体周围50～200m或外扩1～2个街块。 控制要点：适度管控，公园内不允许建设高层建筑和与遗址区风格不符的建筑物及构筑物，对地下空间建设适度管控，不应影响本体形象。周边建筑应以中低层为准，含有汉唐文化符号，与其总体风貌相协调
	唐诗主题园-兴教寺-百花园	展示长安唐诗文化的核心表征点	控制范围与控制要点：按保护规划控制要求落实	控制范围：遗址本体周围50～200m或外扩1～2个街块。 控制要点：适度管控，公园内不允许建设高层建筑和与遗址区风格不符的建筑物及构筑物，对地下空间建设适度管控，不应影响本体形象，周边建筑应体现佛教元素，形成与佛教传统风貌相协调的建筑

来源：薛晓妮整理。

表5-2-8 公共空间类节点控制引导要求

类型	名称	形象定位	保护区	协调区
公共空间节点	世园公园-欧亚经济论坛	中国内陆腹地的现代化生态新城的重要标志	控制范围北至广运大桥，东至灞河，西至世博大道，南至柳亭路，约28km²	公园内主要以大量绿植及水体进行布局，允许有少量低层建筑和构筑物，风貌应与公园总体风貌协调。周边建筑应以中低层建筑为主，风格色彩以体现现代、生态性为准，鼓励地下空间开发建设
	阎良航空主题园	现代化航空主题园	结合实际发展需求确定，建议控制范围不小于1.0km²	园内主要以大量绿植及水体进行布局，允许有少量低层建筑和构筑物，体现航空主题及特色，风貌色彩应与公园总体风貌协调。周边建筑风貌色彩应以现代风貌为主，允许有中高层建筑，鼓励地下空间开发建设
	科教创新港	展现高新科技、教育创新的现代化科教创新产业基地	控制范围约为2.8km²	建筑风貌色彩以体现科技现代特征为主，允许有高层建筑。周边建筑风貌色彩应以现代风貌为主，允许有中高层建筑，鼓励地下空间开发建设

来源：薛晓妮整理。

此外，对直城门丝路起点广场、唐诗主题园、周秦汉唐主题城等新策划的特级节点，应以考古研究和艺术演绎为途径，进行意向性空间设计和活动策划，力求在总体城市设计层面落实特级节点的设置意图（图5-2-13～图5-2-15，表5-2-9）。

图5-2-13 直城门丝路起点广场意向图（来源：项目团队成果）

图5-2-14 唐诗主题园意向图（来源：项目团队成果）

图5-2-15 周秦汉唐主题城意向图（来源：项目团队成果）

表5-2-9 周秦汉唐主题城模式示意表

项目	周文化景区营造构想
耕织体验	以考古研究和演绎为途径，建周代民宅，陈列周朝时期家具，在游人参观时加入体验环节
手工体验	建手工作坊和艺术长廊，游人可亲手实践，如泥塑、木刻等
诗经学社	在主题城内意向性还原部分诗经中描写的场景，并开办诗经学社，招收学员，定期举办诗经研学等活动
周礼讲堂	成立讲堂，研讨周礼
周礼音乐会	成立周礼乐团，研讨中华古乐文化，可外出巡演增大周文化主题城的知名度，并举行大型周礼音乐会
古董交易所	主题城建周代博物展览艺术馆，进行周代文物巡展、工艺制作展、国宝鉴定、古董交易等，定期进行私人收藏展以及交易拍卖会
民俗民宿体验	部分仿周代民宅提供住宿客栈功能，游人可在文化城内住宿，房间功能以及家具陈设按照古礼布置
项目	秦文化景区营造构想
耕织体验	建仿秦朝民宅，游人入内可体验纺织等活动
手工体验	建手工作坊和艺术长廊，游人可亲手实践，如泥塑，木刻等
场景重现	城内定时模仿举行具有文化、游赏、体验价值的历史事件与活动，通过场景再现供游人参与
乐器展销	主题城内建立售卖传统乐器的乐坊，传统乐器如埙、笛、古筝等
古乐会	研究发掘古代编钟乐谱以及演奏方式，展示传统文化的多样表达
影视放映与拍摄	循环展播秦代相关题材电影，主题城可提供不同时期历史题材影视拍摄环境
项目	汉文化景区营造构想
新闾里、汉风客栈	城内部分民宅提供住宿客栈功能，游人可在文化城内住宿，房间功能以及家具陈设按照汉代风格布置
汉服展销	城内设商店展销传统汉服，并举办展销会
成人礼	学校以及家庭可提前预约场地在此进行传统成年加冠及笄成人礼，拍摄DV作为成长留念
民俗节庆展演	汉朝是中国民俗节庆定性发展的时期，因此活化展示主要节庆——春节、上元节（元宵节）、花朝节（花神节）、上巳节（女儿节）、寒食节、清明节、端午节、七夕节、中元节（鬼节）、中秋节、重阳节、冬至节、腊八节、祭灶日（小年）、除夕等，在汉文化主题城举办相应的民俗礼节活动
婚博会	设置以传统婚庆服务、婚宴场地、婚纱礼服、结婚首饰等为主题的设施与展览活动
项目	唐文化景区营造构想
妆容装饰体验	可为游客提供画唐妆、着唐饰、微摄影等体验项目
唐服时装周	举办国内顶级时装周，传播传统服饰文化
诗园	以唐诗为素材，按照主题特色分类，集中打造四大主题诗园（山水诗园、民俗诗园、异域诗园、征战诗园），每个主题诗园分若干子园，一园一景，通过微缩山水景观、实景主题剧、唐诗小品广告等多种方式呈现唐诗意境，并与南山唐诗主题园协同活动
传统小吃街及仿唐菜馆	营造仿唐美食街，呈现唐代宫廷菜系、官府菜系和民间小吃。 建立仿唐菜系烹饪学校，传播仿唐菜系烹饪技艺，传播唐菜文化
马球、蹴鞠	城内建立马球场以及蹴鞠场，恢复传统体育项目
丝路风情展	设置丝路风情街，以此为背景展销国内外珍品

来源：李晨整理。

（2）一级节点

确定城市一级节点共120个，包括历史文化类、公共空间类、绿地公园类。其中历史文化节点涉及类型有遗址类、历史街区类、宗教类、历史城门类等，共计51处，以相关保护规划为准，严格管控（图5-2-16，表5-2-10）；公共空间节点涉及类型有标志类、门户类、交通类、商业类等，共计49处，适度管控（图5-2-17，表5-2-11）；绿地公园节点涉及类型有遗址公园类、森林公园类、湿地公园类、城市公园类，共计20处，以相关保护规划为准，适度管控（图5-2-18，表5-2-12）。

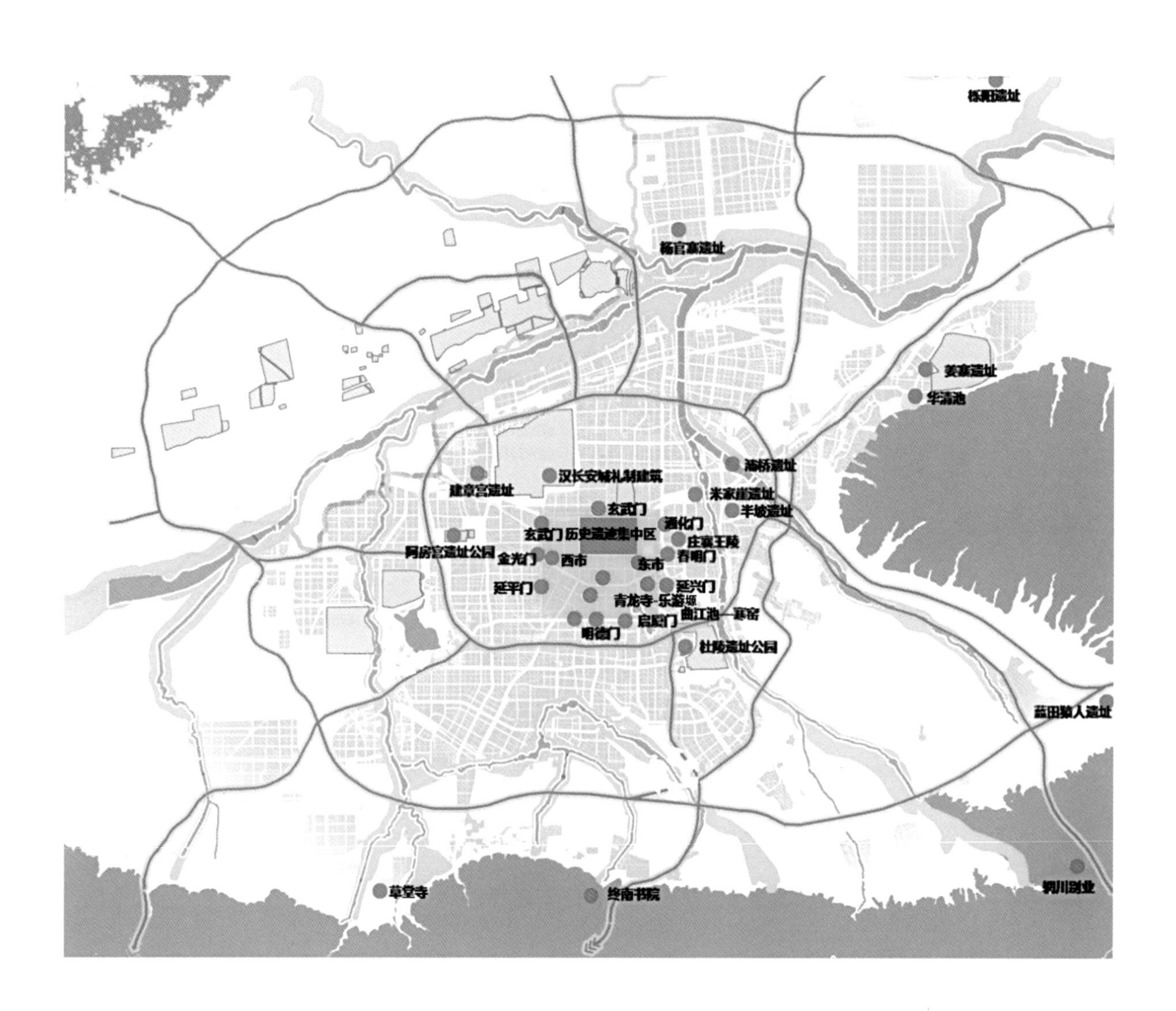

图5-2-16 一级历史文化节点分布图（来源：薛晓妮绘制）

表5-2-10 历史文化节点管控要求

节点类型	涉及类型	节点名称	管控引导要求
历史文化节点	遗址类、历史街区类、宗教类、历史城门类	七贤庄、北院门、三学街、书院门、大清真寺、永宁门、安远门、安定门、长乐门、永兴坊、洒金桥-老西安院子、都城隍庙、西安事变旧址、小雁塔（安仁坊唐风住区）、大兴善寺、青龙寺-乐游塬、米家崖遗址、灞桥遗址、庄襄王陵、半坡遗址、阿房宫遗址公园、汉长安城礼制建筑（社稷、宗庙、辟雍）、建章宫遗址、杨官寨遗址、华清池、姜寨遗址、草堂寺、蓝田猿人遗址、烽火台遗址、重阳宫、大秦寺、栎阳遗址、杜陵遗址公园、西市、东市、明德门、开远门、通化门、玄武门、金光门、春明门、延平门、延兴门、安化门、启夏门、朱雀门、开远门、曲江池-寒窑、终南书院、辋川别业、关中民俗艺术博物院	（1）管控要求以相关保护规划为准； （2）适度管控，周边建筑高度不高于传统建筑，以中低层建筑为主，低开发强度，建筑风格、色彩等与本体保持协调； （3）对地下空间建设适度管控，不应影响本体形象

来源：薛晓妮整理。

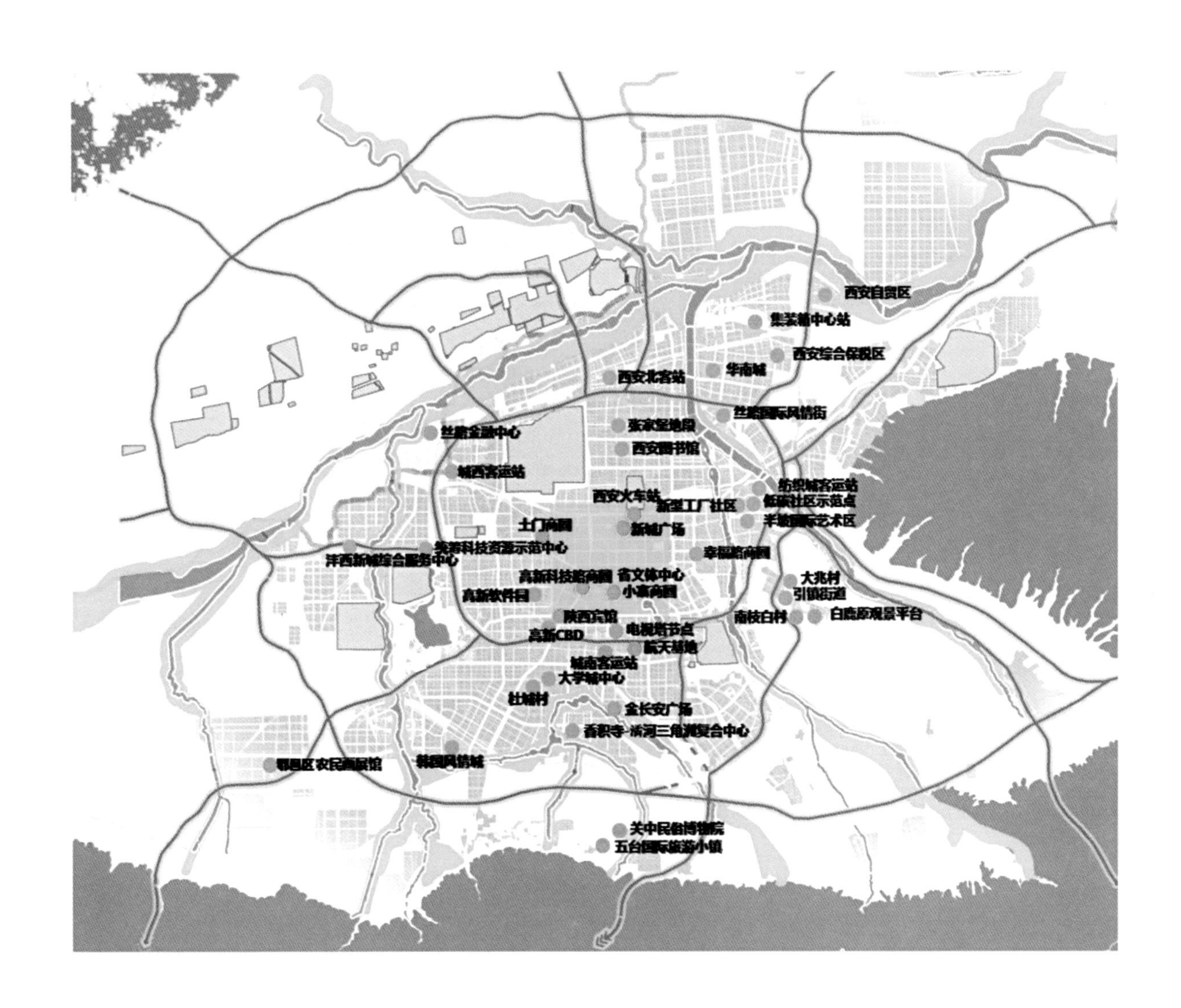

图5-2-17 一级公共空间节点分布图（来源：薛晓妮绘制）

表5-2-11 公共空间节点管控要求

节点类型	涉及类型	节点名称	管控引导要求
公共空间节点	标志类、门户类、交通类、商业类	高新CBD、西安图书馆、电视塔、会展中心、金长安广场、西安火车站、城西客运站、西安北客站、纺织城客运站、城南客运站、高铁南站、小寨商圈、新城广场-省政府、省文体中心（图书馆-体育场-美术馆）、朱雀大街表征点、张家堡地段、丝路国际风情街、幸福路商圈、半坡国际艺术区、香积寺-潏河三角洲复合中心、大学城中心、高新科技路商圈、韩国风情城-国际风情街区、西安自贸区、土门商圈、高新软件园、华南城、西安综合保税区、统筹科技资源示范中心、丝路金融中心、沣西新城综合服务中心、鄠邑区农民画展馆、五台国际旅游小镇、乐居场-农业社区示范点、国际领事馆区、低碳社区示范点、新型工厂社区、航天基地、杜城村（新型城中村示范点）、陕西宾馆-陕西大会堂、集装箱中心站、祖庵镇、楼观镇、玉山镇、南枝白村、大兆村、引镇街道、白鹿原观景平台、西安自贸区	（1）适度管控，标志类、商业类建筑高度主要以中高层建筑为主，中高开发强度，建筑风格应体现商业氛围；门户类、交通类建筑高度主要以中低层建筑为主，中低开发强度，建筑风格应考虑与老城历史风貌协调并能体现城市现代氛围。建议少用玻璃幕墙等； （2）鼓励地下开发建设； （3）周边环境应注意与节点协调

来源：薛晓妮整理。

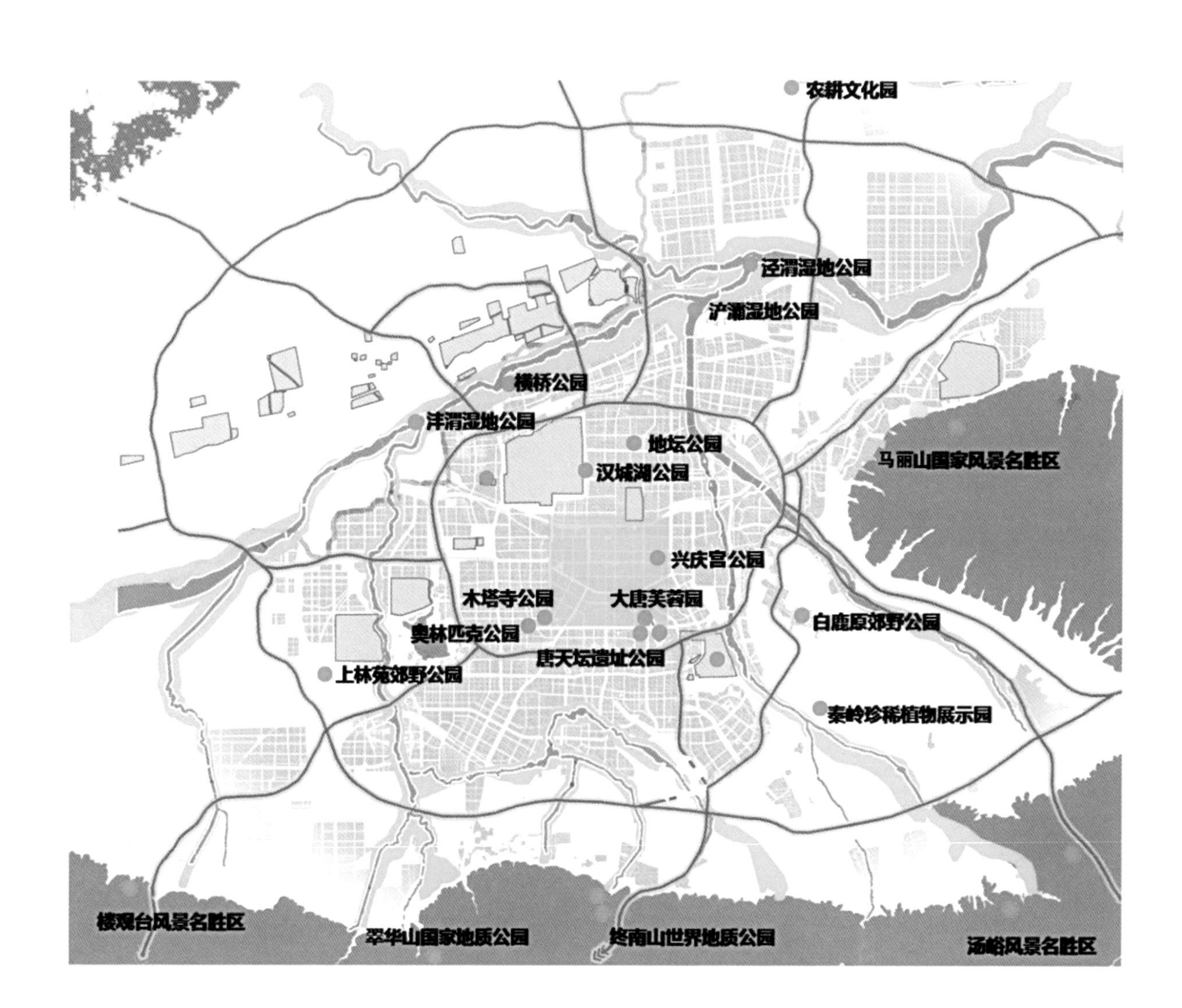

图5-2-18 一级绿地公园节点分布图（来源：薛晓妮绘制）

表5-2-12 绿地公园节点管控要求

节点类型	涉及类型	节点名称	管控引导要求
绿地公园节点	遗址公园类、森林公园类、湿地公园类、城市公园类	大唐芙蓉园、兴庆宫公园、唐天坛遗址公园、木塔寺公园、汉城湖公元、地坛公园、奥林匹克公园、终南山世界地质公园、骊山国家风景名胜区、楼观台风景名胜区、汤峪风景名胜区、翠华山国家地质公园、横桥公园、浐灞湿地公园、泾渭湿地公园、沣渭湿地公园、农耕文化园、白鹿原郊野公园、秦岭珍稀植物展示园、上林苑郊野公园	（1）适度管控，建议设置文化、休闲、商业等公共性功能，允许少量低层景观建筑或构筑物建设，建筑高度以中低层为主，低开发强度，建筑体量不宜过大，强化界面通透性。 （2）适度进行地下开发。 （3）遗址公园注意保护文物本体，周边环境应与之协调。其他类型公园应注重环境保护，尽量控制开发建设活动

来源：薛晓妮整理。

5.2.4 生态开敞空间

1．控制目标

城市生态开敞空间是指建筑实体以外存在的、以绿色生态空间为主的开阔区域，是人、社会与自然进行信息、物质和能量交换的重要场所，包括山体川塬、河湖水系、田园旷野、绿地森林等自然空间以及大型公园等。设置生态开敞空间的目标是保护生态环境，优化西安城市空间格局，保证城市可持续发展，构建具有西安特色的生态空间结构，建成“山、水、田、塬、城”和谐共生的美丽西安，引导城市空间有序发展。

2．控制思路

结合相关规划梳理市域范围内的生态体系，通过保护和修复城市本底的生态绿楔系统、生态绿环系统、生态绿廊系统、生态绿斑系统，构建西安生态开敞空间体系，确定生态开敞空间的系统类型和内容，并划定禁止建设区和限制建设区，同时对不同类型系统的具体对象进行有针对性的控制与引导（表5-2-13，图5-2-19）。

表5-2-13 生态开敞空间分类型控制与引导

系统类型	系统内容	管控要求	
		禁止建设区	限制建设区
生态绿楔	东北绿楔、西南绿楔、秦岭北麓-白鹿原-洪庆塬绿楔	除交通市政设施、军事设施和农业水利设施以及风景区配套设施可建设外，禁止其他城市建设内容	对项目类型、用地规模、开发强度、建筑高度和建筑密度提出严格控制；遵循《城市生态缓冲区控制规划》对建筑高度、建筑密度的指标控制
生态绿环	环城公园、唐城林带、三环及绕城高速绿环、西咸大环线绿环	根据相关规划要求进行绿线控制，禁止不相关城市建设内容	按照《西安市历史文化名城保护条例》及相关规划要求，对相应地段进行建筑高度、开发强度、风貌色彩等具体控制
生态绿廊	河流生态廊道、交通干道绿廊、历史文化生态廊道	依据相应法律法规划定水系保护廊道、交通干线防护廊道和遗址带廊道。禁止进行与廊道保护及防护无关的工程建设和有碍环境风貌的工程建设	结合生态隔离体系管控要求，通过划分建设控制地带及风貌协调区，对建筑高度、强度、风貌、色彩等建设内容进行控制。引导服务性设施的低强度开发
生态绿斑	郊野公园、大遗址公园、城市公园	禁止进行与水体、山体、森林等自然要素保护无关或对环境产生污染、对人体健康有不良影响的工程建设；禁止在遗址保护区开展建设活动	保护与建设应首先符合山体、森林、水系等及遗址保护法律法规及相关规划的要求，引导服务性设施的低强度开发

来源：李薇整理。

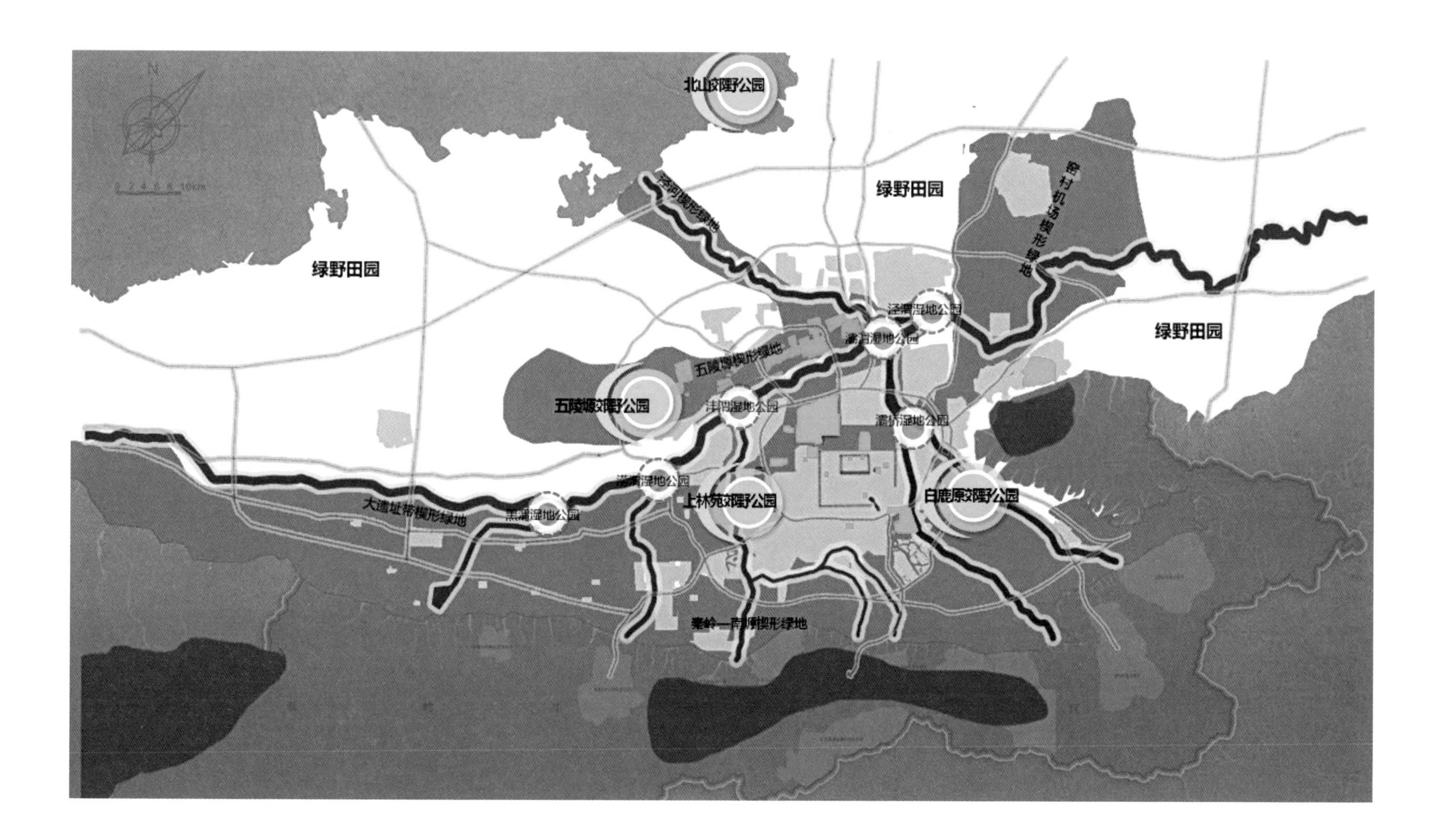

图5-2-19 总体生态开敞空间控制图（来源：李薇绘制）

3. 控制体系

(1) 生态绿楔

生态绿楔包括东北窑村机场绿楔、西南丰镐遗址绿楔、秦岭北麓-白鹿原-洪庆塬绿楔等，对其进行禁止建设区和限制建设区的划分，对两区进行范围划定，提出具体控制要求。

禁止建设区及限制建设区具体内容见表5-2-14及图5-2-20。

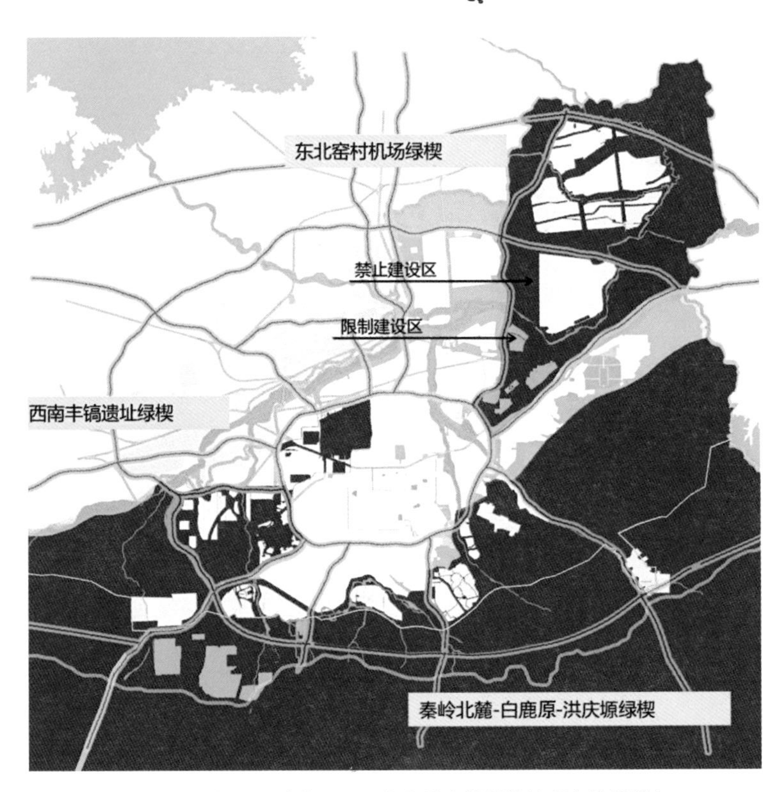

图5-2-20 生态绿楔控制图（来源：西安市城市规划设计研究院提供）

表5-2-14 生态绿楔管控要求

名称	禁止建设区			限制建设区	
	范围	禁止建设内容		范围	控制建设内容
东北窑村机场绿楔	北至市域边界，东接西禹高速、南至绕城高速、西邻西临高速，面积约700km²	除道路、高压走廊、输气管线、输水管线等交通市政设施，军事设施和农业水利设施以及排水管渠、水利工程管理设施、水利风景区配套设施可建设外，禁止其他城市建设内容	森林覆盖率 荆山塬≥88%	灞桥区现代物流工业园区、临潼新区、物流园区、国际港务区共建区	对项目类型、用地规模、开发强度、建筑高度和建筑密度提出严格控制
西南丰镐遗址绿楔	西汉高速-市域北界之间-秦岭山麓，面积约1000km²		森林覆盖率≥80%	鄠邑区县城、沣东沣西组团部分、六村堡组团部分、草滩组团等	遗址周围应遵循相关保护规划的建设控制要求
秦岭北麓-白鹿原-洪庆塬绿楔	骊山北侧25° 坡-绕城高速-杜陵南侧-浐河-洨河-城市建设缓冲区控制线-西汉高速-秦岭山麓，面积约1500km²		森林覆盖率 · 环山路红线北侧50m以内秦岭北麓70%～80% · 白鹿原≥88% · 少陵塬≥70% · 骊山-洪庆塬≥86%	鄠邑区余下组团、高新区草堂科技产业基地、长安通信产业园	遵循《城市生态缓冲区控制规划》对建筑高度、建筑密度的指标控制

来源：李薇整理。

（2）生态绿环

生态绿环包括环城公园、唐城林带、三环及绕城高速绿环、西咸大环线绿环等，对其本体及周边一定区域进行禁止建设区和限制建设区的划分，对禁止建设区进行控制宽度划定，对限制建设区进行控制要求限定，形成市域生态绿环。

禁止建设区及限制建设区具体内容见表5-2-15及图5-2-21。

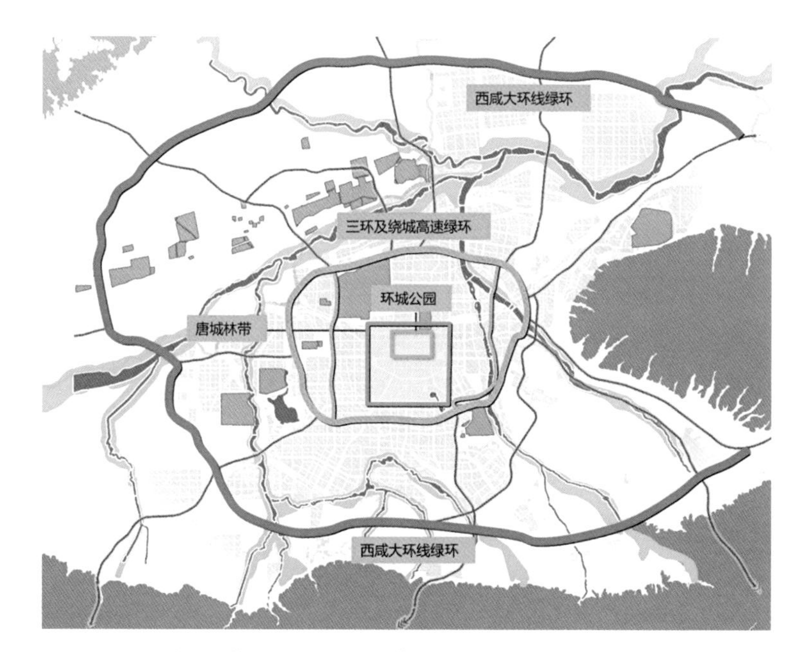

图5-2-21 生态绿环控制图（来源：李薇绘制）

表5-2-15 生态绿环控制表

名称	禁止建设区		限制建设区	
	内容	控制宽度（含道路和防护绿带）	内容	控制导则
环城公园	绿环林带环线及两侧防护绿带	根据总体规划要求控制60～200m带状绿地	林带及环线防护绿带两侧200m建设用地	为保护老城风貌，按照《西安市历史文化名城保护条例》，环城路外侧红线以外的建筑高度应当各以60m距离为过渡区，从24m以下向36m以下、50m以下递升
唐城林带		95～140m		为塑造城市风貌，并保证城市通风，建筑高度以50m距离为过渡区，向外从36m以下向45m以下、60m以下递升
三环及绕城高速绿环		按照总体规划要求，宽度为150～200m		为保证城市通风，建筑高度以100m距离为过渡区，向外从36m以下向45m以下、60m以下递升。 说明：未建设、未规划审批的项目不能再侵占防护绿带
西咸大环线绿环		800～3000m，工业段宜宽，根据实际用地情况确定范围		

来源：李薇整理。

（3）生态绿廊

结合已有的生态展示计划、生态隔离计划、生态修复计划、花海融城计划、八水润城计划，形成以主河流生态绿廊、交通干道生态绿廊以及历史文化生态廊道三大类为主的市域生态特色绿廊，分别划定禁止建设区及限制建设区，并提出相关控制要求。

在禁止建设区，依据相应法律法规划定水系保护廊道、交通干线防护廊道和遗址带廊道。严禁与廊道保护及防护无关的、有碍环境风貌的工程建设。在限制建设区，结合生态隔离体系管控要求，通过划分建设控制地带及风貌协调区，对建筑高度、强度、风貌、色彩等进行控制，引导服务性设施的低强度开发。

1）河流生态廊道

河流生态廊道主要针对西安市域“八水”（渭河、泾河、灞河、浐河、潏河、滈河、沣河、涝河）、泬河、清河、石川河以及城市内各类湿地公园，对水域本体及周边一定区域进行禁止建设区和限制建设区的划分，提出不同程度的控制要求，形成点、线结合的特色廊道。

禁止建设区中，控制范围为河流本体、行洪通道以及两侧防护绿带。控制要求为：划定滨水绿化控制线和滨水建筑控制线；依据《河道保护管理条例》等划定水系生态保护廊道；宽度（含河流及两岸护堤地、傍河地下水源地保护区域）依据各水系大小分为200～3000m不等；湿地公园严格按照河流水体保护相关要求进行控制。

限制建设区中，控制范围为河流防护绿带两侧200m建设用地。控制要求为：保证城市通风及景观风貌，建筑高度以50m距离为过渡区，向外从24m以下向36m以下、60m以下递升，形式以旅游、休闲、度假和低密度开发为主。湿地公园应在符合生态、水体保护要求的前提下，开展旅游、休闲等低强度活动。

禁止建设区及限制建设区具体控制内容见表5-2-16及图5-2-22。

表5-2-16 河流生态绿廊控制表

名称	禁止建设区			限制建设区	
	范围	控制要求		范围	控制要求
		内容	宽度（含河流及两岸护堤地、傍河地下水源地保护区域）		
渭河	河流本体、行洪通道以及两侧防护绿带	制定滨水绿化控制线和滨水建筑控制线，并依据《河道保护管理条例》等划定水系生态保护廊道	400～2600m	河流防护绿带两侧200m建设用地	（1）为保证城市通风及景观风貌，建筑高度以50m距离为过渡区；（2）开发以低强度、低密度为原则
泾河			1000～3000m		
灞河			400～1000m		
浐河			300～1000m		
潏河			300～1000m		
滈河			300～1000m		
沣河			600～2000m		
涝河			200～700m		
泬河			300～1000m		
清河			350～850m		
石川河			400～1000m		
湿地公园	严格按照河流水体保护相关要求进行保护			在符合生态、水体保护要求的前提下，开展旅游、休闲等低强度活动	

来源：李薇整理。

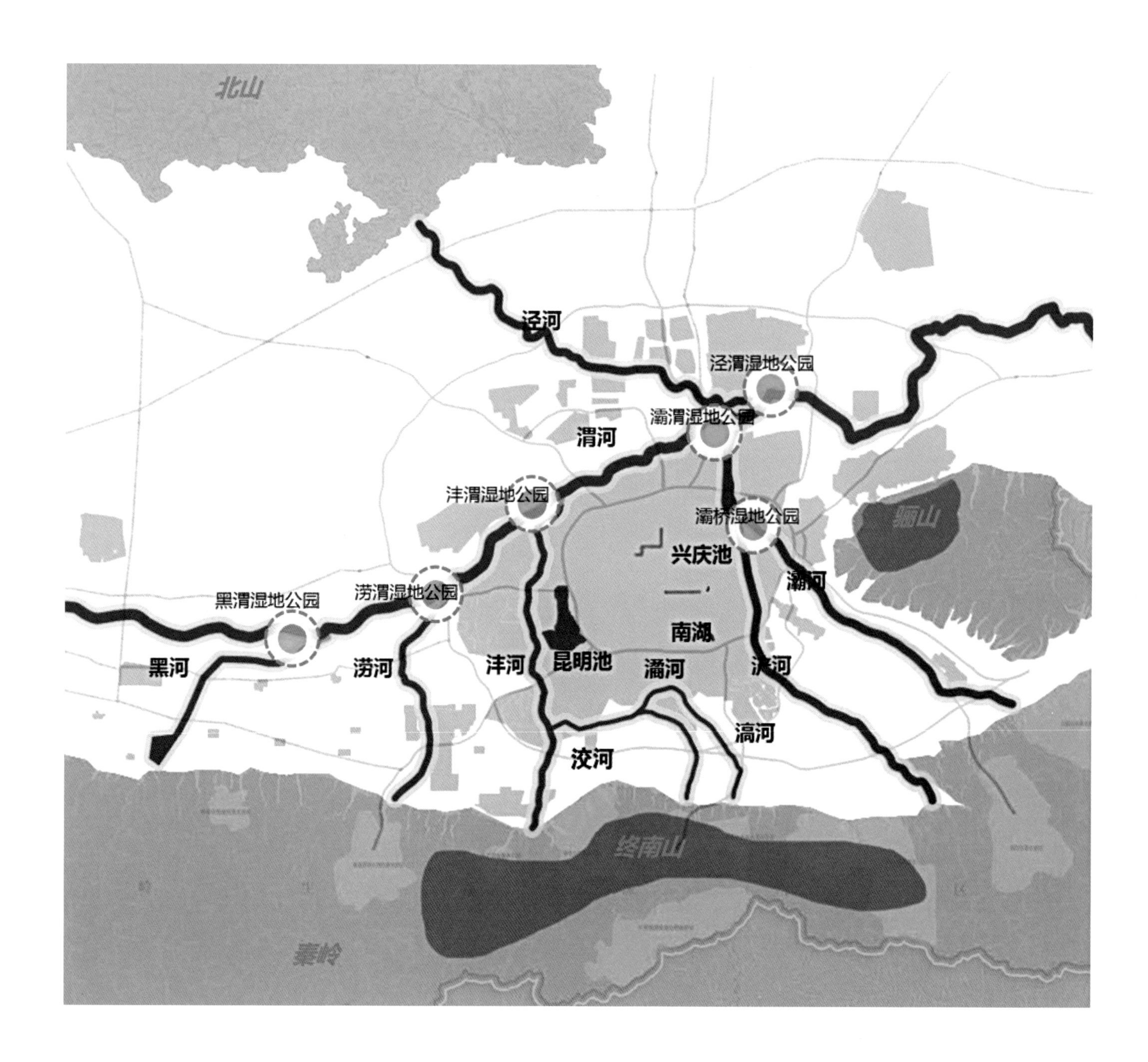

图5-2-22 河流生态绿廊控制图（来源：李薇绘制）

2）交通干道生态绿廊

交通干道生态绿廊主要针对西安市内部及区域各级公路和铁路，对其本体及周边一定区域进行禁止建设区和限制建设区的划分，对禁止建设区进行控制宽度划定，对限制建设区进行控制要求限定，形成市域线状特色廊道。

禁止建设区范围为高速公路、快速路、铁路本体及两侧防护绿地。控制宽度（含公路、铁路及路旁防护绿带）依据各交通干道级别进行划定，大小基本为50～350m不等，西宝二线控制宽度为600～1100m。

限制建设区范围为防护绿带两侧200m内建设用地。控制要求为：依据所在城市不同区域，对高速路、快速路以及铁路两侧建设用地提出具体控制要求。

禁止建设区及限制建设区具体控制内容见表5-2-17及图5-2-23。

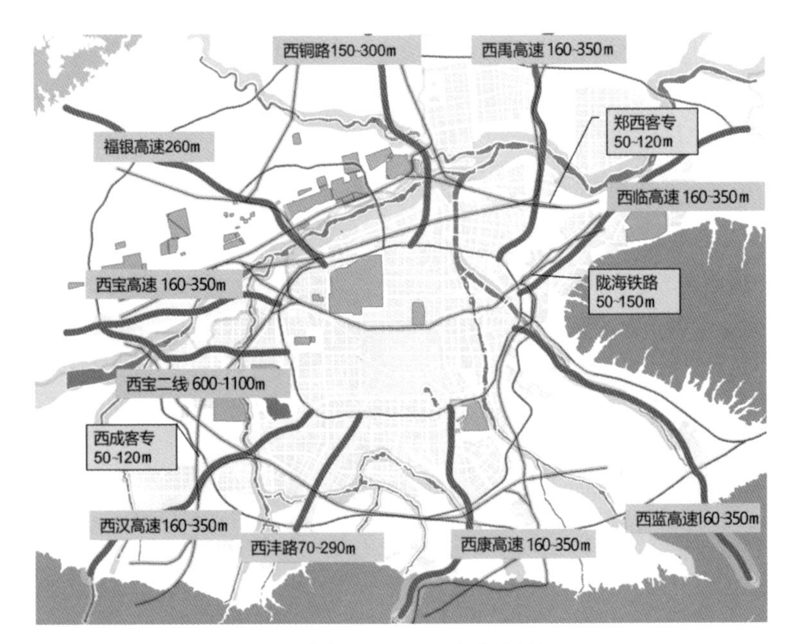

图5-2-23 交通干道生态绿廊控制图（来源：李薇绘制）

表5-2-17 交通干道生态绿廊控制表

名称		交通干道绿廊			
		禁止建设区		限制建设区	
		范围	控制宽度（含公路、铁路及路旁防护绿带）	范围	控制要求
一级公路	西铜	高速公路、快速路、铁路本体及两侧防护绿地	150～300m	防护绿带两侧200m内建设用地	依据所在城市不同区域，对高速公路、快速路以及铁路两侧建设用地提出具体控制要求
	西沣		70～290m		
高速公路	西宝、西临、西康、西禹、福银（机场段）、西蓝、西汉		160～350m		
	西宝二线		600～1100m		
普通铁路			50～150m		
高速铁路	郑西高铁		北：100～120m、南：50m		
	其他高铁		150～250m		

来源：李薇整理。

3）历史文化生态绿廊（大遗址带）

历史文化生态绿廊主要针对西安市内大遗址带（周丰京遗址、周镐京遗址、秦阿房宫遗址、汉长安城遗址）提出具体管控要求，对其本体及周边一定区域进行禁止建设区和限制建设区的划分，对两区进行范围及控制面积划定，提出控制要求，形成市域内历史文化千年都城脉络面状特色廊道。

禁止建设区及限制建设区具体内容见表5-2-18及图5-2-24。

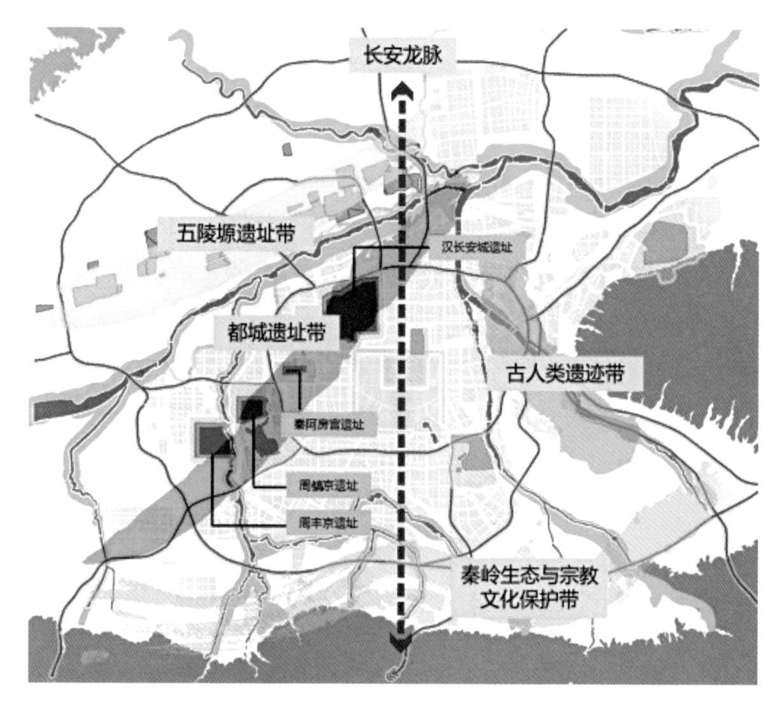

图5-2-24 历史文化生态廊道管控图（来源：李薇绘制）

表5-2-18 历史文化生态廊道控制表

名称		禁止建设区		限制建设区	
		范围	控制要求	范围	控制要求
都城遗址带	周丰京遗址	遗址紫线保护区	（1）禁止进行与遗址保护无关的大中型工程建设和有碍遗址环境风貌的小型工程建设； （2）禁止大面积或者深层次挖砂、取土、挖建池塘； （3）遗址区内因生产、生活确需修建房屋或者其他小型设施的，必须经市文物行政管理部门同意并报省文物行政管理部门备案； （4）现有建筑和设施，不符合保护遗址及环境风貌要求的，应分期分批进行改造或者拆迁，并按有关规定对被拆迁的村民、居民予以安置和补偿	（1）建设控制地带； （2）景观协调区； （3）城市风道延伸线区域	（1）严格遵循文物保护规划中对遗址建设控制地带和景观协调区的开发强度、建筑要求； （2）建筑高度不大于60m，同时将道路与街道两侧绿化空间和低密度开发进行整合，形成总体宽度达到150m的城市通风道，利用自然风的流动促进城市通风排热； （3）遗址带内的建设活动应统筹进行，保证景观及建筑界面的连续性，注重与遗址风貌的协调性，以营造连续完整的形象与氛围
	周镐京遗址				
	秦阿房宫遗址				
	汉长安城遗址				
五陵塬遗址带					
秦岭生态与宗教文化保护带					
古人类遗迹带					

来源：李薇整理

(4) 生态绿斑

生态绿斑包括郊野公园、大遗址公园、城市公园三种。禁止建设区内严禁与水体、山体、森林等自然要素保护无关或对环境产生污染、对人体健康有不良影响的工程建设；禁止在遗址保护区开展建设。限制建设区内的保护与建设应首先符合山体、森林、水系、遗址保护法律法规及相关规划的要求，引导服务性设施的低强度开发（图5-2-25、表5-2-19、图5-2-26、表5-2-20、图5-2-27、表5-2-21）。

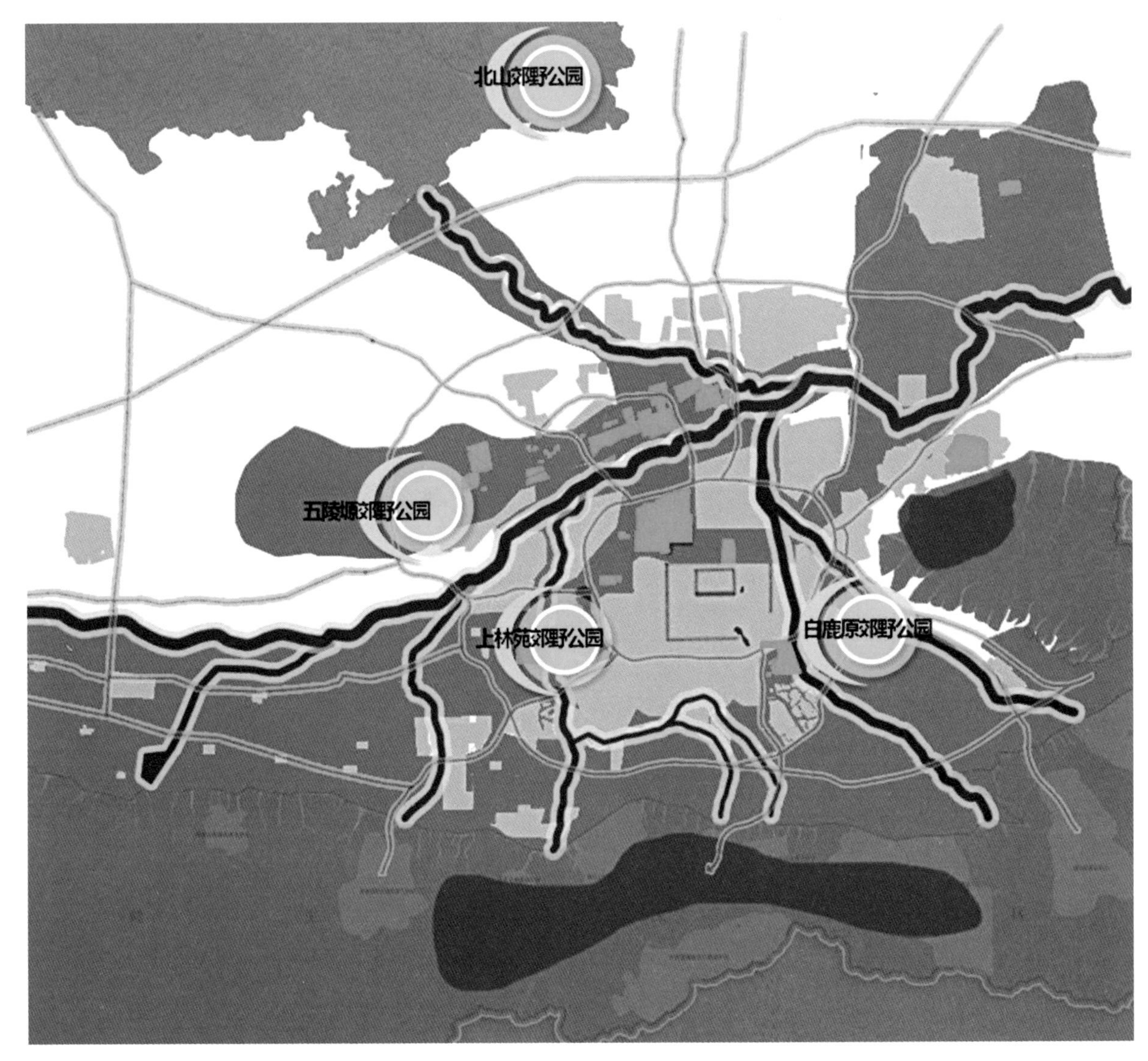

图5-2-25 郊野公园绿斑控制图（来源：李薇绘制）

表5-2-19 郊野公园管控与引导

名称	内容	禁止建设区	限制建设区
		控制要求	控制要求
郊野公园	北山郊野公园、五陵塬郊野公园、上林苑郊野公园、白鹿原郊野公园	（1）禁止进行与山体、森林等自然要素保护无关的大中型工程建设和有碍自然环境风貌的小型工程建设； （2）禁止大面积或者深层次挖砂、取土； （3）禁止开展对环境产生污染、对人体健康有不良影响的建设行为	（1）保护与建设应首先符合山体、森林等自然保护法律法规及相关规划的要求； （2）可进行少量服务配套设施的建设

来源：李薇整理。

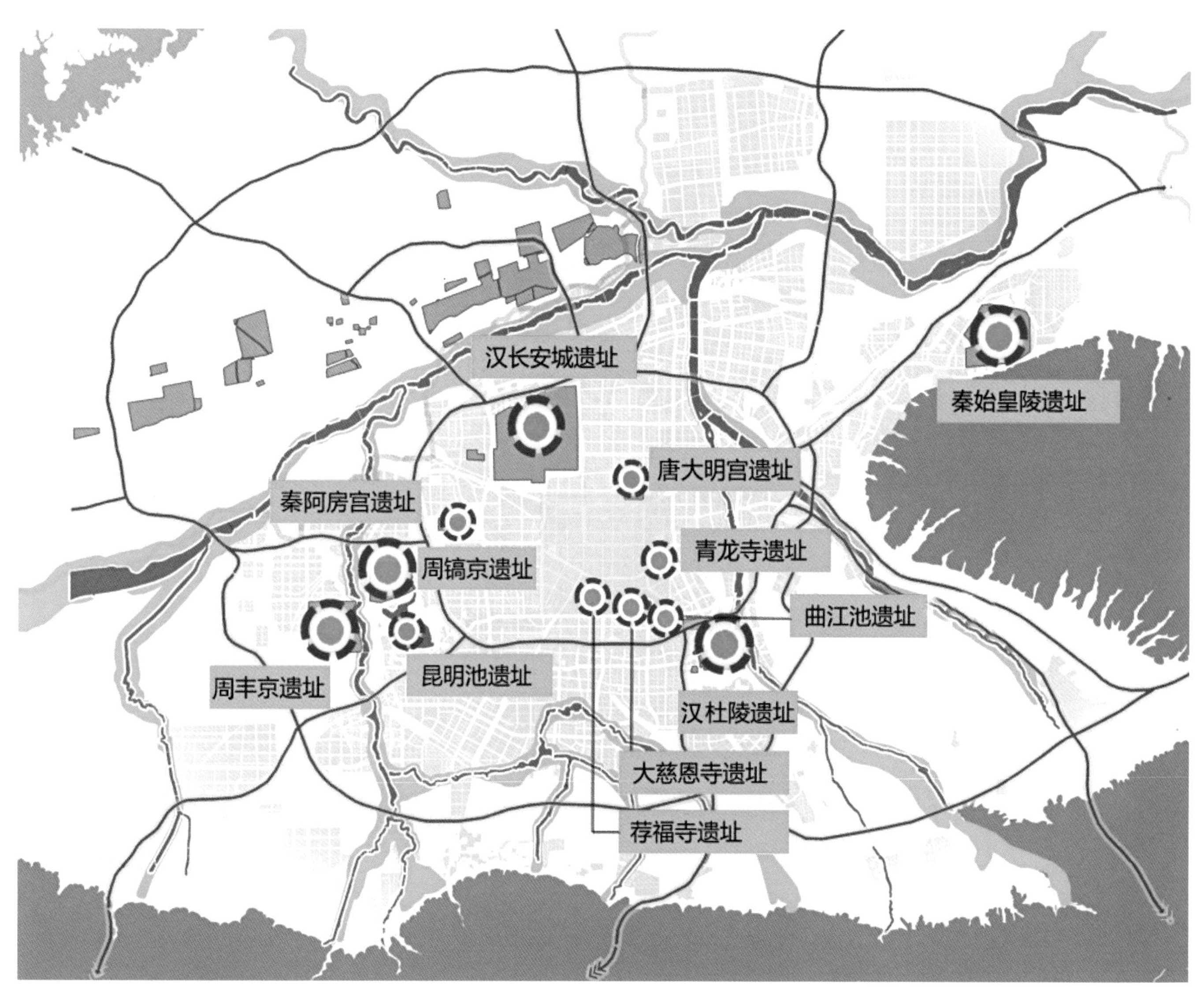

图5-2-26 遗址公园绿斑控制图（来源：李薇绘制）

表5-2-20 遗址公园绿斑控制表

名称	内容	禁止建设区	限制建设区
		控制要求	控制要求
大遗址公园	周丰京、镐京遗址、秦阿房宫遗址、汉长安城遗址、唐大明宫遗址、汉杜陵遗址、秦始皇陵遗址、曲江池遗址、青龙寺遗址、大慈恩寺遗址、荐福寺遗址	（1）禁止于遗址保护范围内开展建设活动； （2）遗址区内因生产、生活确需修建房屋或者其他小型设施的，必须经市文物行政管理部门同意并报省文物行政管理部门备案； （3）现有建筑和设施，不符合保护遗址及环境风貌要求的，应分期分批进行整治	（1）建设控制地带与风貌协调区内建设； 严格遵循文物保护规划中对遗址建设控制地带的开发强度、建筑要求； （2）建筑风貌、色彩应与遗址呼应协调； （3）坚持历史遗存保护的原真性、整体性，坚持“古”字为轴、文化为核、生态优先、以人为本、保护利用、统筹兼顾的原则； （4）通过“地下理性保护、地上感性展示的方式”，将遗址公园分为重点保护遗产区、核心区和外围经营区，使遗址保护和旅游利用和谐增长

来源：李薇整理。

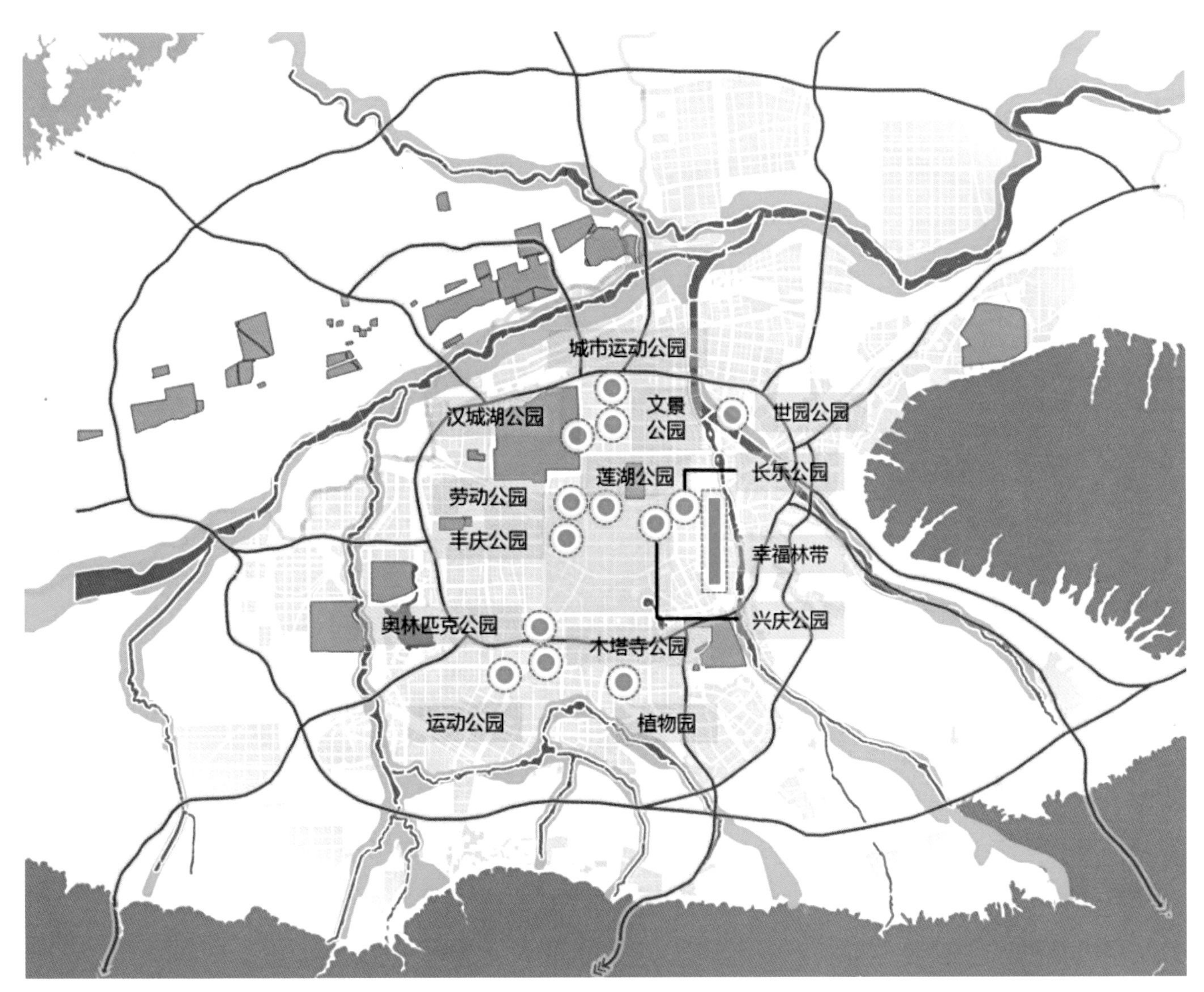

图5-2-27 城市公园绿斑控制图（来源：李薇绘制）

表5-2-21 城市公园控制表

名称	内容	控制要求
城市公园	世园公园、长乐公园、兴庆公园、植物园、木塔寺公园、城市运动公园、奥林匹克公园、丰庆公园、劳动公园、汉城湖公园	（1）按照城市绿地管理办法进行控制，其中绿地率应大于75%，建筑密度应小于5%； （2）按照公园设计等相关规范配置相应服务设施； （3）按照人防、防灾要求实施人防、避难场所工程建设

来源：李薇整理。

5.2.5 高度体系

1．控制目标

高度是城市设计和城市形态研究中的重要内容，作为城市空间形态的重要外在表征，是城市在悠久的历史长河中不断被保留下来的一种物质性遗存，也是历史发展不同时期人与空间和谐相处的重要体现。

本次高度研究的目标是形成市级高度强度核心控制体系，指导下一层级（片区级）高度强度具体导控要求，并最终落实到具体的建设项目和行政管理上。

2．控制思路

针对本次规划范围较大、规划历史遗存众多的特殊情况，为提高操作性，高度体系采取“抓两头”的思路，分别针对最低区域和最高区域，通过相关要素叠加分析，形成各自的高度强度管控范围，并提出分级和相应的管控要求（图5-2-28、图5-2-29）。

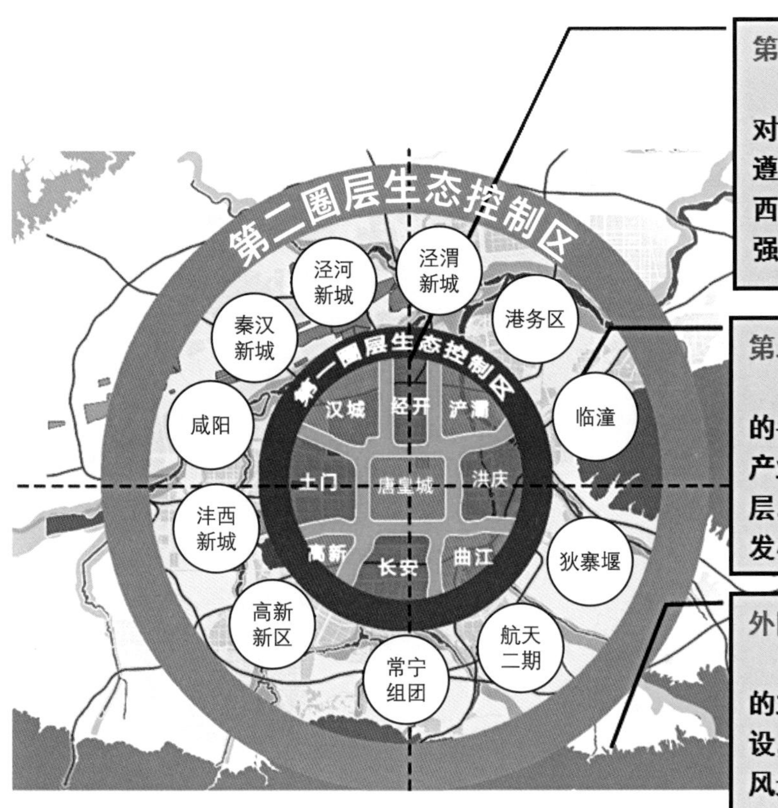

图5-2-28 高度分圈层控制示意图（来源：孙衍龙绘制）

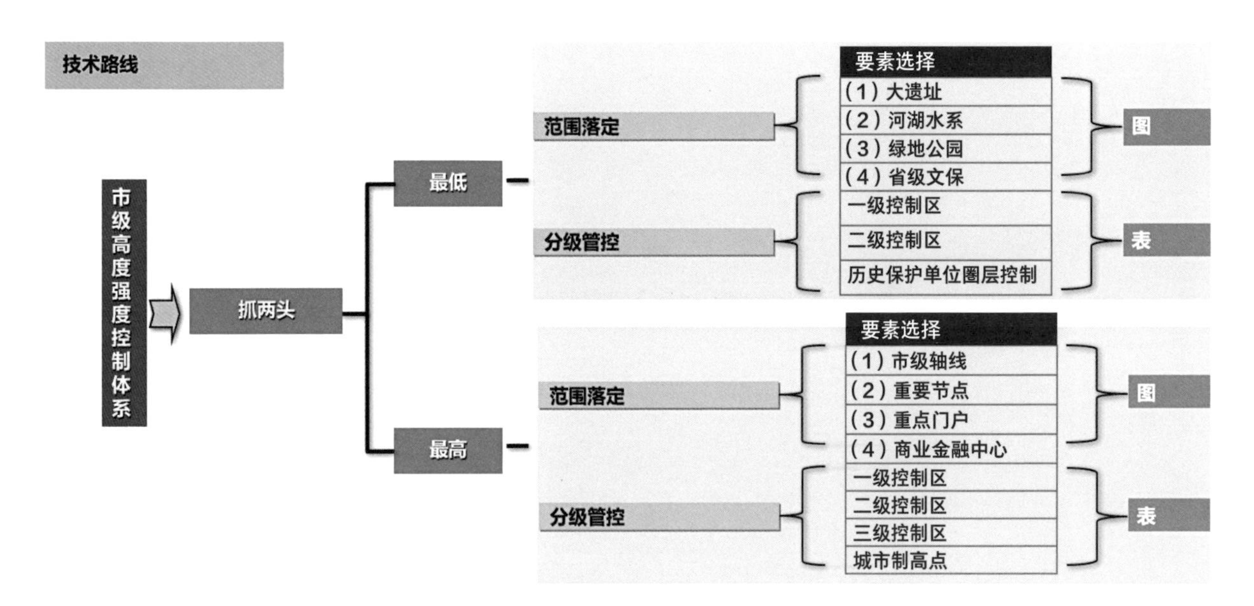

图5-2-29 高度管控技术路线图（来源：周文林绘制）

对大遗址区域、文物点以及河湖水系周边进行低强度控制是高度控制体系中的重要内容。通过对建筑高度的合理有效控制，在确保该地段社会经济健康发展的同时，通过整体高度的空间协调、景观塑造来延续城市的历史文化特征，提升西安城市生态品质（图5-2-30、图5-2-31）。

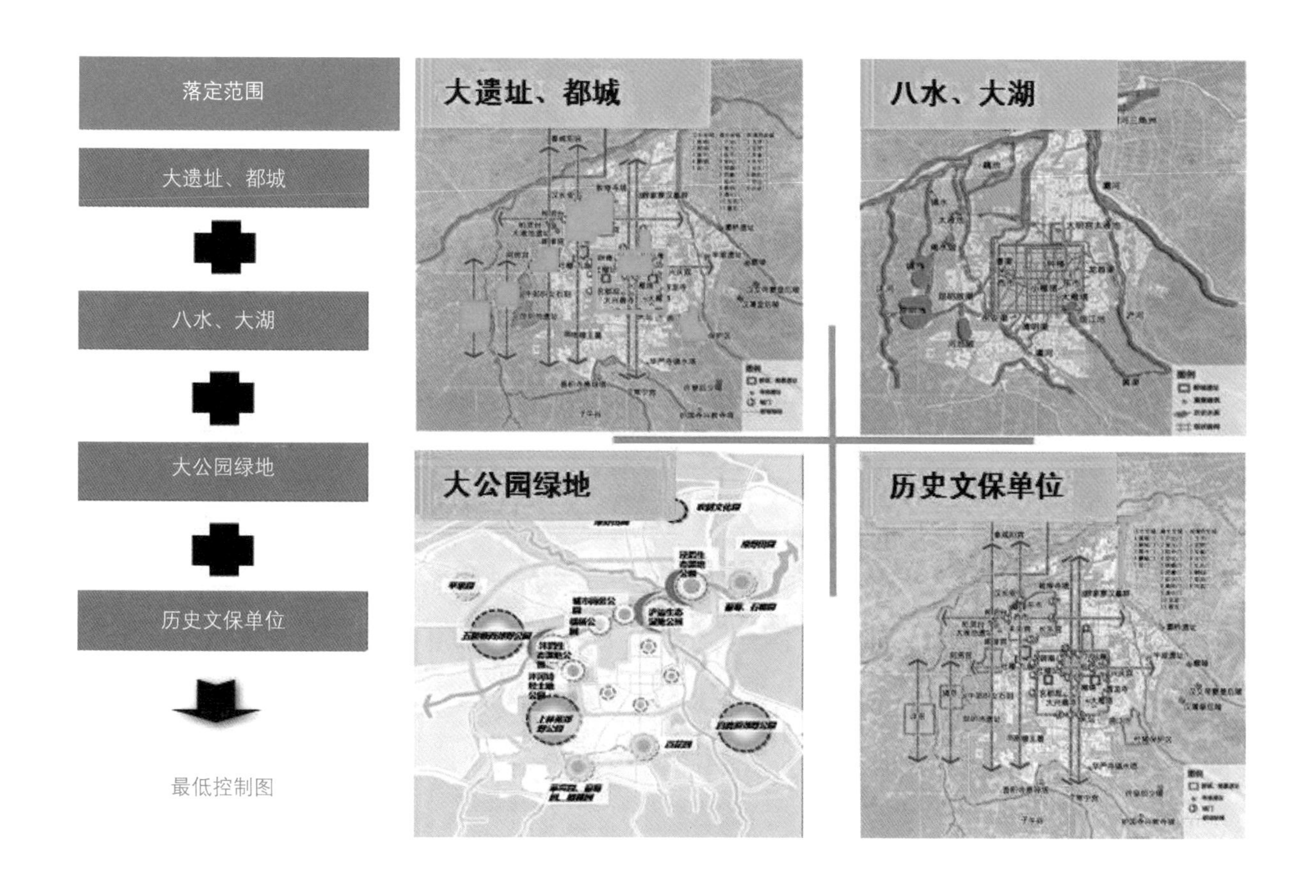

图5-2-30 低点控制主要内容（来源：周文林整理）

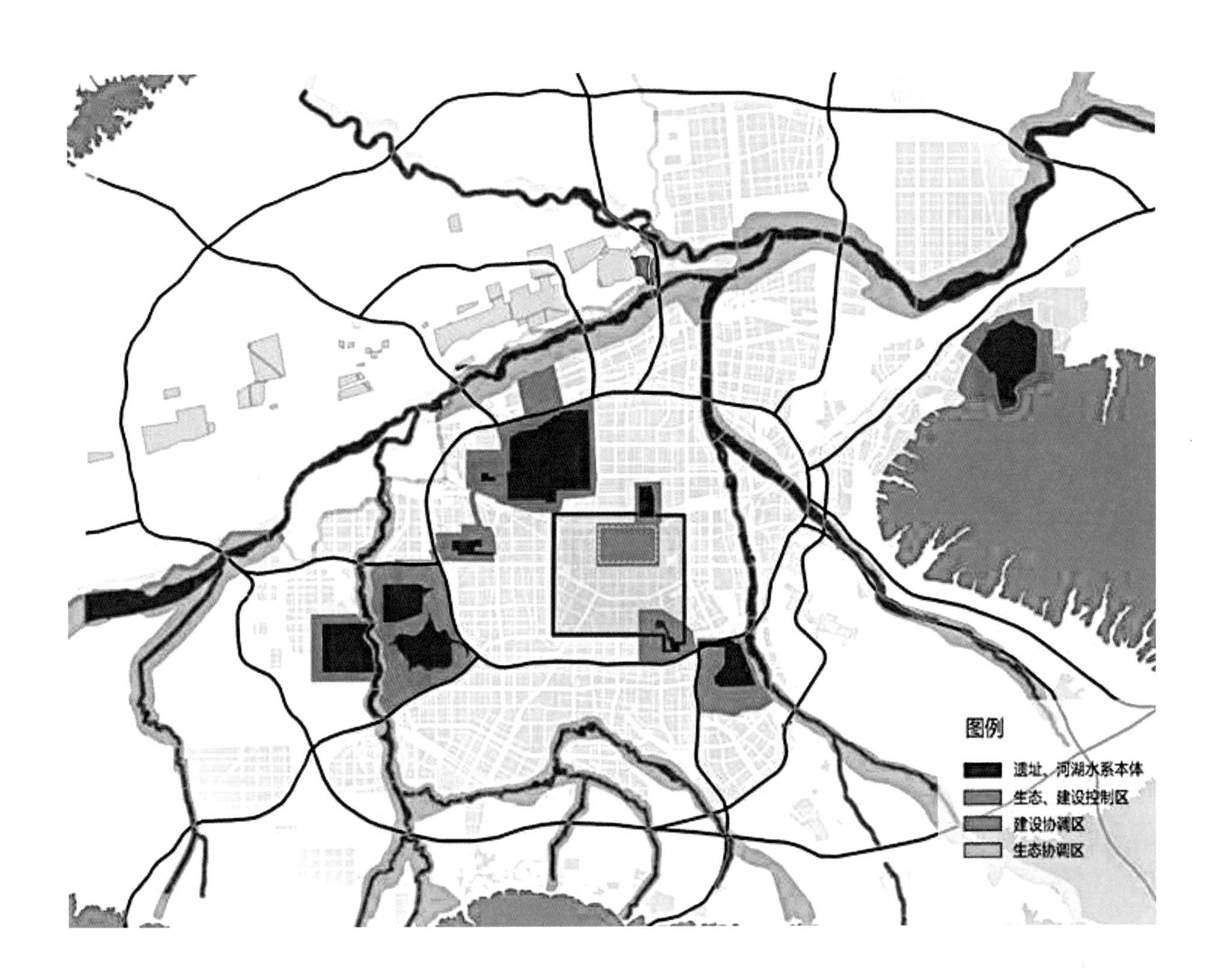

图5-2-31 低强度控制图（来源：周文林绘制）

低强度控制区一——河湖水系：主要包括西安“八水”、昆明池、曲江池等，依据生态敏感性划分为生态控制区和生态协调区，并分别明确控制范围、控导要求（表5-2-22）。

表5-2-22 低强度控制区一——河湖水系

河湖水系	控制级别	范围	高度强度控导要求
渭河、泾河、涝河、沣河、浐河、灞河、滈河、潏河、昆明池、曲江池	生态控制区	河堤两侧300m范围	（1）制定滨水绿化控制线和滨水建筑控制线，并依据《河道保护管理条例》等划定水系生态保护廊道； （2）控制区范围内主要以绿地为主，严控开发建设
	生态协调区	生态控制区外扩200m建设用地或1～2个街区范围内	（1）严格遵循河湖水系两侧景观协调区的开发要求； （2）控制区范围内，建筑物高度由水边向城区逐渐升高，保证轮廓线的层次感，允许滨水地段局部商业金融区出现高层建筑，以丰富滨水区域城市天际线，高层建筑应尽量减少对后部观赏视线的遮挡； （3）需要进行高度调整的，应单独进行城市设计，履行专家论证、相关部门协调、重新审批等程序

来源：周文林整理。

低强度控制区二——大遗址：主要包括周丰京、镐京遗址、汉长安城遗址、秦始皇陵遗址、杜陵遗址、阿房宫遗址以及大明宫遗址等，依据相关保护规划，分别对保护区、建设控制区、建设协调区提出具体控导要求（表5-2-23）。

表5-2-23 低强度控制区二——大遗址

遗址	保护区	建设控制区	建设协调区	图示	备注
周丰京、镐京遗址	（1）文物保护规划确定的保护区；（2）保护区范围内严控开发建设	（1）紫线外围200m范围；（2）控制区范围内主要以绿地为主，严控开发建设	建设控制区外扩1200m，在400m、200m、200m、200m、200m范围内建筑高度依次控制在9m、12m、18m、24m、60m内	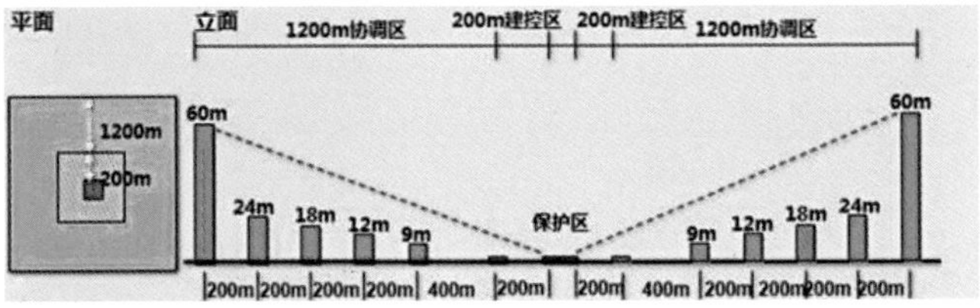	（1）严格遵循遗址保护规划和城市总体规划中控制要求，若文物保护规划控制要求比本次总体城市设计控导要求更为严格，则以文物保护规划为准；（2）需要进行高度调整的，应单独进行城市设计，需进行专家会研究，并征求相关部门意见
汉长安城遗址、秦始皇陵遗址		（1）紫线外围100m范围；（2）控制区范围内主要以绿地为主，严控开发建设	建设控制区外扩400m，在100m、50m、50m、50m、150m范围内建筑高度依次控制在9m、12m、18m、24m、60m内	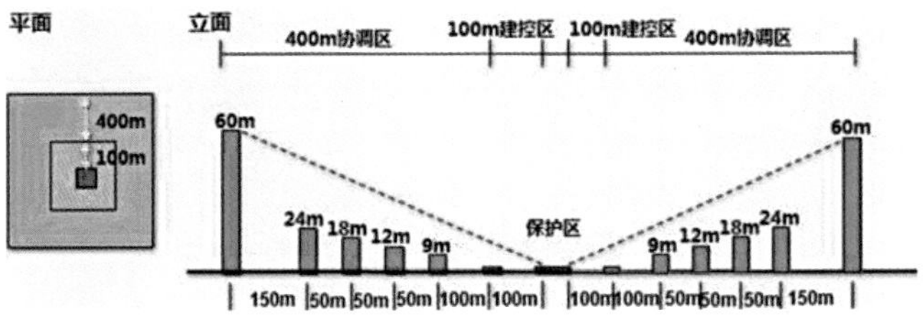	
杜陵遗址		（1）紫线外围100m范围；（2）控制区范围内主要以绿地为主，严控开发建设	东以浐河为界，西以雁翔路为界，北以绕城高速为界，南部外扩400m，在100m、50m、50m、50m、150m范围内建筑高度依次控制在9m、12m、18m、24m、60m内	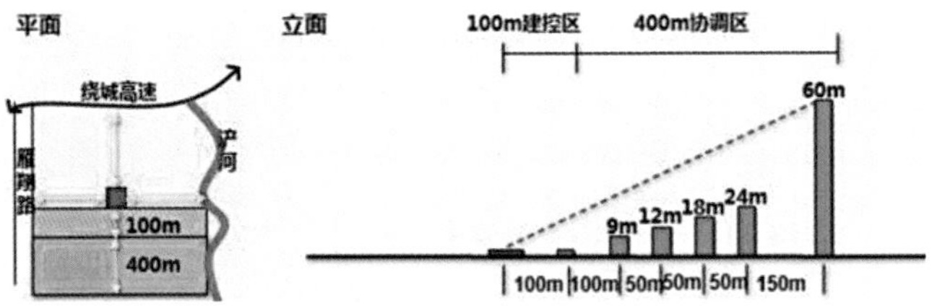	
阿房宫遗址	（1）文物保护规划确定的保护区；（2）保护区范围内严控开发建设	（1）紫线外围100m范围；（2）控制区范围内主要以绿地为主，严控开发建设	东以西三环为界，西以绕城高速，南以昆明路，北以天台五路为界作为建设协调区。以建设控制区外扩900m范围内建筑高度梯度增长，在150m、150m、150m、150m、300m范围内建筑高度不宜超过9m、12m、18m、24m、60m	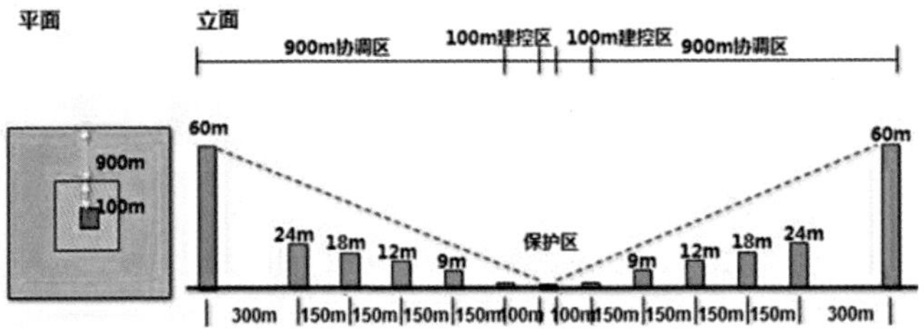	
大明宫遗址		（1）紫线外围100m范围；（2）控制区范围内主要以绿地为主，严控开发建设	东以铁路线为界，西以未央路，南以环城北路，北以二环北路为界作为建设协调区。建设控制区外扩600m，在100m、100m、100m、100m、200m范围内建筑高度依次控制在9m、12m、18m、24m、60m内	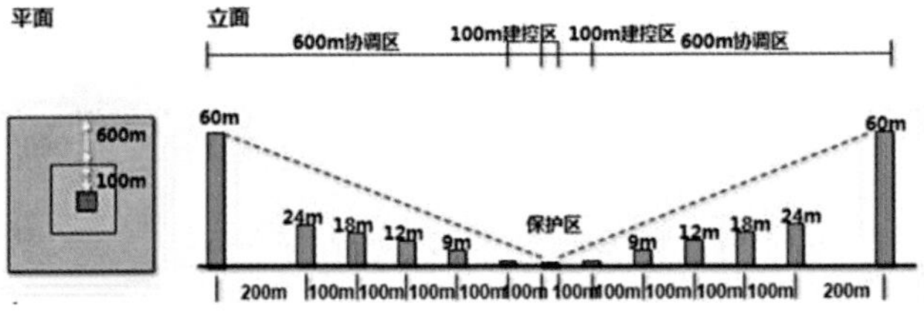	

来源：周文林整理。

同时，针对国家级文物保护单位，依据其所处的位置和相关保护规划，也分别对其保护区、建设控制区、建设协调区提出了具体的控导要求。

国家级文物保护单位：根据建设情况，将文保单位周边区域划分为建成区和未建区，分别进行相应的建筑高度控制（表5-2-24）。

表5-2-24 低强度控制——国家级文物保护单位高度控制表

类型	文保单位	保护区	建设控制区	建设协调区	图示	备注
建成区	明城墙内（杨虎城将军纪念馆、八路军西安办事处旧址、西京招待所、新城隍楼、西安事变总指挥部、高桂滋公馆、张学良公馆、清真寺、城隍庙、钟楼、鼓楼、城墙、西安碑林、易俗社剧场）、半坡遗址、青龙寺、小雁塔、大雁塔、鱼化寨遗址、天坛圜丘遗址、灞桥遗址、明秦王墓、华清池遗址、华清池五间厅、八云塔、凤栖塬西汉家族墓、姜寨遗址（27个）	（1）文物保护规划确定的保护区； （2）保护区范围内严控开发建设	—	建设控制区外扩20～50m范围内，建筑限高9m，外围建筑高度逐层递增	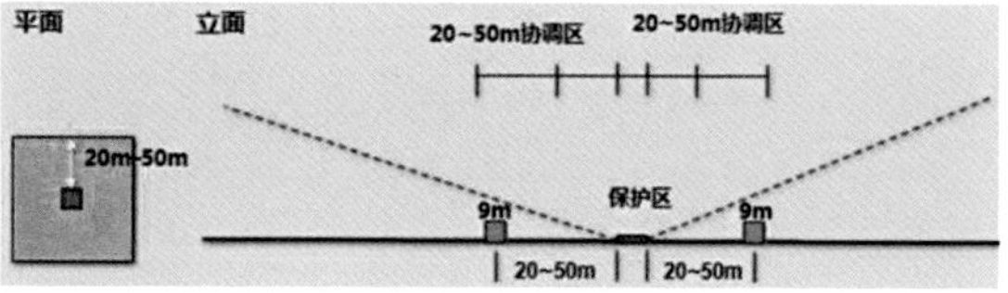 平面 立面 20~50m协调区 20~50m协调区 20m-50m 9m 保护区 9m 20~50m 20~50m	（1）严格遵循遗址保护规划和城市总体规划中控制要求，若文物保护规划控制要求比本次总体城市设计控导要求更为严格，则以文物保护规划为准； （2）需要进行高度调整的，应单独进行城市设计，进行专家会研究，并征求相关部门意见； （3）考古中其他待发掘的国家级文物保护单位一并遵循本次总体城市设计控制要求
未建区	香积寺善导塔、华严寺、兴教寺塔、灞桥遗址、灞陵遗址、老牛坡遗址、窦太后陵、薄太后陵、蓝田吕氏家族墓地、蓝田猿人遗址、水陆庵、敬德塔、鸠摩罗什舍利塔、圣寿寺塔、东渭桥遗址、杨官寨遗址、昭慧寺塔、栎阳城遗址、康家遗址、公输堂、西峪遗址、祖安碑林、大秦寺塔（23个）	（1）文物保护规划确定的保护区； （2）保护区范围内严控开发建设	（1）紫线外围100m范围； （2）控制区范围内主要以绿地为主，严控开发建设	建设控制区外扩400m，在100m、50m、50m、150m范围内建筑高度依次控制在9m、12m、18m、24m、60m内	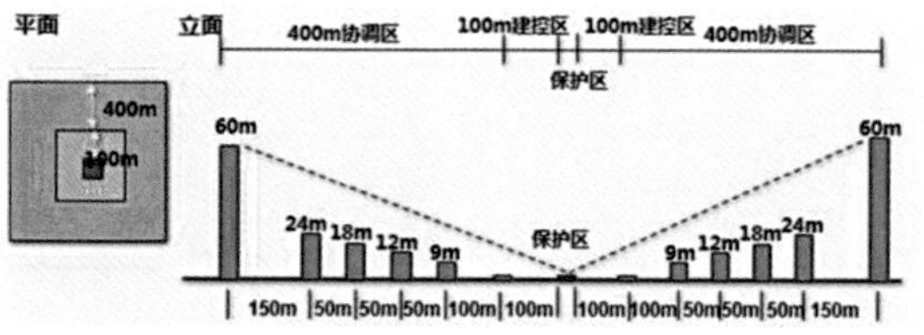 平面 立面 400m协调区 100m建控区 100m建控区 400m协调区 保护区 400m 100m 60m 24m 18m 12m 9m 保护区 9m 12m 18m 24m 60m 150m 50m 50m 50m 100m 100m 100m 100m 50m 50m 50m 150m	

来源：周文林整理。

3. 高度强度控制

明清西安城所展开的东西、南北两条轴线为城市重要轴线。在总体遵循低强度控制区要求基础上，可在地段城市设计中适当增加建设高度和强度，突显城市轴线的空间结构特征。轴线两侧60m内应严格控制透视率，以形成错落有致的天际线（表5-2-25，图5-2-32）。

表5-2-25 高度强度控制表

级别	范围	高度强度控导要求
二级控制区	四大商圈： 张家堡、新土门、电视塔、幸福路，具体范围在分区层面进行落定。	城市发展的次中心，是综合型商业服务区，应适当引导高度强度开发
一级控制区	西南：高新创业新大陆。 东北：经开泾渭三角洲	城市现代标志性区域，商业金融的集中区，引导为高强度、高密度开发区，超高层集中区

来源：周文林整理。

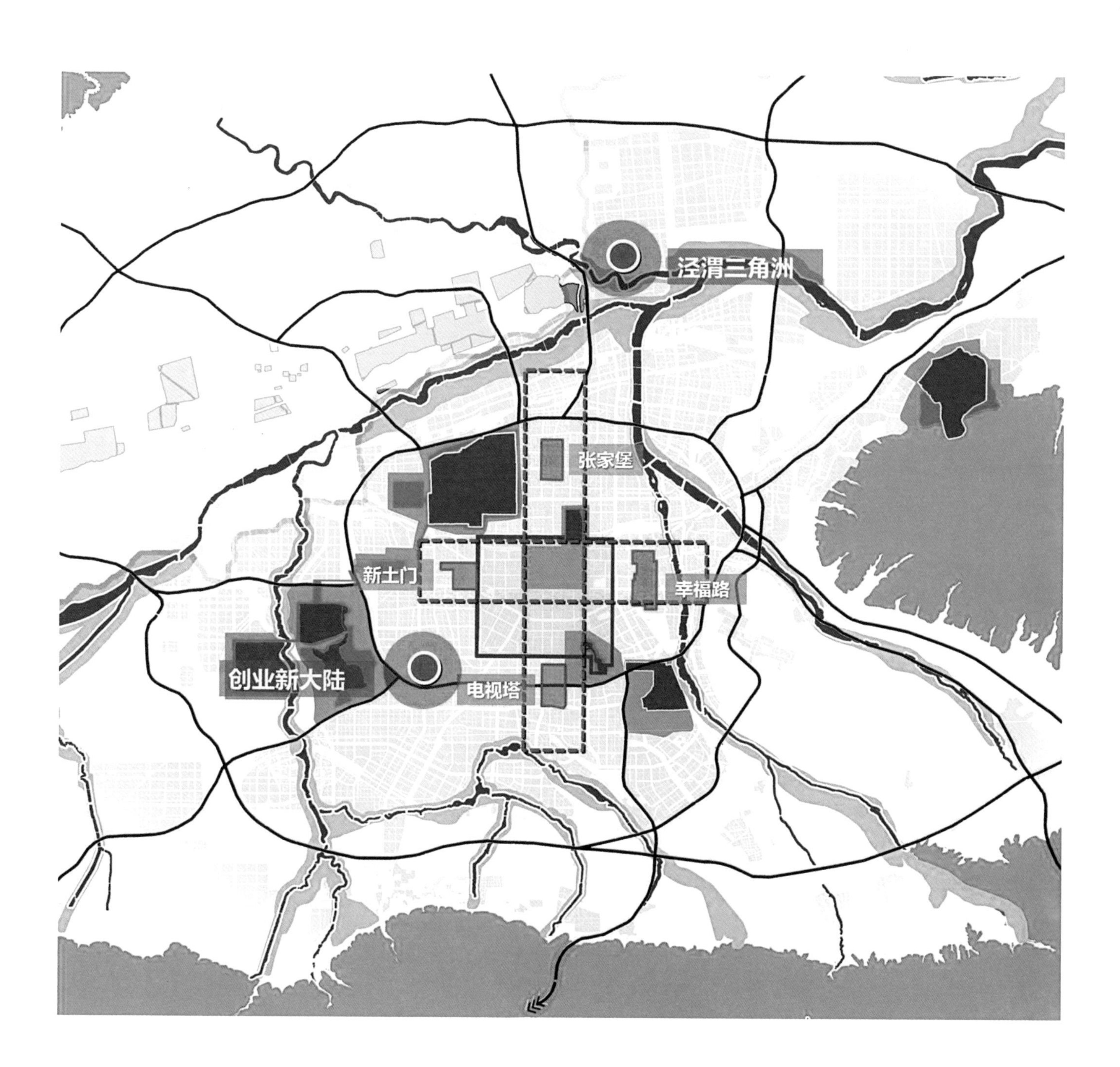

图5-2-32 高度强度控制图（来源：周文林绘制）

4．节点高度控制

总体层面的节点高度体系研究只针对特级和一级节点，在分类的基础上对各重要节点提出具体的控导要求，便于后续操作。（表5-2-26）

表5-2-26 节点高度控制表

级别	类别	名称	范围	高度强度控导要求
特级节点控制区	历史遗存类	兵马俑、大雁塔-陕西省历史博物馆、大明宫遗址公园	按照文物保护单位保护范围与协调范围进行控制	文保类节点高度强度遵循文物保护单位控导要求
	历史主题类	直城门丝路起点广场、周秦汉唐主题城、唐诗主题园	新策划历史主题类节点按照外扩500m的建设协调区进行高度控制	新策划历史主题类节点应以低强度为主，参照文保单位高度控制要求，建设协调区内建筑高度不超过60m
	现代类	科教创新港、世园公园-欧亚经济论坛、阎良航空主题园	特级节点按照1.5km辐射半径进行控制，凸显现代城市特征	是城市发展的标志性节点、综合型服务中心，应适当引导周边区域高强度开发
一级节点控制区	历史文化类	七贤庄、北院门、三学街、大清真寺、永宁门、安远门、安定门、长乐门、永兴坊、书院门、都城隍庙、西安事变旧址、小雁塔、大兴善寺、青龙寺、灞桥遗址、庄襄王陵、半坡遗址、阿房宫遗址公园、汉长安城礼制建筑（社稷、宗庙、辟雍）、杨官寨遗址、华清池、姜寨遗址、草堂寺、蓝田猿人遗址、烽火台遗址、重阳宫、大秦寺、栎阳遗址、建章宫遗址、杜陵遗址公园	文保类节点按照文物保护单位保护范围与协调范围进行控制	文保类节点高度强度遵循文物保护单位控导要求
	商业金融类	泾河中心、张家堡商圈、幸福路商圈、土门商圈、电视塔商圈、高新科技路商圈	一级节点按照1km辐射半径进行控制，形成错落有致的天际线	（1）城市现代标志性节点、城市商业中心，应适当以高层建筑为主进行高强度开发，允许局部建设超高层建筑，突出其核心性与纵向性； （2）建筑高度应与城市整体高度相协调，形成变化有序的城市轮廓效果
	交通枢纽类	西安火车站、城西客运站、西安北客站、纺织城客运站、城南客运站、高铁南站		管控要求以相关规划为准，区域内主要以中高层建筑为主，但临近历史风貌区地段（如火车站）高度应按相关规划控制
	文化体育类	西市、东市、明德门、开远门、通化门、玄武门、金光门、春明门、延平门、延兴门、安化门、启夏门、朱雀门、朱雀大街表征点、丝路国际风情街、半坡国际艺术区、省体育场、省图书馆、新城广场、老西安院子、香积寺-潏河三角洲复合中心、大学城中心、韩国风情城、高新软件园、开远门、金光门、延平门、华南城、西安综合保税区、统筹科技资源示范中心、丝路金融中心、沣西新城综合服务中心、鄠邑区农民画展馆、关中民俗艺术博物院、五台国际旅游小镇		城市文化体育休闲活动中心，建筑群落主要以多层为主，局部可出现高层、小高层建筑，整体体现开敞舒缓的建筑轮廓效果
	绿地公园类	曲江池-大唐芙蓉园、兴庆宫公园、南湖-寒窑遗址公园、木塔寺公园、汉城湖、地坛公园、奥林匹克公园、终南山世界地质公园、骊山国家风景名胜区、楼观台风景名胜区、辋川风景名胜区、汤峪风景名胜区、翠华山国家地质公园、横桥公园、浐灞湿地公园、泾渭湿地公园、沣渭湿地公园、农耕文化园、白鹿原郊野公园、秦岭珍稀植物展示园		管控要求以相关保护规划为准，主要以开敞空间为主，公园或遗址内不允许建设高层建筑和与遗址区风貌不符的建筑物及构筑物，允许少量低层景观建筑或构筑物建设

来源：周文林整理。

5.2.6 城市天际线

城市天际线是城市建筑群、自然环境与天空交界构成的轮廓线，是城市形象和内涵彰显的重要空间载体。城市周围的山体林木形成的天际线可称为自然天际线，体现城市外围自然环境特色；建筑群构成的天际线称为人工天际线，人工天际线应尊重自然并与自然山水协调配合，共同构成富有城市特色的天际轮廓。北京颐和园、杭州西湖天际线体现了古代山水营城的思想。中国香港维多利亚港、巴黎拉德芳斯、纽约曼哈顿、上海陆家嘴等天际线是现代城市天际线的代表，体现了城市经济和社会发展水平。

1. 现状问题

西安天际线现状问题主要有以下三点：

一是重要历史标志、黄土台塬的天际轮廓线被现代城市建设打破。

二是新区建设缺乏具有西安气质和形象的天际线。

三是城市天际线缺乏整体性的设计和管控，建筑群体界面连续性强，透视率低，不利于景观的渗透，建筑群体变化呈现单调、层次不清的状态（图5-2-33）。

记忆中的天际线

现实中的天际线

图5-2-33 大雁塔天际线的现状

2．塑造原则

西安城市天际线塑造应遵循以下三大原则：

（1）文化彰显原则。天际线往往可以成为城市的重要形象标志和名片，因而应与城市气质和地域特色相符合，避免千城一面。

（2）显山露水原则。天际线的营建应做到显山露水，保护自然天际线且与之协调，做到人工与自然天际线不冲突。

（3）和谐适宜原则。天际线营造应具有丰富的层次和变化关系，凸显地标建筑，但要考虑所在区域整体文化与空间氛围，形成虚实得当的起伏变化，确立统一的整体序列。

3．构建策略

依托具有重要影响力且具有高度的标志节点，结合相关规划及人流密集区域确立适当的观察点，优化提升现状景观较好的天际线，形成特级和一级两大层次的城市天际线。

天际线塑造与管控分为保护、提升、新建三大策略。保护现状形象和空间品质俱佳的天际线，如世园会天际线，确定天际线视域控制区，严格控制视域内开发方式与强度；提升具有一定美学和文化价值且有可塑性的天际线，如高新区天际线，突出统领性标志建筑，塑造丰富轮廓，体现蓬勃的现代都市气息；新建彰显西安新形象的天际线，如泾河新城中心天际轮廓线（图5-2-34，表5-2-27）。

表5-2-27 重要天际线要素汇总表

等级	特级	一级
天际线	大雁塔-秦岭天际线、明城墙天际线、大唐芙蓉园天际线、长安塔天际线、汉帝陵天际线、白鹿原-秦岭天际线、高新商务中心天际线、泾河新城中心天际线	大明宫广场、直城门丝路起点广场、火车站广场、高铁站广场、钟鼓楼广场、南门广场、张家堡广场、大唐华清城广场、昆明池-周秦汉唐主题城、秦始皇陵-骊山、大西安环线、绕城高速、二环、三环、长安路、朱雀路、解放路-雁塔路、东西大街、唐延路、幸福路、渭河、灞河、沣河、泾河

来源：李晨整理。

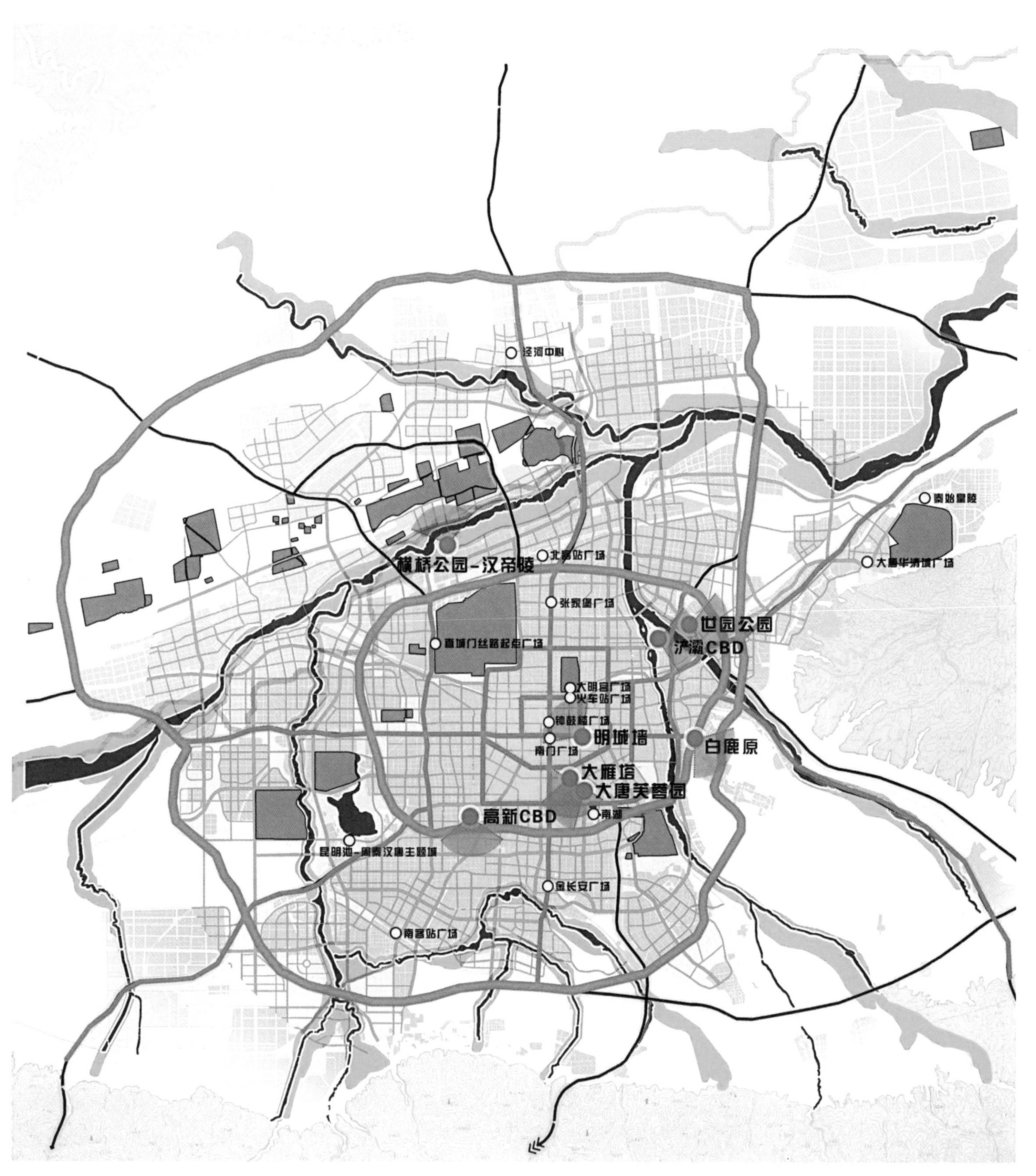

图5-2-34 西安天际线体系构建图（来源：李晨绘制）

4．控导体系

对天际线实行分类、分级控制引导。首先按照类型将天际线分为节点型天际线和通道型天际线两大类。

节点型天际线主要适用于中央商务区、门户广场、城市公园等。控制要点包括高度、截面通透性、层次性与韵律性以及标志建筑与群体性建筑的风格类型。广场外围建筑高度与视点到建筑的距离之比宜为1/3～1；外围建筑界面需要保持一定的通透性，从而将远处山水以及城市景观渗透进来，丰富界面层次；广场外围标志性建筑统领整个视线，形成统一变化的天际轮廓线；广场外围建筑风格应符合广场属性（表5-2-28，图5-2-35、图5-2-36）。

表5-2-28 重要节点型天际线控制一览表

天际线	气质特征	控制要求
大雁塔-秦岭天际线	端庄、开阔	（1）凸显大雁塔的核心地位，近景建筑群高度低于大雁塔，背景建筑以大雁塔为核心，高度向两侧逐步递减；（2）建筑界面的控制应表现连续性，并强调建筑界面的通透性，保证视线的穿透与延伸，防止形成一排封闭感很强的"实体界面"；（3）观景点与大雁塔及电视塔之间的视线不被遮挡；（4）近景区域内建筑屋顶以传统坡屋顶为主，与大雁塔形态呼应，远景区域建筑屋顶形式所受限制较弱
大唐芙蓉园天际线	舒展开朗、起承转合	（1）建筑界面的控制应表现连续性，并强调建筑界面的通透性，保证视线的穿透与延伸，防止形成一排封闭感很强的"实体界面"；（2）远景避免出现过高的建筑；（3）观景点与紫云楼、望春阁等的视线不被遮挡
长安塔天际线	与自然融合	（1）保持景观层次的纯净，视域内不被破坏；（2）凸显长安塔的核心地位，周围严格控制建设；（3）观景点与长安塔之间的视线不被遮挡；（4）近景区域内避免建设
泾河新城中心天际线	未来气息、欣欣向荣	（1）当临水地块面宽超过180m时须预留25m宽度的景观视廊。地块临水面宽超过360m时，强制性的景观视廊应为2条；（2）可通过标志性超高层建筑作为天际线制高点，统领全局，周边有适当的过渡性超高层建筑群簇拥，构成城市景观的标志性区域，强化中轴龙脉格局；（3）观景点与泾河中心之间的视线不被遮挡；（4）地标性建筑应考虑西安龙脉中轴线的历史文化内涵，体现地域特征
高新区天际线	时代气息、欣欣向荣	（1）沿唐延路两侧建筑控低，丰富建筑景观层次；（2）凸显高层区的标志作用，以标志建筑统领视线；（3）观景点标志建筑之间的视线不被遮挡

来源：李晨整理。

图5-2-35 长安塔天际线（来源：李晨摄）

图5-2-36 泾河新城中心天际线意向图（来源：西安建大城市规划设计研究院敬博团队）

GUCCI
ChristianDior
GIORGIO ARMANI

通道型天际线适用于重要交通廊道、河道与城市绿带，主要控制要素包括段落划分、透视率、层次性与标志性。原则上根据不同线性段落的空间形象差异，进行段落主题划分，并依据主题进行控制引导；重要道路和河道两侧建筑应保持较高的透视率。河道两侧避免大体量建筑，留出足够的视线通廊和风道，以保证水域与陆地景观和自然风的融合；建筑高度应为阶梯后退模式，以增强建筑景观的层次性，凸显标志性建筑（表5-2-29，图5-2-37）。

表5-2-29 重要通道型天际线控制一览表

天际线	气质特征	控制要求
白鹿原-秦岭天际线	苍茫、舒朗	（1）控制视域内景观层次，近、中、远景均应保持一致的起伏节奏； （2）白鹿原保护区：严格控制开发建设，保持低密度，以低层建筑为主，原则上不应出现高层建筑，建筑群体应顺应白鹿原塬面的平整开阔特征，建筑体量不宜过大。前景控制区：严格控制开发密度，以中低层建筑为主，视线范围内建筑高度不应超过塬面视线高度80%，建筑群体顺应塬面平整开阔特征，避免连续性界面； （3）保证高速路与白鹿原之间有足够的通透率，避免连续性界面阻挡视线； （4）建筑风格与色彩应与自然环境协调。塬坡可种植景观性植被，丰富景观层次
明城墙天际线	典雅、厚重	（1）视域内禁止出现其他元素，保持层次的清晰； （2）城墙内建筑高度符合相关要求，应控制在视线范围以下； （3）观景点与城墙之间的视线不被遮挡
五陵塬天际线	沉稳、厚重	（1）控制视域内景观层次，近、中、远景均应保持平稳舒缓的节奏； （2）严格控制开发建设，顺应五陵塬塬面的平整开阔特征，禁止出现高层建筑和大体量建筑； （3）保证渭河与五陵塬之间有足够的农田开敞空间； （4）关中民居建筑形式，色彩为土黄、灰，可以白色点缀

来源：李晨整理。

图5-2-37 白鹿原-秦岭天际线

5.2.7 视线通廊

本次确定的视线通廊主要针对点到点形成的视廊。其中明城内视廊主要控制视廊宽度及两侧的建筑风貌；明城外视廊除控制宽度及两侧建筑风貌外，通过控制视线近景区的建筑高度，引导中远景形成层次丰富的天际线（图5-2-38）。

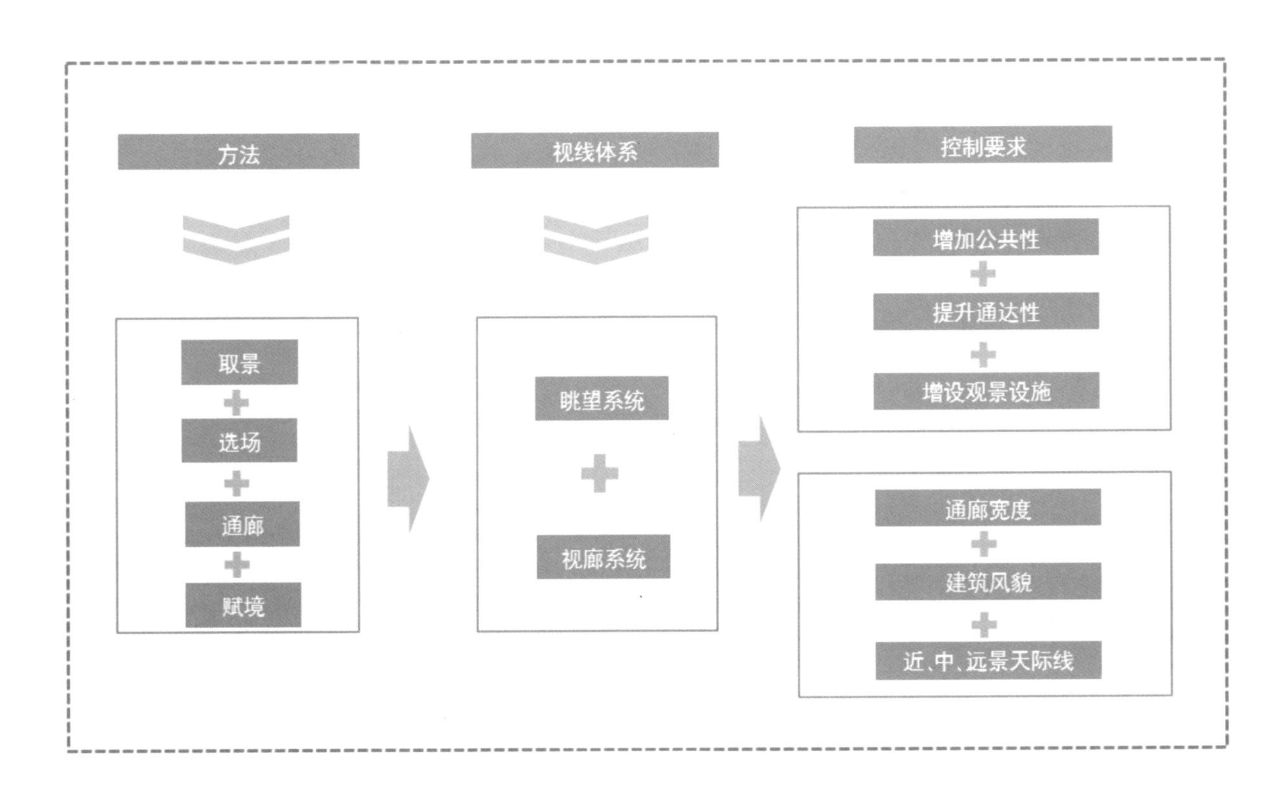

图5-2-38 视线体系框架图（来源：舒美荣绘制）

1. 眺望系统——一城十处眺望景点

在整体上构建十处城市级眺望点，形成半径约为12km的城区全覆盖眺望系统；从高视点总览感知西安城市风貌和山水格局（图5-2-39，表5-2-30）。

表5-2-30 眺望点汇总表

类型	数量	名称	控制要点
自然生态类	4个	子午谷、神禾塬、白鹿原、骊山	增加相应的观景设施，便于形成良好的眺望效果
高层建筑类	3个	高新区CBD、泾河中心、欧亚经济论坛	注重建筑的公共性、景观性、通达性，并增设相应的观景设施
历史古建类	2个	钟楼、大雁塔	增加观景设施，注意周边建筑的天际线控制和透视率，强化空间开敞与视线通透
构筑物类	1个	电视塔	注意周边建筑高度的控制，形成优美的天际线；加强周边建筑风貌控制，利于形成良好的眺望景观

来源：舒美荣整理。

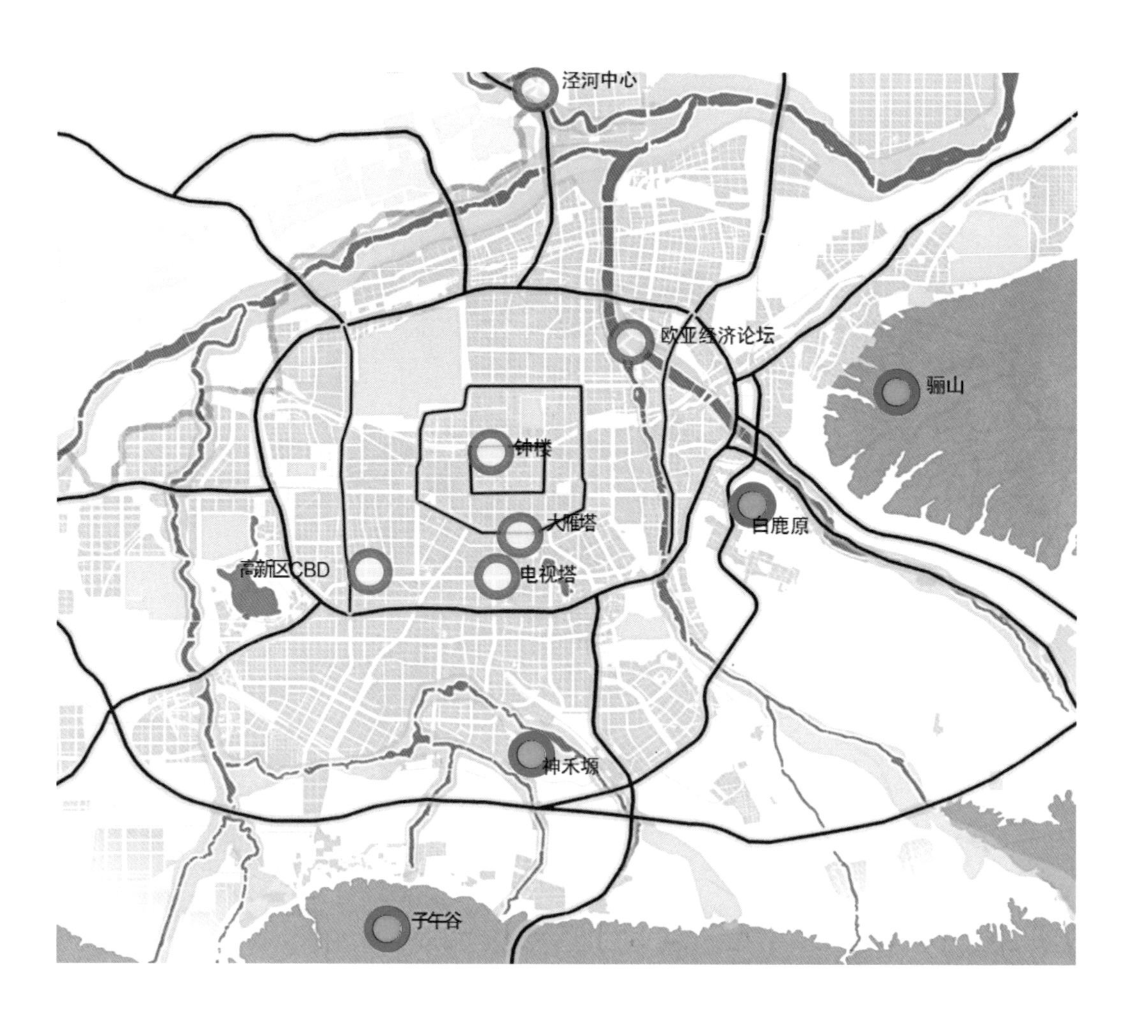

图5-2-39 眺望点分布图（来源：舒美荣绘制）

2．视廊系统——两条望城视线通廊、两条观山视线通廊、十条重点文物古迹视线通廊

确定视线通廊的原则：一是秉承历史文化名城保护条例形成的文物古迹视线格局；二是增加明城墙外围国家级文保单位之间的沟通关系；三是强化城市和外围山体及外围山塬的视线关系。

控制视线通廊的方法：人用肉眼感知景点，300m内可以感知到单栋建筑的细部，1500m内可以感知城市概观轮廓。因此以景点为核心，划分为：近景区（500m范围内）、中景区（900m范围内）、远景区（1000m范围内），形成近景、中景、远景、轮廓控制区四个层次。分别对南门、大雁塔、青龙寺、香积寺、华严寺、兴教寺、大唐芙蓉园（紫云楼）进行视线分析，以其为中心，按照500m、900m、1500m的半径画圆向周边辐射（图5-2-40，表5-2-31）。

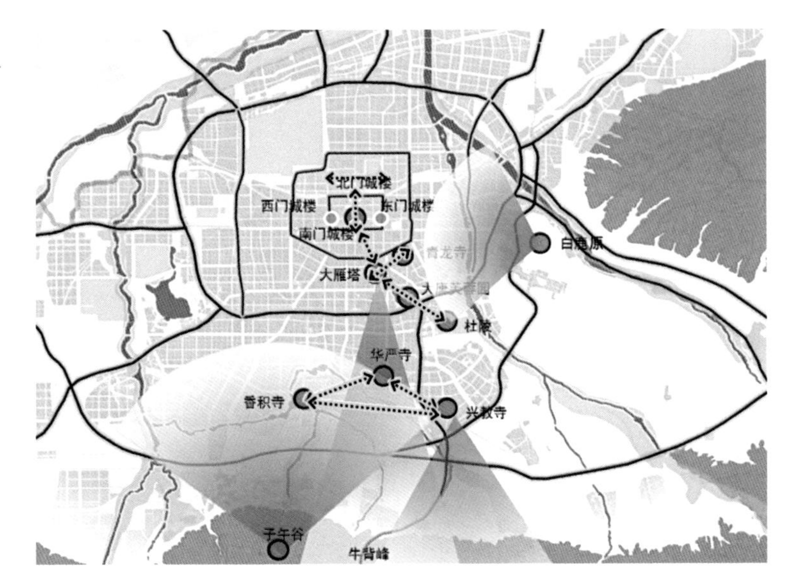

图 5-2-40 视线通廊分布图（来源：舒美荣绘制）

表5-2-31 视廊控制一览表（观山望城）

类型	视点	视景	视廊	控制要点
观山视线通廊	大雁塔（64m）	南山	大雁塔—牛背峰（海拔2802m）	（1）依托雁塔南路道路通道，控制视廊宽度为100m，并控制视廊内建筑高度，保证秦岭主山峰1/3或1/2山体不被遮挡； （2）控制雁塔南路和秦岭之间建设区的建筑高度，保证看山视线通透； （3）在片区城市设计中，涉及此视线通廊的区域，须对视廊两侧建筑高度进行论证研究； （4）大雁塔近中景区（900m范围内）的建筑风格、色彩、材质、造型、标识须协调统一，有较好的视觉景观
	兴教寺	南山	兴教寺—南山	（1）保证120°视域范围内无遮挡看南山的障碍物； （2）保持视域范围内起伏的地貌特征，营造良好的山塬景观； （3）增设观景设施，保证设施的公共性、通达性、景观性
望城视线通廊	白鹿原	城市	白鹿原—城市	（1）控制120°视域范围内视线开阔舒朗，近景区严禁出现高层建筑群遮挡视线，并避免出现不协调建筑； （2）重视白鹿原看城市的界面，避免墙体式建设，营造高低错落，起伏有序的天际线；建筑风貌规整有序、避免出现色彩过于跳跃的不协调建筑； （3）打造白鹿原观景平台，增强通达性、景观性、公共性；增加观景设施
	子午谷	城市	子午谷—城市	（1）控制120°视域范围内视线开阔舒朗，近景区严禁出现高层建筑群遮挡视线，并避免出现不协调建筑； （2）重视子午谷看城市的界面，避免墙体式建设，营造高低错落、起伏有序的天际线；建筑风貌规整有序，避免出现色彩过于跳跃的不协调建筑； （3）打造子午谷观景平台，增强通达性、景观性、公共性；增加观景设施

来源：舒美荣整理。

除控制视廊的宽度、建筑风貌外，在片区城市设计中还须考虑近景区的建筑风貌、建筑高度，中远景区天际线等，避免墙体式建设及不协调的建筑风貌。西安明城墙内外作为视线廊道控制引导的重点区域，须分别对名城内、名城外提出不同侧重的视廊控制要求，具体内容见表5-2-32、表5-2-33。

表5-2-32 视廊控制一览表（明城内重点文物古迹视线通廊）

类型	视点	视景	视廊	控制要点
重点文物古迹视线通廊	钟楼（36m）	东门城楼	钟楼—东门城楼	（1）依托东大街道路红线宽度，视廊宽度控制为50m，长度控制为2.2km，通廊内建筑高度不得超过9m；（2）控制视廊两侧各20m范围内建筑高度不得超过12m，保证城楼轮廓可见；（3）通廊内的建筑风格、色彩、材质、造型、标识须协调统一，有较好的视觉景观；（4）在东门城楼和钟楼相视的视域范围内，宜形成优美的天际线和规整有序、古朴自然的古城建筑立面风貌；（5）对妨碍视线的广告牌、小品等进行整治；（6）沿街建设注重开敞度和透视率，避免墙体式建设
				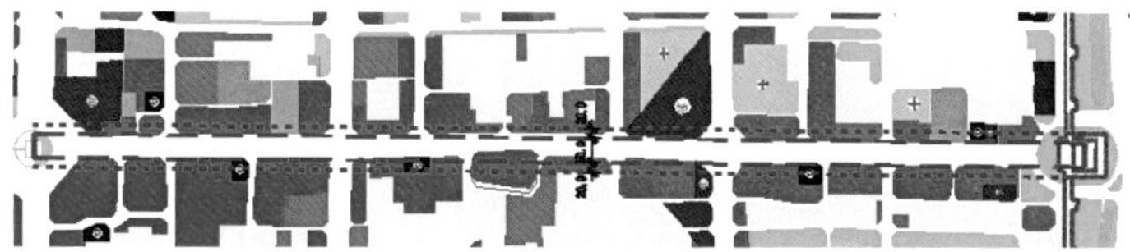
重点文物古迹视线通廊	钟楼（36m）	西门城楼	钟楼—西门城楼	（1）依据西大街道路红线宽度，视廊宽度控制为50m，长度控制为2km，视廊内建筑高度不得超过9m；（2）控制视廊两侧各20m范围内建筑高度不得超过12m，保证城楼轮廓可见；（3）通廊内的建筑风格、色彩、材质、造型、标识须协调统一，有较好的视觉景观；（4）在西门城楼和钟楼相视的视域范围内，宜形成优美的天际线和规整有序、古朴自然的古城建筑立面风貌；（5）对妨碍视线的广告牌、小品等进行整治；（6）沿街建设注重开敞度和透视率，避免墙体式建设
				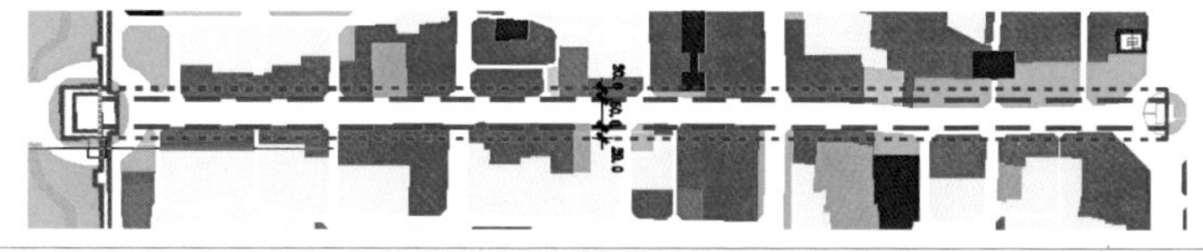
重点文物古迹视线通廊	钟楼（36m）	南门城楼	钟楼—南门城楼	（1）依据南大街道路红线宽度，视廊宽度控制为60m，长度控制为900m；（2）控制视廊两侧各20m范围内建筑高度不得超过12m，保证城楼轮廓可见；（3）通廊内的建筑风格、色彩、材质、造型、标识须协调统一，有较好的视觉景观；（4）在南门城楼和钟楼相视的视域范围内，宜形成优美的天际线和规整有序、古朴自然的古城建筑立面风貌；（5）对妨碍视线的广告牌、小品等进行整治；（6）沿街建设注重开敞度和透视率，避免墙体式建设
				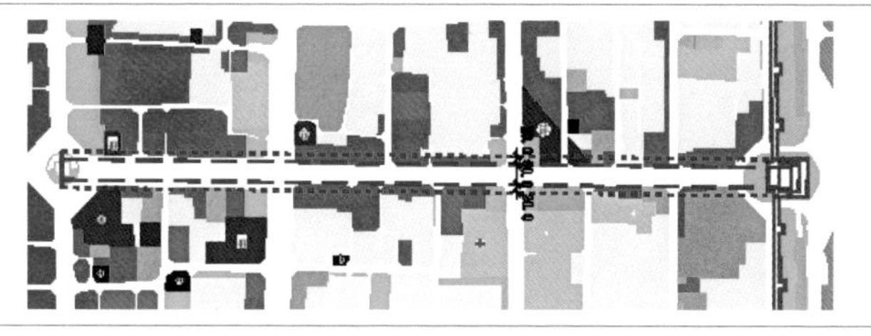
重点文物古迹视线通廊	钟楼（36m）	北门城楼	钟楼—北门城楼	（1）依据北大街道路红线宽度，视廊宽度控制为50m，长度控制为1.8km；（2）控制视廊两侧各20m范围内建筑高度不得超过12m，保证城楼轮廓可见；（3）通廊内的建筑风格、色彩、材质、造型、标识须协调统一，有较好的视觉景观；（4）在北门城楼和钟楼相视的视域范围内，宜形成优美的天际线和规整有序、古朴自然的古城建筑立面风貌；（5）对妨碍视线的广告牌、小品等进行整治；（6）沿街建设注重开敞度和透视率，避免墙体式建设
				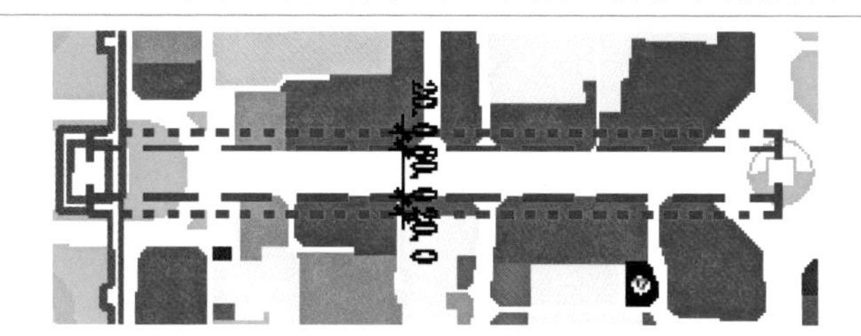

来源：舒美荣整理。

表5-2-33 视廊控制一览表（明城外重点文物古迹视线通廊）

类型	视点	视景	视廊	控制要点
重点文物古迹视线通廊	南门城楼（12m）	大雁塔	南门城楼—大雁塔	（1）通廊宽度控制为100m；（2）以南门城楼为核心，控制500m为近景区，在120°视域范围内大雁塔视线方向，禁止出现阻碍视线的建筑，中远景建筑高度呈阶梯状增加；（3）通廊内的建筑风貌协调统一，有较好的天际线，避免墙体式建设
	大雁塔（64m）	青龙寺	大雁塔—青龙寺	（1）通廊宽度控制为100m；（2）以大雁塔为核心，控制500m为视线近景区，在120°视域范围内青龙寺视线方向禁止出现阻碍视线的建筑，中远景区建筑呈阶梯状增加；（3）通廊内的建筑风貌协调统一，有较好的天际线，避免墙体式建设
		杜陵	大雁塔— 大唐芙蓉园（紫云楼）（39m）— 杜陵	（1）通廊宽度控制为100m；（2）以大雁塔为核心，控制300m为视线近景区，在视域120°范围内杜陵视线方向禁止出现阻碍视线的建筑，中远景区建筑高度呈阶梯状增加；（3）通廊内的建筑风貌协调统一，有较好的天际线，避免墙体式建设
	青龙寺	东门城楼	青龙寺—东门城楼	（1）通廊宽度控制为100m；（2）以青龙寺围墙线为核心，控制500m为近景区，在视域120°范围内东门视线方向禁止出现阻碍视线的建筑；（3）通廊内的建筑风貌协调统一，有较好的天际线，避免墙体式建设
	香积寺	华严寺	香积寺—华严寺	（1）通廊宽度控制为100m；（2）以香积寺围墙线为核心，控制500m为近景区，在视域120°范围内华严寺视线方向禁止出现阻碍视线的建筑；（3）通廊内的建筑风貌协调统一，有较好的天际线，避免墙体式建设
	兴教寺	华严寺	兴教寺—华严寺	（1）通廊宽度控制为100m；（2）以兴教寺围墙线为核心，控制500m为近景区，在120°视域范围内华严寺视线方向禁止出现阻碍视线的建筑；（3）通廊内的建筑风貌协调统一，有较好的天际线，避免墙体式建设

来源：舒美荣整理。

5.2.8 建筑风格

城市形象所反映出的空间气质与场所精神是城市吸引力的重要来源。从物质空间层面看，城市建筑承载着人们的行为活动，展现着欣欣向荣的城市活力，并影响着城市社会经济文化的发展。梁思成先生曾讲过："不同民族的生活习惯和文化传统又赋予建筑以民族性，它是社会生活的反映，它的形象往往会引起人们情感上的反映。"可以说，一座城市的建筑形象风貌是城市精神气质的直接反映，是城市整体特色的鲜明表征。

1．建筑风格总体定位

西安作为历史底蕴深厚又兼具新时代精神的国际化大都市，必然要以其海纳百川的气质体现出这片土地上深植的多元文化。基于该目标，西安城市建筑风格应通过多种方式，综合体现汉唐明清等传统风貌和时代特征等多重文化含义。

2．大西安建筑风格基因探寻

西安的城市建筑承载着深厚的历史文化，如何更好地传承文化精髓，需要发掘建筑环境潜在的文化基因。本研究试图通过对隐性基因与显性基因的探索达到这一目的。

隐性基因主要包括传统建筑的文化内涵、思想观念、传统智慧等，体现"天人合一、道法自然、包容谦和"等中国传统文化价值观。时代建筑的营造应继承传统建筑的隐性基因，体现传统建筑的精神气质和文化内涵，以达到气质神似的目标。

显性基因主要包括建筑空间组合、形态、尺度、装饰、材料、色彩等外在元素，体现中国传统建筑营造方法、技艺、材料等特征。时代建筑的营造在传承隐性基因的前提下，可以结合外部环境和功能需求，因地制宜地提出合理的风格定位，传承显性基因。如新唐风、新汉风等类型建筑，在满足现代功能的前提下，通过现代建筑材料营造具有传统建筑意韵的时代建筑，达到城市风貌的整体目标。

3. 大西安建筑风貌分类构建

根据基因的分类，结合区位、功能、时代要求等因素，将西安建筑风貌分为三种主要类型：融入符号的建筑风貌、传统建筑风貌和现代建筑风貌。

（1）融入符号的建筑风貌

传统符号包括形态、空间、色彩、材质、装饰、意韵等类型。形态符号是传统建筑代表性形态特征的凝练与提取。如官式建筑与民居不同的坡屋顶，中国传统建筑结构特有的斗栱与木框架形态等，通过凝练作为符号应用到现代建筑设计中，会构成具有传统意蕴的现代建筑。这类建筑既体现了西安传统文化氛围，又反映了较强的时代特征（图5-2-41）。

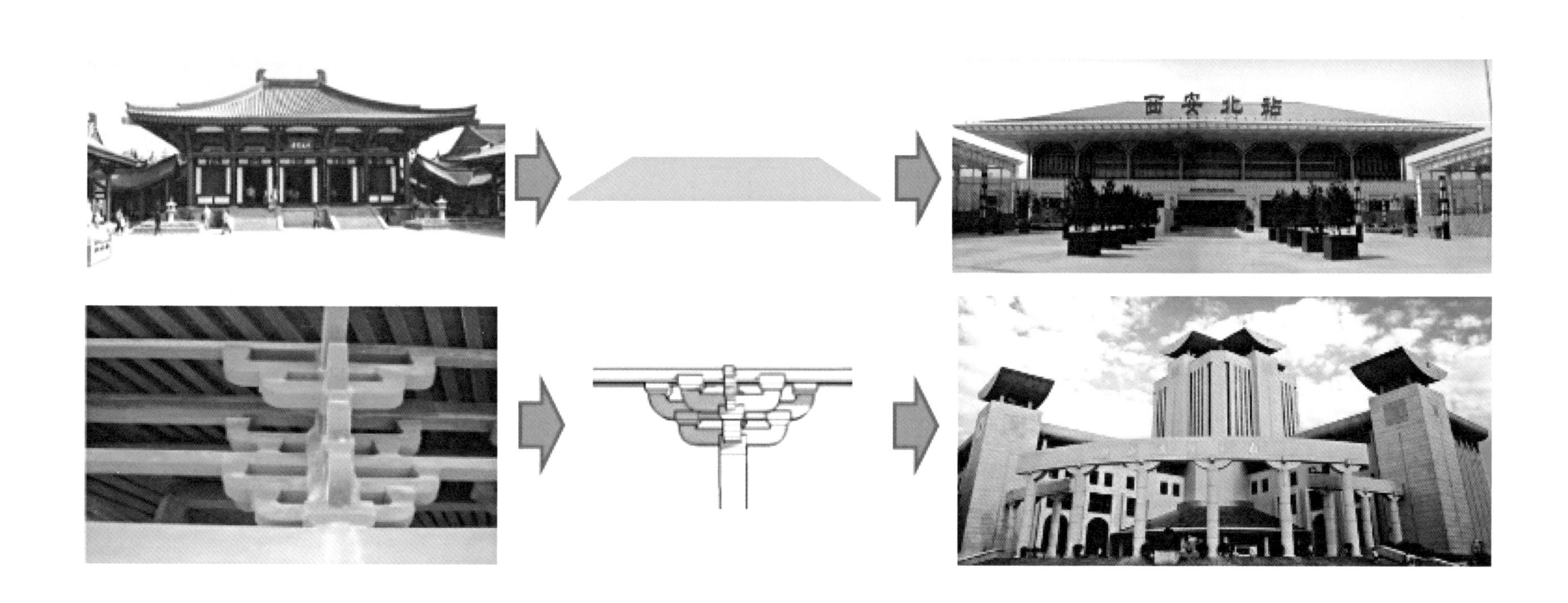

图5-2-41 建筑风格中的形态符号（来源：路江涛整理）

色彩符号是城市建筑的重要符号之一。对钟楼、鼓楼、明清传统民居、西安城墙等重要历史文化建筑的色彩进行提取，形成大西安城市建筑的主要色谱，即以灰色、土黄色和赭石色为主色调，以朱红色、青色、浅灰等为点缀色，运用到整体建筑色彩控制中（图5-2-42）。

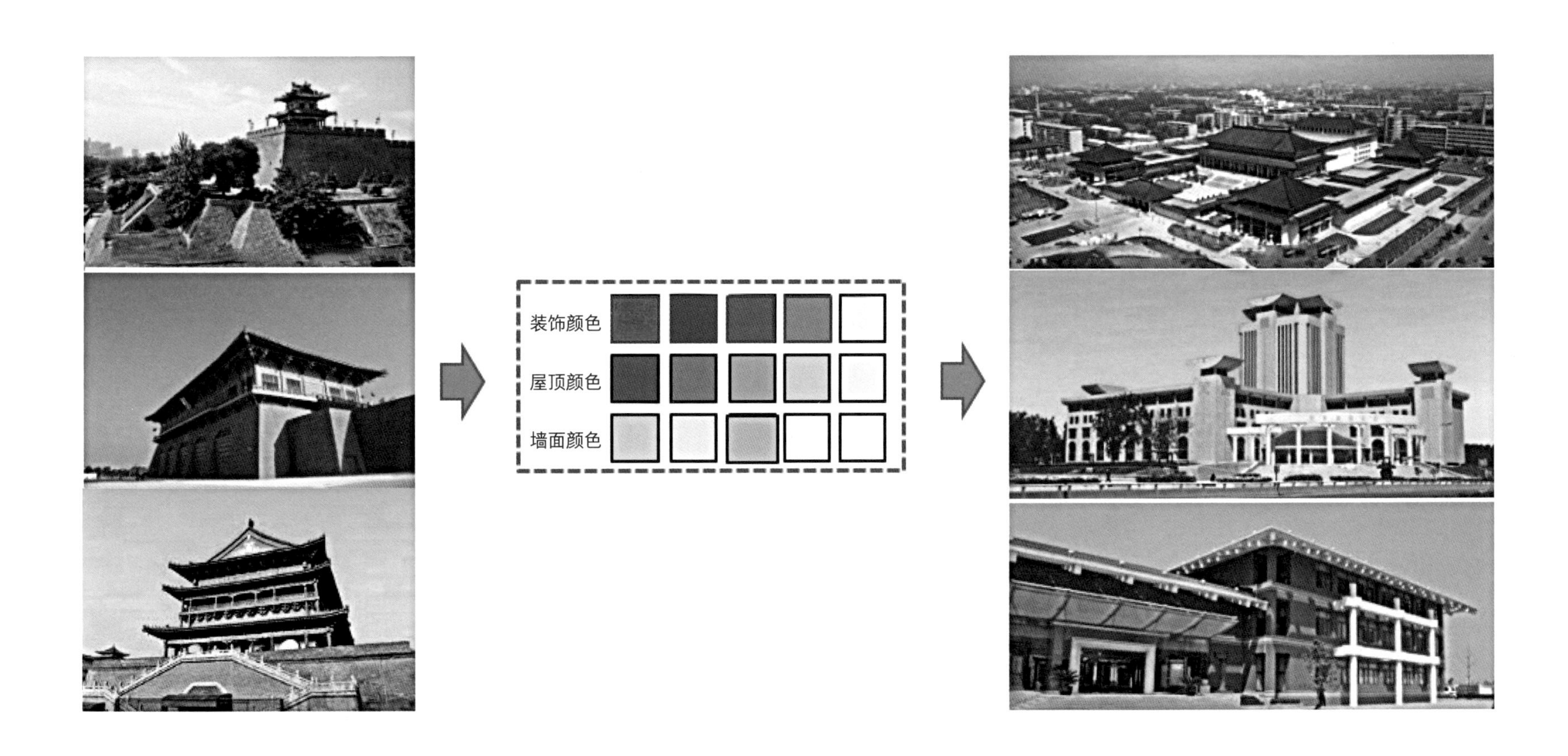

图5-2-42 建筑风格中的色彩符号（来源：路江涛整理）

材质也是重要的传统符号。西安传统建筑主要使用的材质有青砖、石材、白灰墙、灰瓦、黄土等，这几种材质的组合搭配形成了西安建筑雄浑深厚的风格特点，可在适宜类型建筑构建中结合现代功能、材料、工艺、环境等加以应用（图5-2-43）。

图5-2-43 建筑风格中的材质符号（来源：路江涛整理）

装饰符号的提取主要来源于西安历史建筑和民俗艺术等重要元素，包括方格、城墙、拱券、古建筑斗栱等（图5-2-44）。

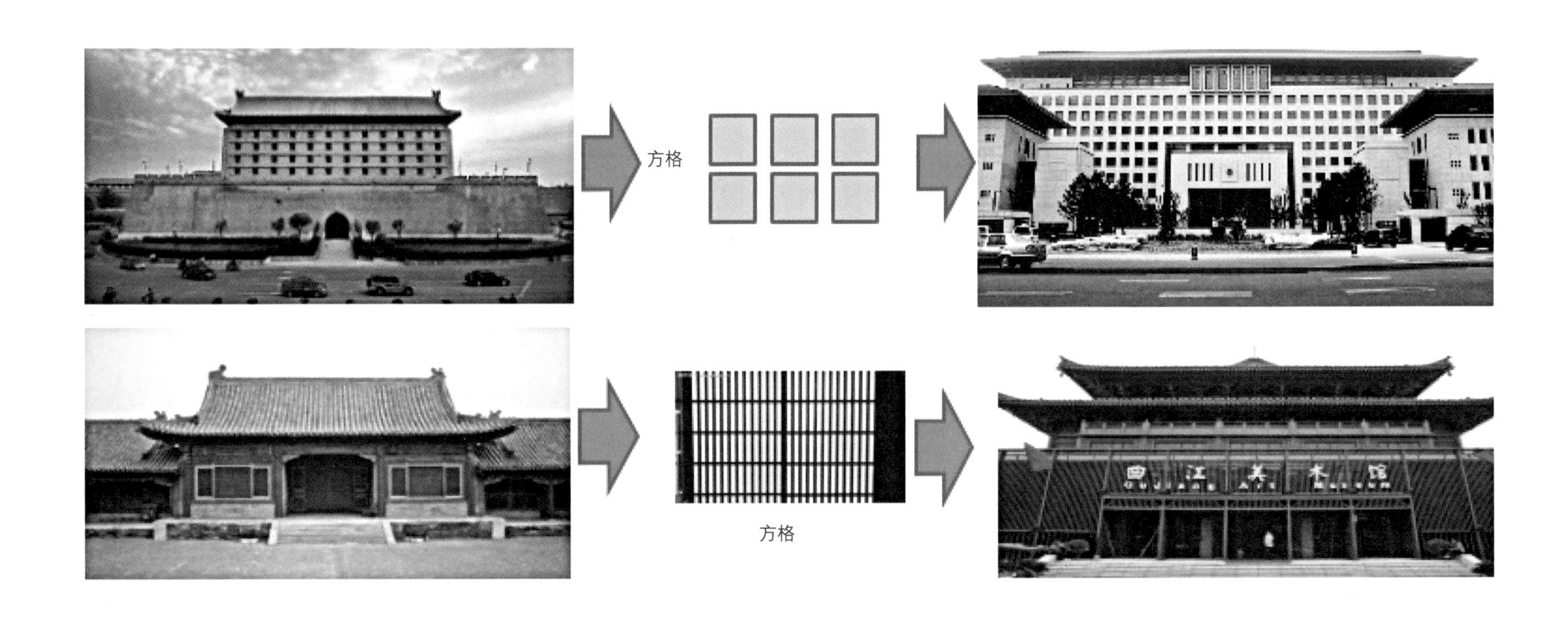

图5-2-44 建筑风格中的装饰符号（来源：路江涛整理）

（2）传统建筑风貌

西安拥有众多著名的大遗址，在大遗址及其周边根据历史文化保护规划等进行的历史建筑修复或相关建设往往采取更具传统建筑风貌的形式，从而获得更协调的整体氛围。这类传统风貌建筑目前更多采用唐代和明清建筑等形式，多应用于西安大遗址周边地带、历史文化街区、历史文物保护单位周边以及对历史文化氛围要求较高的区域（图5-2-45）。

先秦建筑风貌示意

秦风建筑风貌示意

汉风建筑风貌示意

唐风建筑风貌示意一

明清建筑风貌示意

唐风建筑风貌示意二

图5-2-45 典型传统风貌

（3）现代建筑风貌

现代建筑风貌是城市建筑的主要风貌类型，应运用现代材料与设计手法，体现西安城市建设的时代特征，但同样鼓励进行地域建筑韵味和城市气质与意韵的探索，这是有意义的挑战（图5-2-46）。

图5-2-46 现代建筑风貌（来源：西安市城市规划设计研究院提供）

4. 西安市建筑风貌区划引导

西安市中心城区的建筑风貌分为三大区：传统建筑风貌区、融入符号建筑风貌区和现代建筑风貌区，在未来对其加以引导塑造，并依此进行必要的管控。需要说明的是，各风貌分区的界面常常难以硬性划定，不同风貌建筑或出现多种融合穿插状态，如现代风貌区内可能由于文保单位或其他情形而存在传统风貌建筑。因此，风貌分区是为了管控整体需要进行的基本分区，具体情况要根据现实情况灵活处理（图5-2-47）。

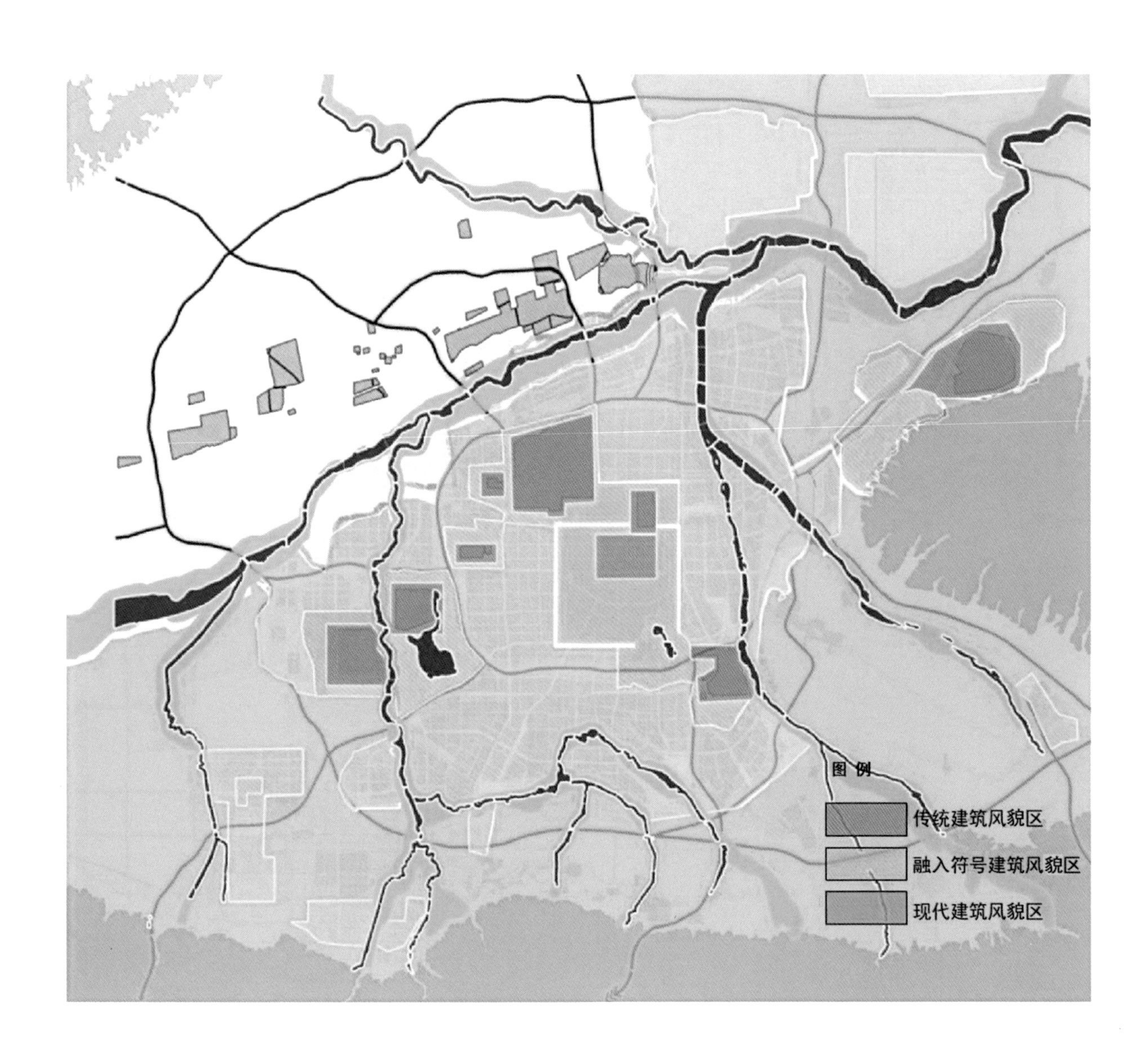

图5-2-47 西安建筑风貌区划分（来源：倪萌绘制）

5.2.9 城市色彩

1．技术路线

基于西安文化再认知、大西安空间艺术构架、总体风貌分区等，确定西安城市色彩分区，划定不同色彩分区的控制范围、管控要求、主体色彩以及对应控制板块。通过各个控制板块，将总体层面色彩控制要求落实到对应板块中，指导具体建设。

2．色彩分区

大西安中心城区的色彩体系划分为四大区：历史色彩区、现代色彩区、自然生态色彩区和风貌协调色彩区，针对四大色彩区分别提出总体性控制要求（图5-2-48～图5-2-52，表5-2-34～表5-2-37）。

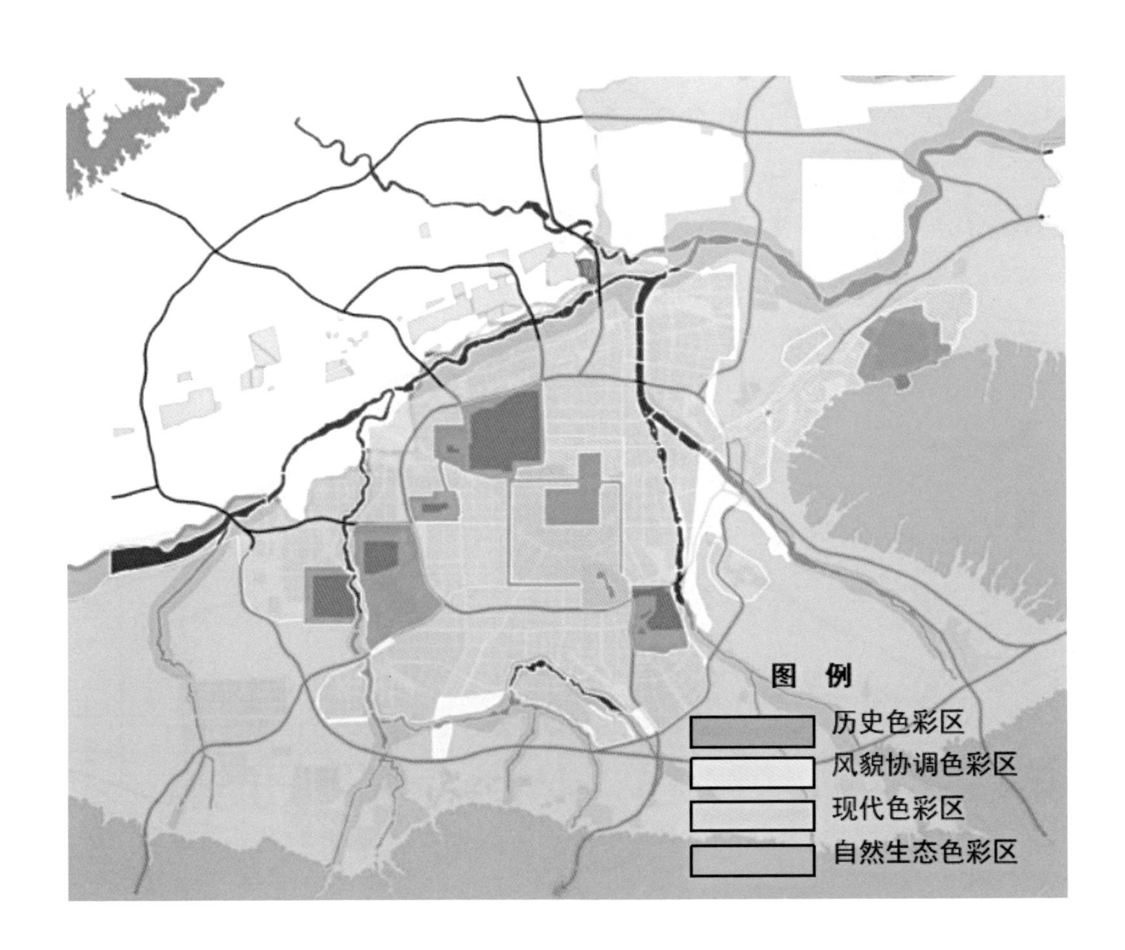

图5-2-48 总体色彩分区图（来源：倪萌绘制）

图5-2-49 历史色彩区分布图（来源：倪萌绘制）

表5-2-34 历史色彩区控制要求

控制分区	控制范围	控制要求	色样	控制板块
历史色彩区	历史遗迹及其建设控制地带、市级历史节点、重点片区（周丰京遗址、周镐京遗址、明清古城、秦始皇陵、杜陵遗址、隋唐长安城外郭城、阿房宫遗址、建章宫遗址、汉长安城遗址、唐大明宫遗址、昆明池遗址等）	建筑色彩以历史建筑为依据，体现沉稳、厚重的历史氛围	灰色、棕色	CZ-01，CZ-02，CZ-06，CZ-09，CZ-11，CZ-13，CZ-15（见图6-2-1）

来源：倪萌整理

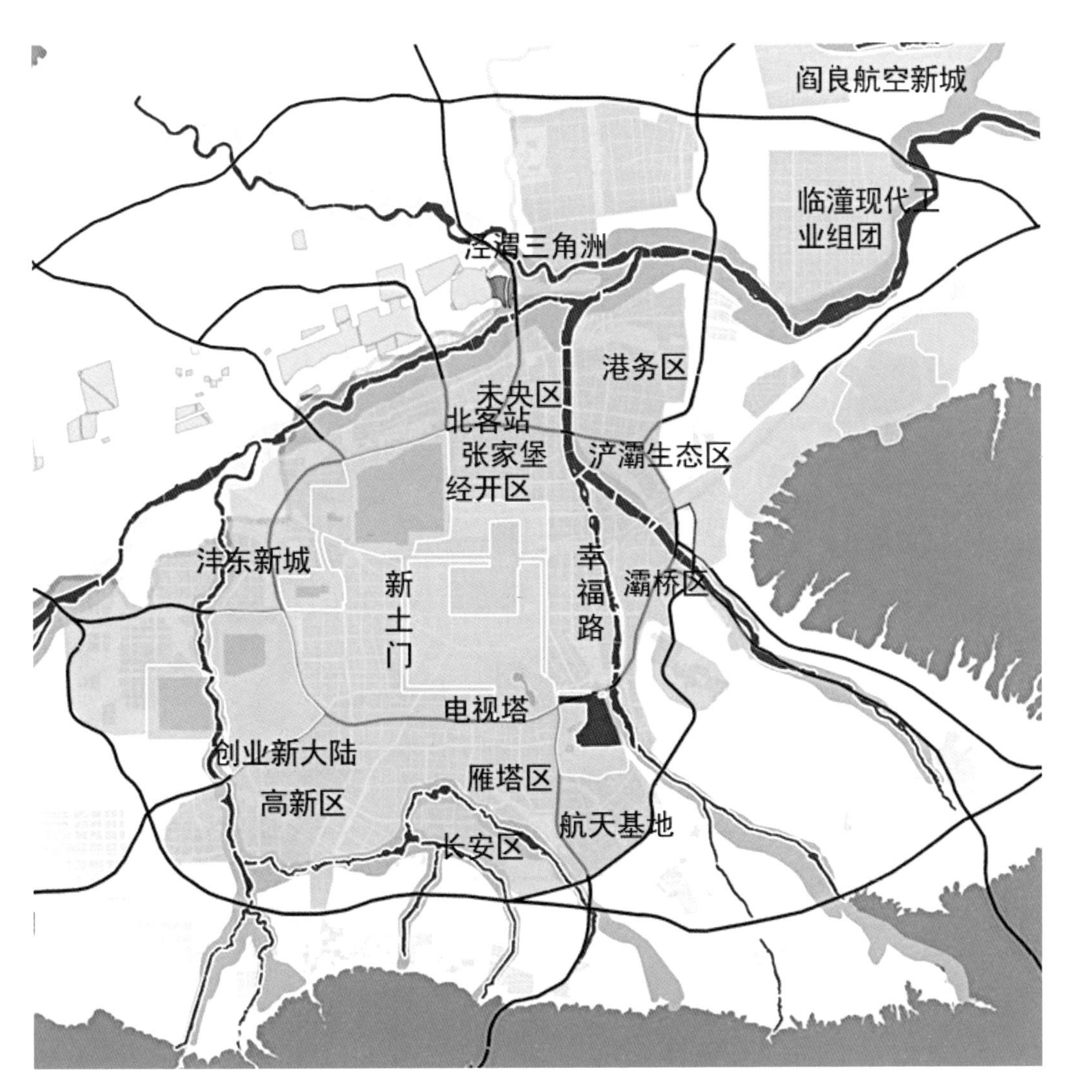

图5-2-50 现代色彩区分布图（来源：李薇绘制）

表5-2-35 现代色彩区控制要求

控制分区	控制范围	控制要求	色样	控制板块
现代色彩区	新土门、幸福路、张家堡、电视塔、北客站、创业新大陆、泾渭三角洲、阎良航空新城、临潼现代工业组团、港务区、浐灞生态区、灞桥区大部分建设区域、经开区、未央区大部分区域、高新区、航天基地、雁塔区部分建设区域、长安区大部分区域、沣东新城	建筑色彩体现时尚的色彩特征，彰显西安国际化大都市的现代城市风貌	灰色、土黄色、棕色	CZ-02，CZ-03，CZ-04，CZ-05，CZ-06，CZ-07，CZ-08，CZ-09，CZ-10，CZ-11，CZ-12，CZ-13，CZ-14，CZ-15（见图6-2-1）

来源：李薇整理。

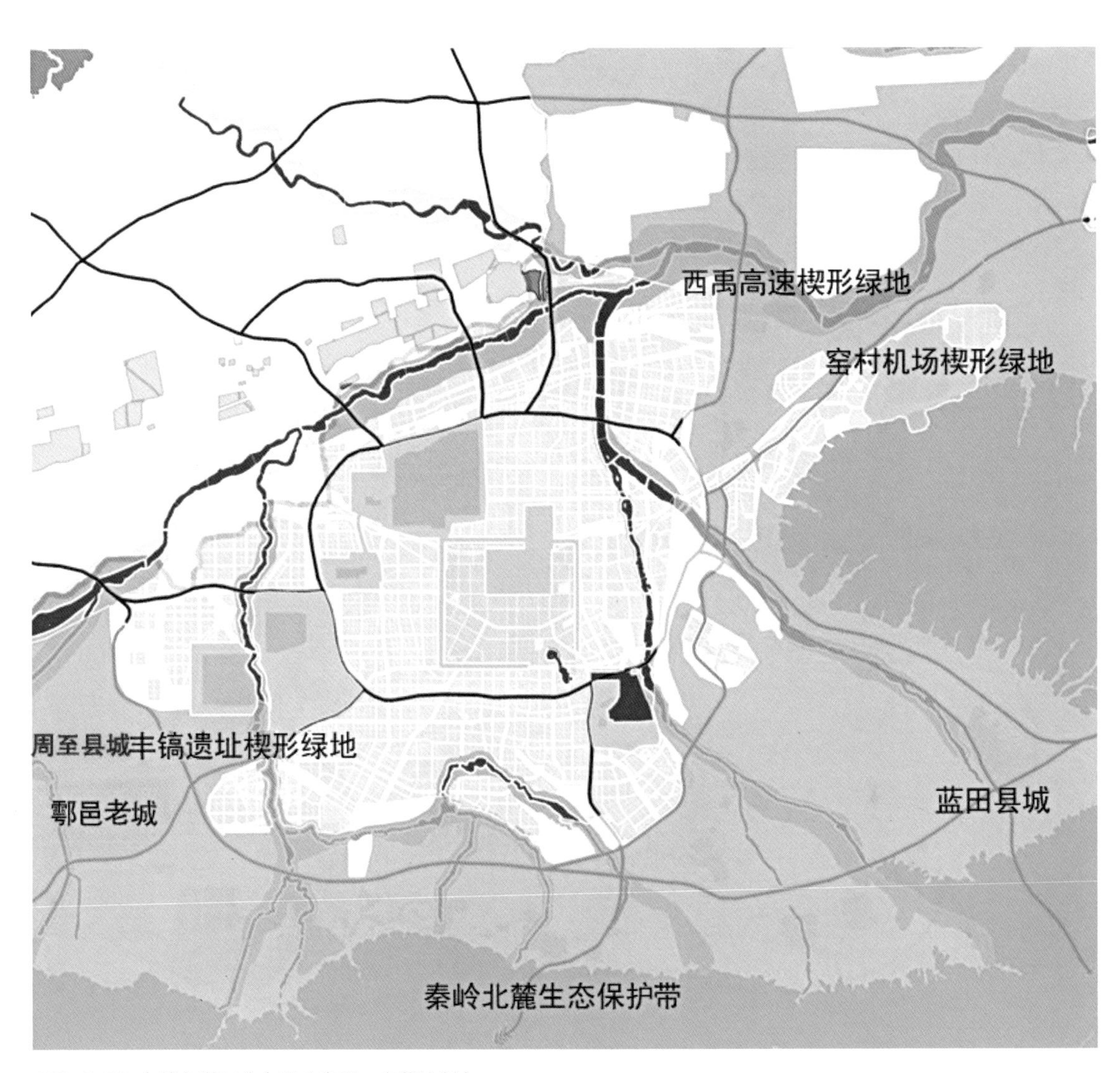

图5-2-51 自然色彩区分布图（来源：李薇绘制）

表5-2-36 自然生态色彩区控制要求

控制分区	控制范围	控制要求	色样	控制板块
自然生态色彩区	秦岭北麓生态保护带、窑村机场楔形绿地、西禹高速楔形绿地、丰镐遗址楔形绿地、鄠邑老城、周至县城、蓝田县城	建筑色彩与自然生态环境相协调	灰色、土黄色	ST-01，ST-02，ST-03，ST-04，ST-16，ST-17，ST-18，ST-19（见图6-2-1）

来源：李薇整理。

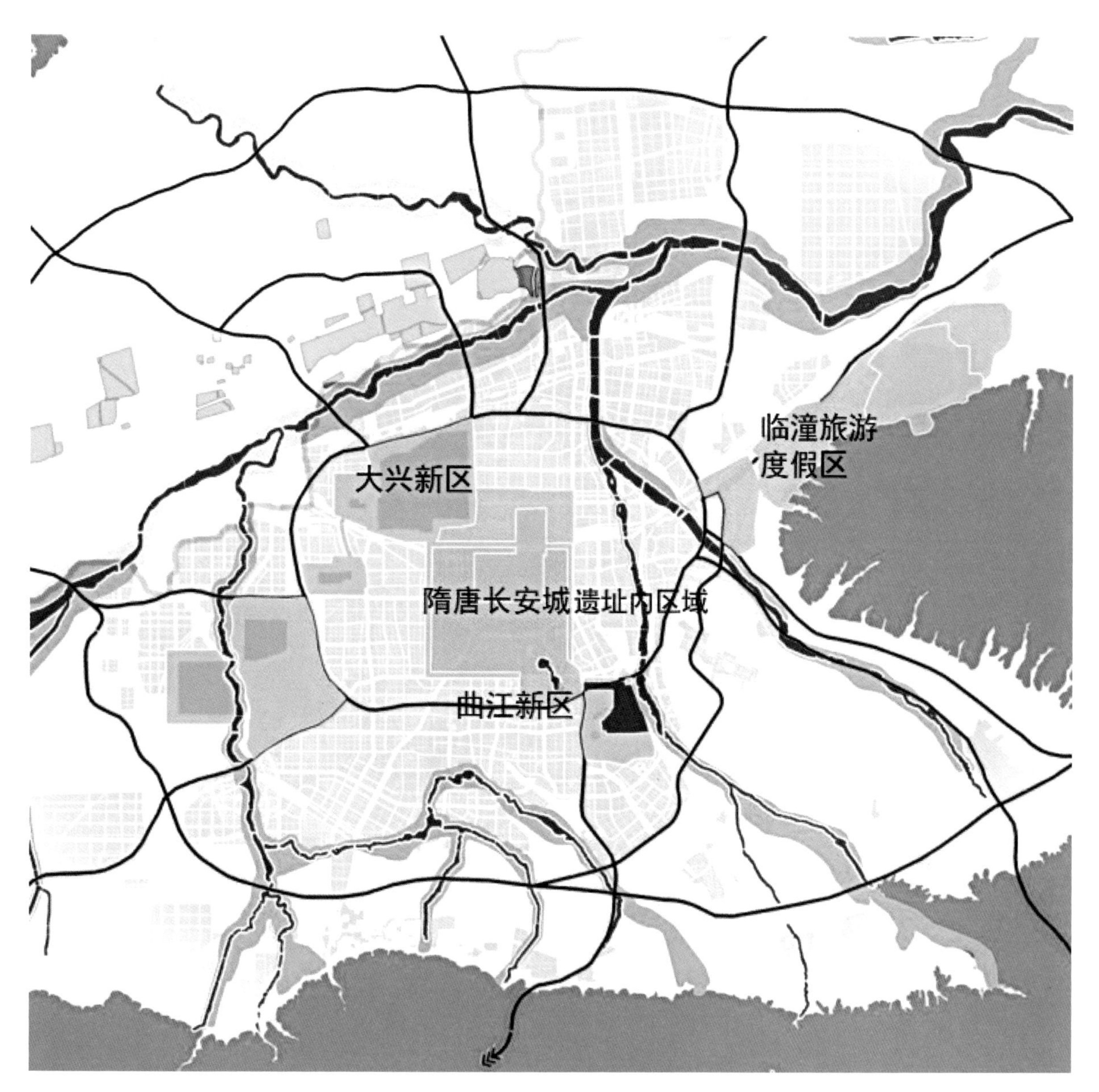

图5-2-52 风貌协调色彩区分布图（来源：李薇绘制）

表5-2-37 风貌协调色彩区控制要求

控制分区	控制范围	控制要求	色样	控制板块
风貌协调色彩区	历史遗迹周边协调区范围内区域（大兴新区、曲江新区、临潼旅游度假区、隋唐长安城遗址内区域）	建筑色彩彰显历史厚重感的同时添加现代色彩	灰色、土黄色、棕色	CZ-01，CZ-06，CZ-10，CZ-15

来源：李薇整理。

5.2.10 感知空间

1. 感知游线总体思路

西安城市空间的现状感知方式单一，以视觉感知为主，感知空间不成体系，风貌特色不够鲜明，缺乏有效的线路串接。本次研究首先确立了主题感知线路，通过对线路引导、等级划分与空间落定的具体把控，最终构建完整的感知游线体系。

2. 主题感知游线组织与具体落定

（1）主题感知游线

通过对西安城市空间的整合，筛选出主要的节点，制定了四大类主题感知游线：历史类、现代类、生态类、综合类。每条线路贯穿城市重要节点，将城市空间串联、整合，最终形成西安城市感知游线总体构架（表5-2-38）。

表5-2-38 西安城市感知游线总体构架

类型	线路名称	线路构成要素
历史类	都城遗址感知游线	大明宫–明城（钟鼓楼、城墙、永宁门、碑林、永兴坊等）–小雁塔–大兴善寺–大雁塔–曲江池–天坛–唐城墙遗址–明德门–木塔寺–昆明池–周秦汉唐主题城–周丰镐京遗址–阿房宫遗址–直城门丝路起点广场–汉长安遗址–汉城湖国学中心
	帝陵感知游线（一）	汉高帝长陵–汉安陵–元圣周公陵–姜子牙墓–周文王陵–成王陵–康王陵–周共王陵–五陵故园–五陵郊野公园–秦咸阳宫遗址
	帝陵感知游线（二）	秦陵地宫–兵马俑博物馆–唐德宗崇陵–唐敬宗庄陵–唐懿宗简陵–唐文宗章陵–唐中宗定陵–盘龙湾遗址–唐高祖献陵–唐顺宗丰陵–西魏文帝永陵–甘泉宫遗址–唐宣宗贞陵–唐太宗昭陵–汉高祖长陵
	古丝绸之路感知游线	横桥公园–直城门丝路起点广场–大唐西市–朱雀门异域休闲街区–青龙寺
现代类	现代丝路与科教感知游线	长安国家级丝路文化区–西安丝路国际会展中心–丝路国际风情街–世园公园–纺织城创意艺术产业区–大学城–韩国风情城
	西咸现代田园城市感知游线	沣渭湿地–沣西新城–科教创新港–科技统筹示范中心
	现代高端产业感知游线	泾河中心–阎良飞机城
生态类	南部生态休闲感知游线	秦岭珍稀植物园–白鹿原郊野公园–唐诗主题园–百花园–果林花卉景观区
	北部生态农耕文化感知游线	泾河中心–农耕文化园–郑国渠遗址–花海景观园–泾河
综合类	大西安综合感知游线	白鹿原郊野公园–花海景观园–上林苑郊野公园–五陵塬郊野公园–农耕文化园
	空中感知游线	浐灞湿地公园–骊山–渭河–阎良飞机城–嵯峨山–泾河中心–汉帝陵群–渭河中央公园–都城遗址带–终南山–唐曲江池–明城墙–唐大明宫遗址

来源：李晨整理.

（2）主题感知线路确定

串联各类主题感知游线中的具体节点，形成对西安城市空间的感知游线（图5-2-54），主要打造“一大环、十小环”的十一条主题感知游线，包括四条历史文化游线、两条生态休闲游线、三条现代都市游线和两条综合环线（图5-2-53）。

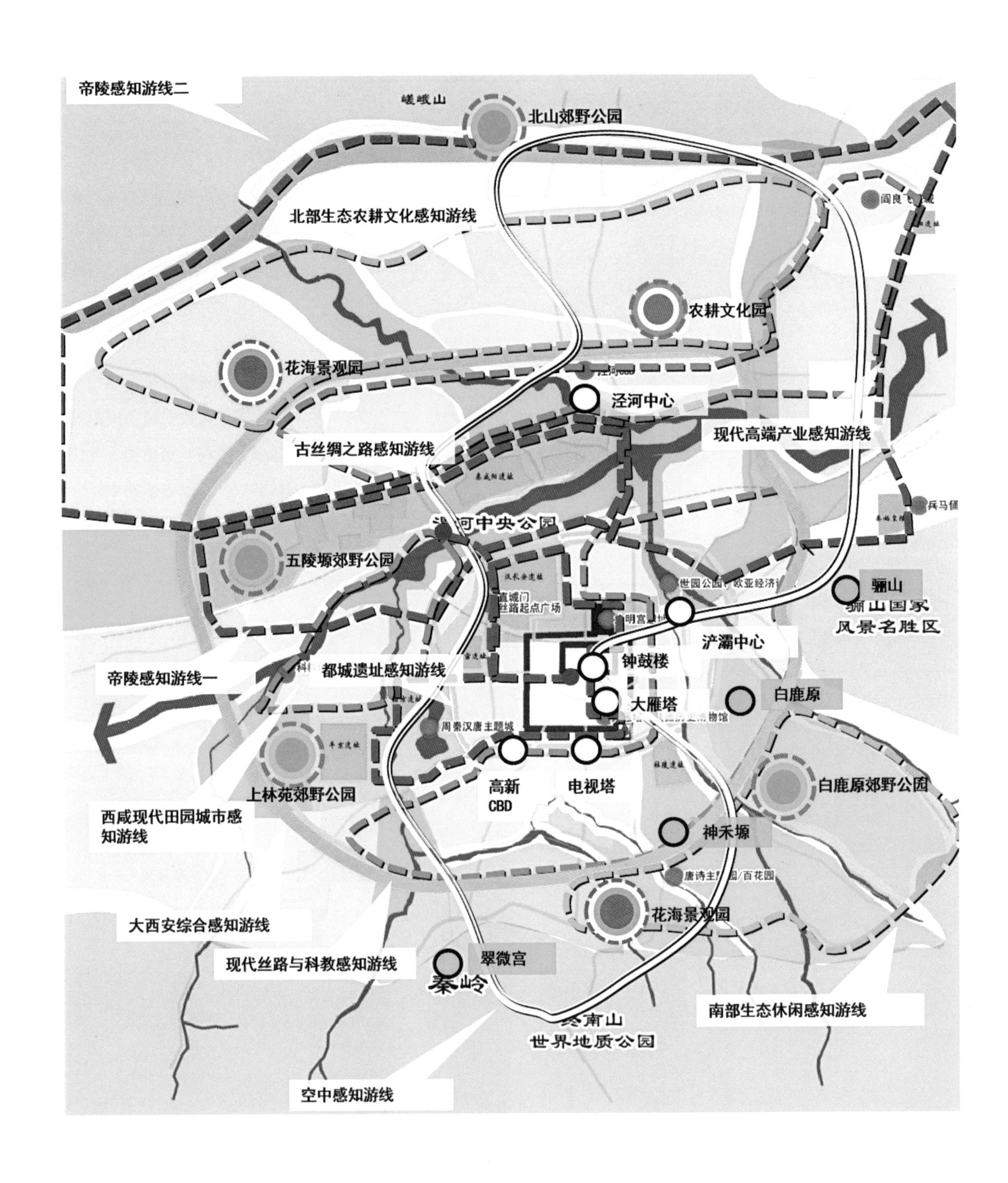

图5-2-53 西安城市空间感知游线（来源：李晨绘制）

3. 主题感知游线等级划分与道路落定

整合上述感知游线，划分感知游线等级（表5-2-39），主要确定特级与一级游线。其中特级游线在历史类、生态类、现代类、综合类各取一条，一级游线根据城市空间的节点重要程度进行划定。

表5-2-39 感知游线的等级

级别	线路名称	道路落定	类别
特级	都城遗址感知游线	西三环–天台路–西宝公路–连霍高速–沣京大道–京昆高速–丈八东路–曲江池南路–曲江大道–西影路–雁翔路–二环–长缨西路–太华路–北二环–朱宏路–机场高速–兰池大道–机场公路–咸宋路–咸兴路–福银高速–西三环	历史类
	南部生态休闲感知游线	西咸大环线–京昆高速–关中环线–福银高速	生态类
	现代丝路与科教感知游线	西安绕城高速–未央路–二环–雁翔路–京昆高速–大西安环线–秦汉大道	现代类
	大西安综合感知游线	西咸大环线	综合类
一级	帝陵感知游线（一）	包茂高速–机场公路–X105省道–大西安环线–连霍高速–绕城高速	历史类
	古丝绸之路感知游线	草滩八路–西三环路–大庆路–环城南路	历史类
	帝陵感知游线（二）	X207省道–航天城大道西段–西咸北环线高速–银白高速–咸旬高速–S107省道	历史类
	西咸现代田园城市感知游线	西安绕城高速–上林路–渭阳路–中华东路–彩虹二路–渭河–连霍高速	现代类
	现代高端产业感知游线	绕城高速–京昆高速–大西安环线–福银高速	现代类
	北部生态农耕文化感知游线	西咸大环线–福银高速–关中环线–京昆高速	生态类
	空中感知游线	北山郊野公园–泾河中心–五陵塬郊野公园–汉长安遗址–阿房宫遗址–昆明池、周丰镐京遗址–终南山–白鹿原郊野公园–唐城板块–浐灞生态区–骊山、兵马俑、秦始皇陵–阎良航空城、历代帝陵	综合类 历史类

来源：李晨整理。

4．特级游线构建

对四条特级游线进行具体线路划定、控制范围划定、段落划分，并对沿线景观、标志场所与城市设施等方面提出具体控制措施。

（1）都城遗址感知游线

都城遗址感知游线串联周秦汉唐大遗址以及重要历史文化节点。通过对游线沿线景观、交通工具、标志场所的控制，让人们在这条游线上感知周秦汉唐的历史底蕴和特色，感受中华古代文明的力量，从而打造大遗址精品感知游线（图5-2-54）。

都城遗址感知游线控制范围为感知线路两侧300m或1～2个街块。感知游线主要分为五个主题感知段落区：周都城遗址感知段落、秦都城遗址感知段落、汉都城遗址感知段落、唐都城遗址感知段落和明清西安城感知段落。对沿线控制范围内建筑风貌、色彩、高度等提出要求，使其与遗址本体协调，保持景观界面的纯净性。同时确定主要标志场所，通过大雁塔、大明宫、钟鼓楼、周秦汉唐主题城、直城门丝路起点广场等重要场所集中展示都城文化，其中文保单位周边场所建设按照保护规划相关要求执行。城市设施方面，设计具有历史气息的城市标示系统、市政设施、交通工具等。

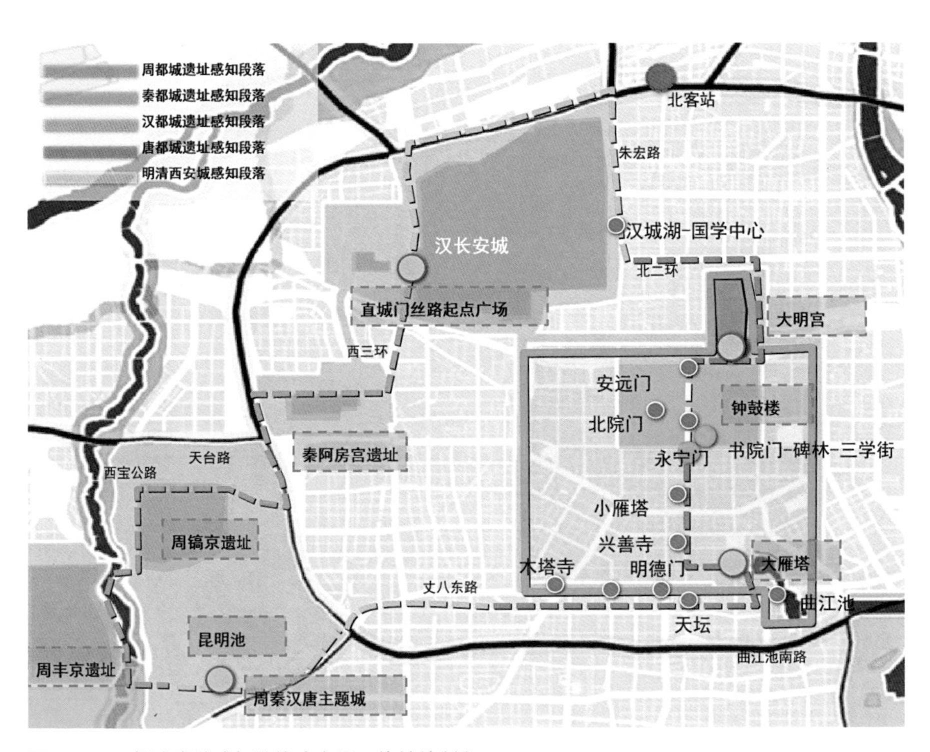

图5-2-54 都城遗址感知游线（来源：徐娉绘制）

（2）现代丝路与科教感知游线

现代丝路与科教感知游线串联丝路经济区、经济技术开发区、创意产业园区、大学城、高新技术产业区和自然景观区这些凸显现代西安的标志性场所。通过对沿线景观、交通工具和标志场所的控制，完善感知方式与感知体验，让人们在该条游线上能够感受到现代西安的魅力和发展情况（图5-2-55）。

现代丝路与科教感知游线控制范围为感知线路两侧300m或1～2个街块。线路段落划分为七个主题段落区：丝路金融主题段落、活力新区主题段落、创意艺术主题段落、科技教育主题段落、金融商务主题段落、高新技术主题段落和都市农业体验主题段落。对沿线控制范围内建筑风貌、色彩、高度等进行控制，两侧建筑以现代建筑为主，凸显西安现代城市特色，可适度增加绿化面积，道路两侧保持界面的通透性，增强景观渗透性，凸显道路两侧建筑起伏关系，营造优美的城市天际线。都市农业体验主题段落应严格控制生态敏感区的开发建设，沿线重点控制范围内原则上不允许进行城市建设，以免破坏整体景观形象。标志性场所构架方面，选取丝路国际风情街、世园公园、经济技术开发区、纺织城创意艺术产业园区、电视塔、大学城、高新CBD等重要标志场所集中展示西安的现代发展成果。在城市设施方面，城市标示系统、市政设施、交通工具等要尽可能现代环保，凸显城市经济发展实力。

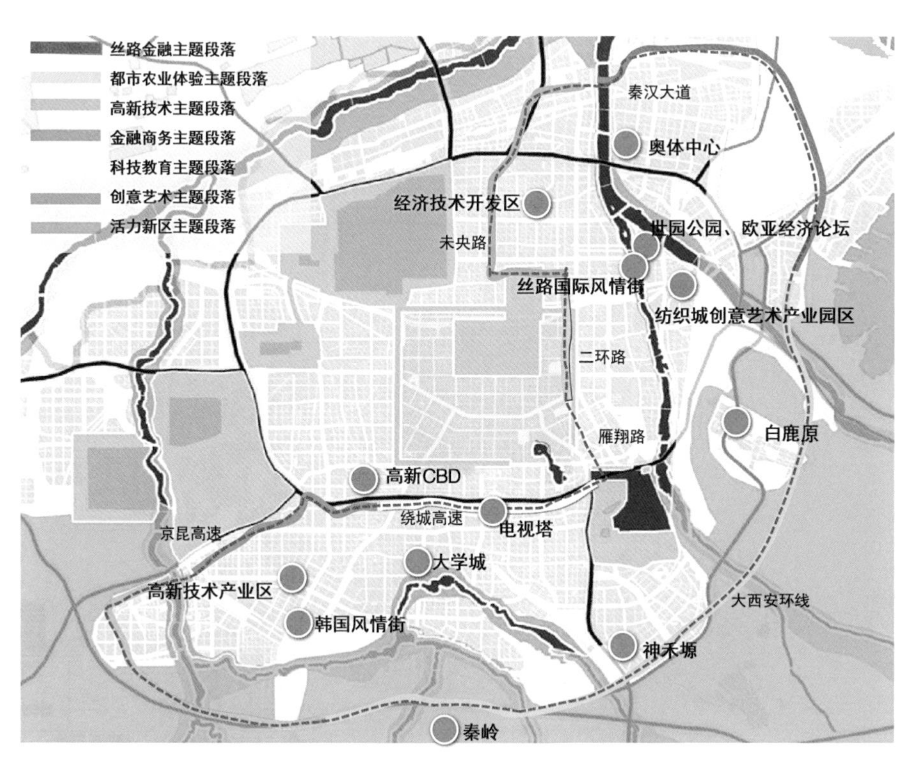

图5-2-55 现代丝路与科教精品感知游线（来源：徐娉绘制）

（3）南部生态休闲感知游线

南部生态休闲感知游线以山、水、田、塬、林为基底，依托大西安环线与关中环线等重要交通道，串联百花园、唐诗主题园、白鹿原郊野公园等生态景观区。在该游线内可以充分体验西安的山水诗意，亲近自然，放飞心灵，感受唐诗古文的美好意境。对沿线生态景观环境进行保护性控制，打造生态精品感知游线（图5-2-56）。

范围控制为感知线路两侧300~1000m。严格控制生态敏感区的开发建设，沿线重点控制范围内原则上不允许进行城市建设。沿线建筑风貌色彩等须与自然融合，高压线、高压塔等市政设施应尽量弱化或搬迁。保护白鹿原、少陵塬等生态敏感区，鼓励种植花卉等生态景观作物，保持山、水、田、塬、林自然景观的纯净性。对标志性场所中的百花园、白鹿原郊野公园、秦岭珍稀植物园等进行精细化设计，集中展示大西安特色生态景观。

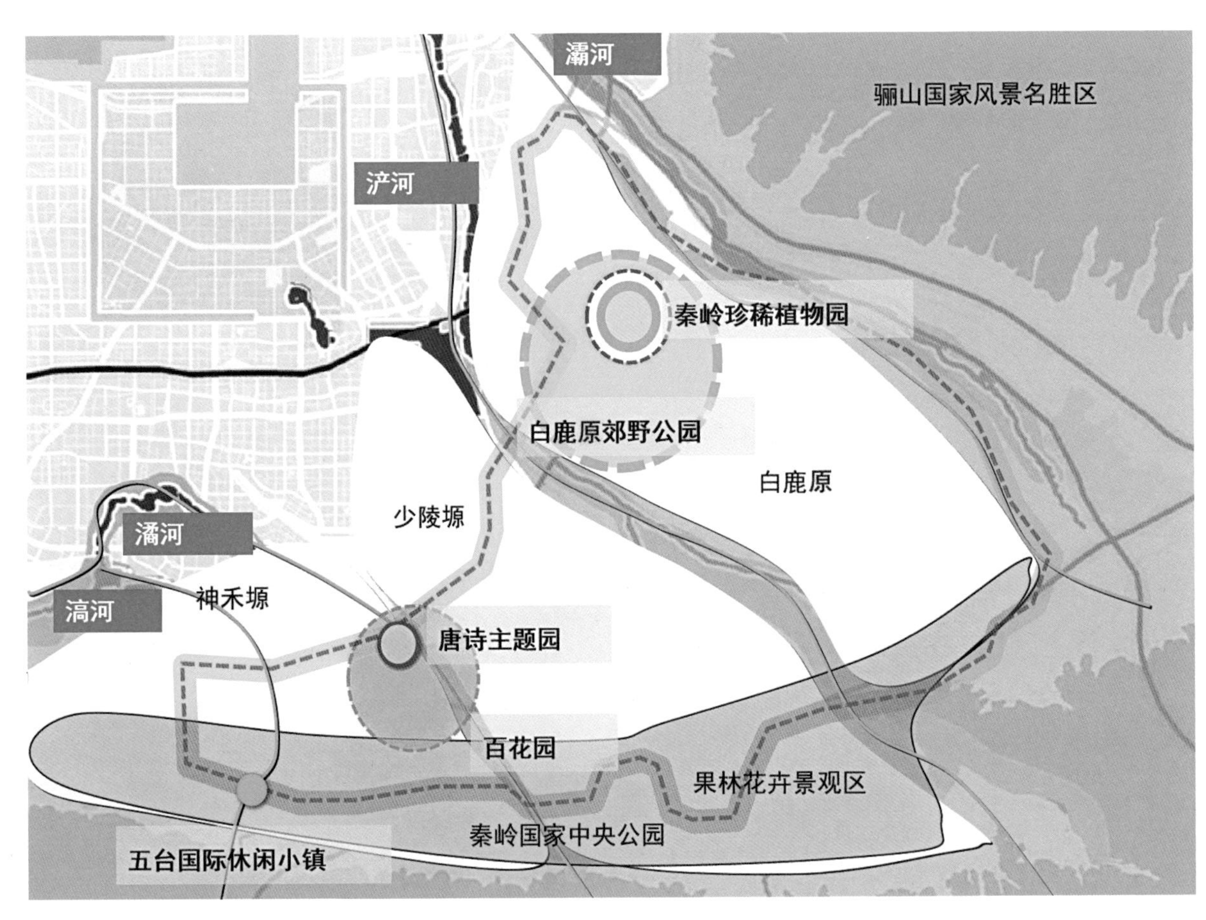

图5-2-56 生态精品感知游线（来源：徐婷绘制）

（4）大西安综合感知游线

大西安综合感知游线如图5-2-57所示，用大西安环线将两条现代感知游线、两条历史感知游线、两条生态感知游线上的重要感知场所串联起来，实现“一日看尽长安花”的体验。

控制范围为感知线路两侧600m或2～4个街块。结合游线周边感知要素，形成历史文化主题感知段落、现代城市主题感知段落和郊野生态主题感知段落三大类型。对感知游线控制范围内建筑风貌、色彩、高度等要素进行控制，凸显段落主题，营造游线主题变幻交错的整体感受。

强化综合游线串联的标志性场所的控制引导，包括白鹿原郊野公园、花海景观园、现代丝路经济区、泾河中心、秦汉唐帝陵、周秦汉唐主题城、五陵塬郊野公园、上林苑郊野公园等要素，在空间设计和管控时应考虑对西咸大环线空间方位的展示。在城市设施方面应按照途经的主题段落设计不同的标示系统。

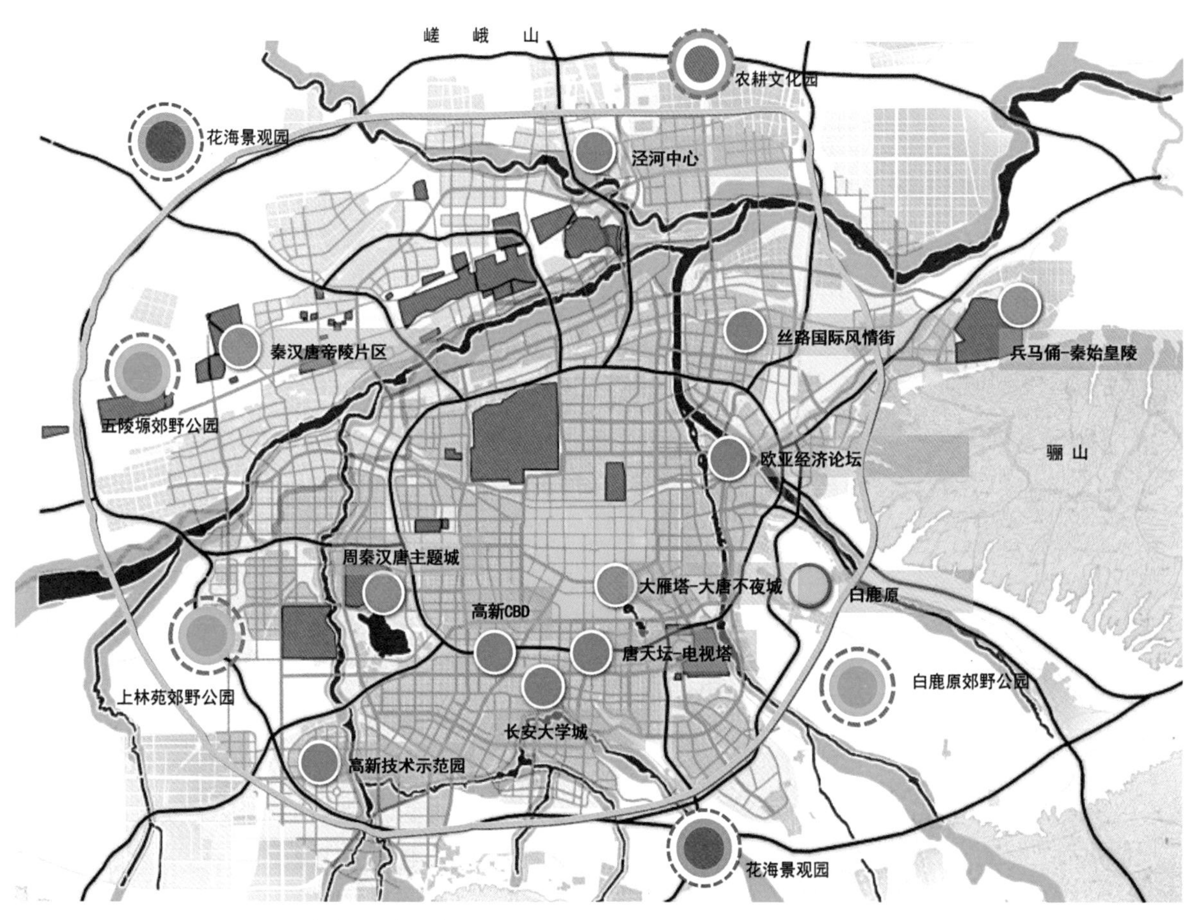

图5-2-57 大西安综合感知游线（来源：徐婷绘制）

（5）一级游线控制

此次城市设计对一级感知游线进行了较为细致的控制。帝陵感知游线主要串联汉帝陵、唐帝陵等；现代生态感知游线主要串联西咸现代田园、现代高端产业、现代丝路与科教园区与北部生态农耕景观；此外，对古丝绸之路感知游线与空中感知游线也提出了具体控制要求（表5-2-40）。

表5-2-40 一级游线控制表

线路名称	控制内容	建议起讫点	沿线风貌控制宽度
汉帝陵感知游线	建议游线两侧“少建设、多绿化”，建筑开发以多层为主，建筑风格选取中式，建筑色彩尽量简洁，避免成片过于亮丽的颜色，注意形成由道路向遗址方向的视线通廊	汉高帝长陵	200m或1～2个街块
秦汉唐帝陵感知游线	建议游线两侧的建筑集中开发，建筑风格配合街道的主题，建筑色彩应体现厚重大方质感，注意形成由道路向遗址方向的视线通廊，在靠近嵯峨山的路段应注意与山体协调	秦陵地宫	
西咸现代田园城市感知游线	建议游线两侧的建筑集中开发，以现代建筑风格为主	沣渭湿地或沣西新城	
现代高端产业感知游线	建议游线两侧的建筑集中开发，以现代建筑风格为主	泾河中心南部	
现代丝路与科教感知游线	建议游线两侧的建筑集中开发，以现代建筑风格为主，建筑风格与建筑色彩配合街道的主题	长安国家级丝路文化区	
北部生态农耕文化感知游线	建议游线两侧“以田为主、以绿为先”，建筑开发以多层为主，以现代建筑风为主，建筑色彩以简洁为宜，可适当出现亮丽鲜艳的颜色	泾河中心北部	
古丝绸之路感知游线	建筑风格配合街道的相关历史主题，重点对城市家具进行设计，景观小品设计中融入历史元素	横桥公园	
空中感知游线	注意选取合适的观赏角度即可	浐灞湿地公园或渭河中央公园	

来源：李晨整理。

5.3 小结

本章旨在以各系统为分支，从不同侧面细化和落实城市总体设计框架。结合第三章的四大核心问题研究，以展现历史文化、优化山水格局、彰显现代形象、感知文化意韵为目的，选取风貌、轴线、节点、生态开敞空间、高度、天际线、廊道、建筑风格、色彩、感知空间等十个最能体现西安形象的空间系统，在各系统中对具体问题展开研究并提出相应的管控与引导要求。同时，各系统的管控要求将作为上位指导，为下一层级的分区城市设计提供参照。

6

三层级的管控机制建设

由于城市设计的非法定性，加之总体城市设计的宏观性和全局性，其成果难以完全细化为可执行的建设内容，提供的项目成果在上传下达过程中常常需要“转译”，容易导致规划实施“失灵”。因此，寻求并建立一套适合于规划管理和指导实施的管控体系，是保障总体城市设计内容落地的重要环节。

6.1 管控层级建构

为推动管控切实落定，西安总体城市设计突破行政界限限制，以总体艺术构架为引领，构建了“总体—片区—重点地段”三层级自上而下、逐层落定的管控机制，以保障总体城市设计成果的可操作性和可实施性（图6-1-1）。

在总体层面，确立城市设计总则。首先明确发展目标和战略以指导城市总体发展，确定城市山水格局、空间整体格局和风貌基调，为片区城市设计和重点地段城市设计提供依据；其次建立十大空间系统控制总则，通过各项系统对特级和一级要素进行重点控制，以指导分区城市设计和重点地段城市设计的落实。

在片区层面，建立分区城市设计导则。分区城市设计导则是将总体体系及要素管控要求切实落地的重要手段，也是制定重点地段导控图则、实现城市精细化管理的重要依据，具有承上启下的作用。本次通过将市域划分为若干片区进行引导，对各片区提出形象定位、风貌引导、要素控制，切实做到了城市设计全覆盖。片区控制导则主要包含总体框架和控制体系两部分内容，构成“1+N”的设计内容，“1”是总体城市设计层面对单元片区层面的形象定位及市级点、线、面的市级要素落定；“N”是对市级要素提出的控制内容。

在重点地段层面，建立重点片区控导图则。控导图则主要对九个重点形象标志地段进行详细控制，对唐诗主题园等新增项目进行意向性设计。控导图则以总体和分区城市设计为依据，对二级和三级要素进行细化控制，主要包括公共空间设计导则和建筑设计导则。其中，公共空间设计导则确定地区公共空间系统及其要素的构成和属性，对重要的公共空间进行环境景观与相关设施的控制与引导；建筑设计导则主要划定地区建筑组群分区，明确地区标志物及视觉通廊，对重要的建筑界面进行细化控制与引导。

各个层级的控制导则与各个片区的控制性详细规划进行对接协同，从而在控规层面进行法规性保障。

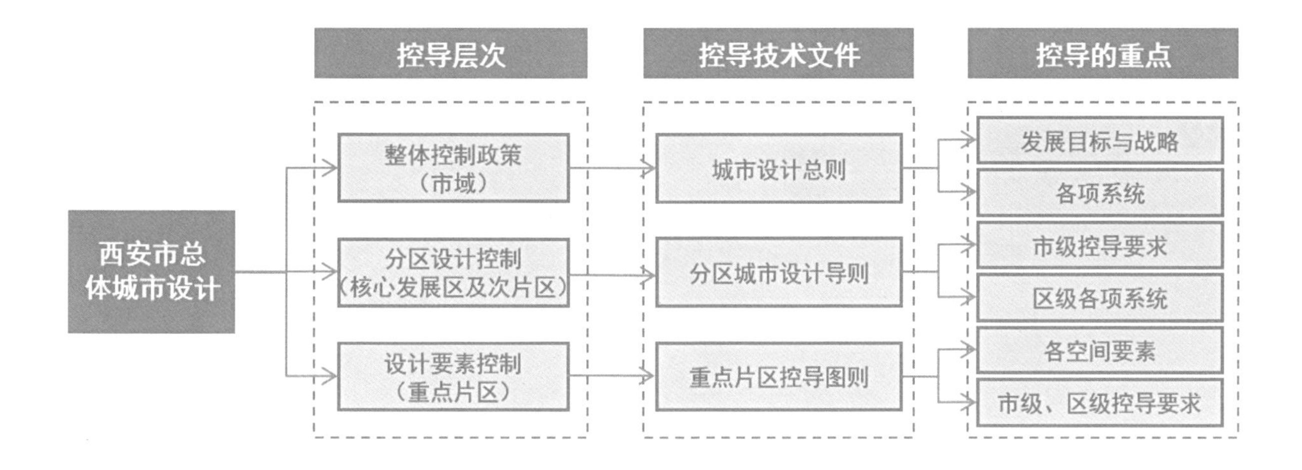

图6-1-1 三层级管控机制图（来源：周文林绘制）

6.2 城市设计导则实施指引

6.2.1 单元片区划分思路

为更好体现西安城市特色、保护自然山水环境，并科学引导城市发展建设，将市域划分为若干片区进行引导，切实做到城市设计全覆盖。在总体艺术构架引领下，片区控制导则成为将总体体系及要素管控要求切实落地的重要媒介，也是实现城市精细化管理的重要方法。同时，在总体城市设计片区划定时以保护城市生态格局为基本原则，确立了“生态+城镇”的划分思路，并通过单元片区导则对城镇及生态两种类型的片区进行分类引导，这样不仅有利于生态安全格局的维护及生活品质的提升，亦有利于实现西安建设国际化山水城市、人文城市的目标。

1. 生态片区划定思路

生态片区划定主要以资源为导向，针对资源的类型、地段、功能进行划分，具体表现为结合城市南部秦岭山体、周边台塬地貌以及“八水”水系，划定“山—水—田—塬”生态片区，准确把握与突出西安特色，体现城市与自然相融合的发展思路，将城市发展有机融入城市资源中，合理延续城市建设空间，与生态格局协调，形成独特的城市山水结构，构筑丰富的城市肌理和内涵。

2. 城镇片区划定思路

城镇片区划定突破行政区划壁垒，以经济、文化、资源、特色等为重要参考，以城市功能板块和空间发展用地结构为基础，将主城区与周边城镇共同纳入管控体系，以推进落实区域统筹发展战略，落实国家高新技术产业、航空航天产业及装备制造业基地发展建设，促进各片区职能发挥与城市综合实力的提升。同时，城镇片区划定时充分考虑空间风貌特色营建，便于对片区风貌发展进行引导与控制。此外，中心城区的划定主要传承和强化西安九宫格局，遵循城市整体控制并强化城市特色，进一步展现西安历代都城建设中“天人合一”的理念。

基于以上考虑，将西安市域划分为23个控制板块，其中包含19个城镇片区及4个生态片区（图6-2-1）。

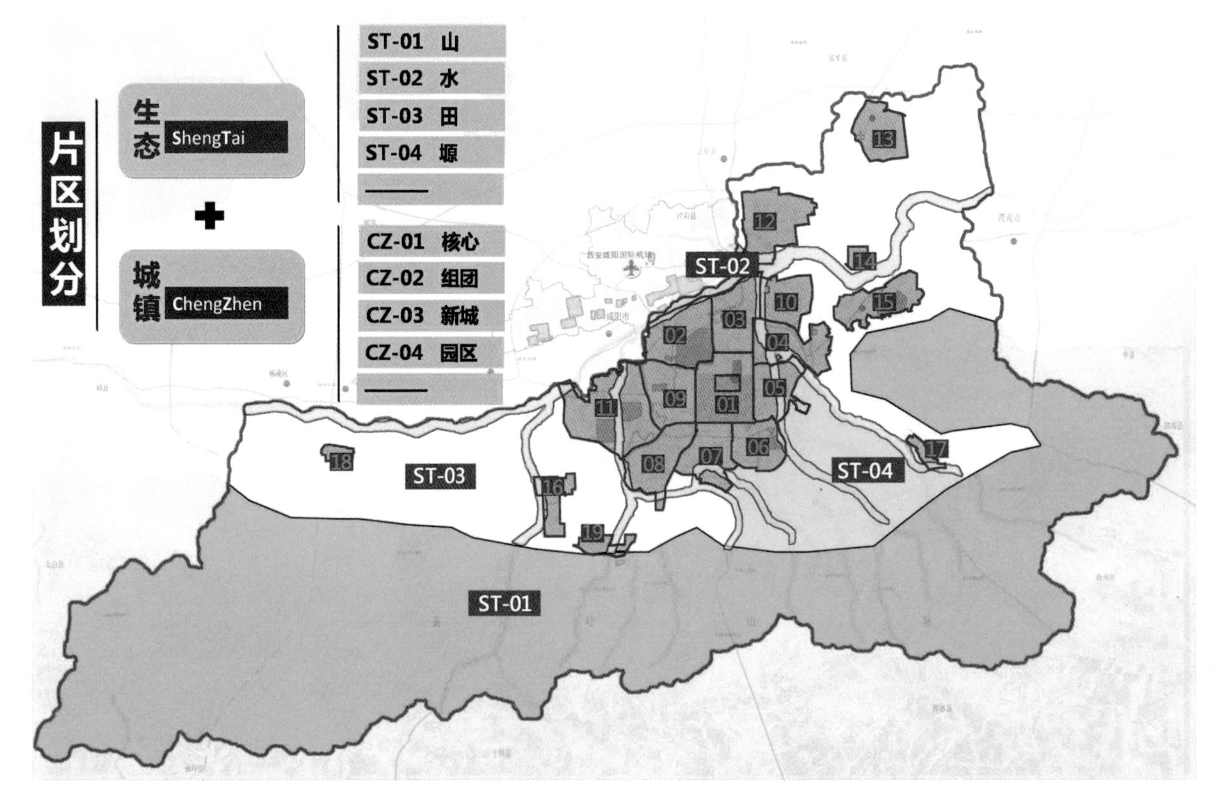

图6-2-1 城镇片区划定图（来源：周文林绘制）

6.2.2 单元片区导则控制示范

研究对23个划定片区提出了全面的控制导则，本书从城镇和生态区域各选取一个片区作为示例说明。

1. 城镇片区导则示范（CZ-01——唐皇城旅游片区）

（1）现状概述

该片区位于西安市中心城区核心区，历史遗迹分布密集，文物保护单位众多，范围包括隋唐长安城、明清西安城，并涵盖大雁塔、小雁塔、大明宫三大世界文化遗产。该片区是西安市重要的商业中心、文化中心，交通便捷，片区内有老火车站，距离咸阳机场约15km（图6-2-2、图6-2-3）。

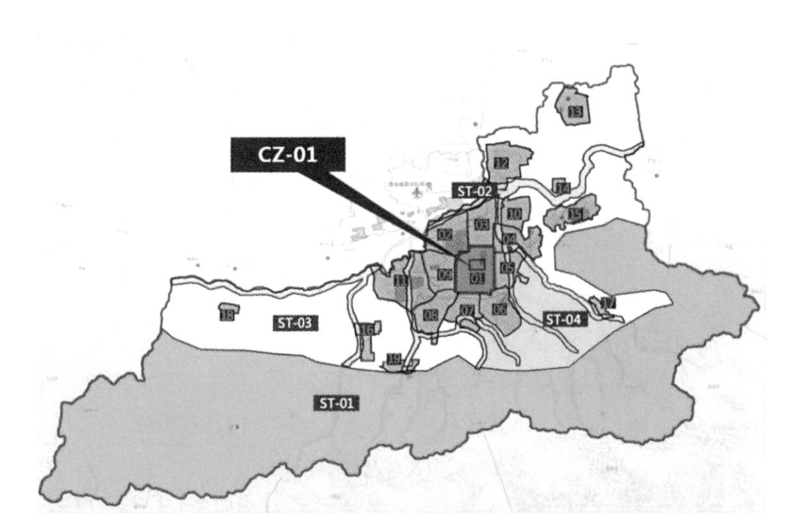

图6-2-2 唐皇城旅游片区CZ-01位置图（来源：司捷绘制）

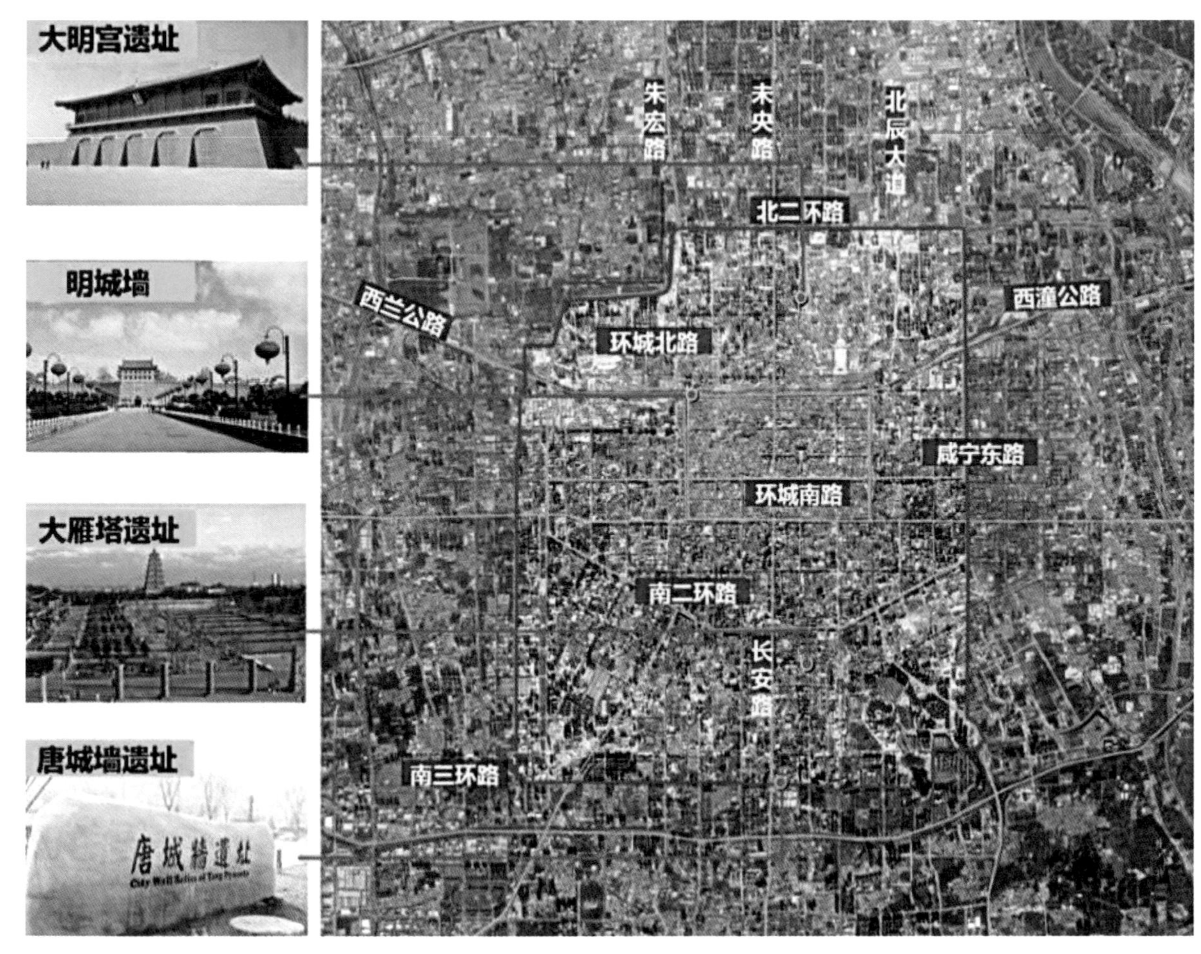

图6-2-3 唐皇城现状旅游资源分布图（来源：司捷绘制）

（2）形象定位

1）总体定位

依据片区主要功能构成、历史文化、片区特色等内容，综合确定本片区形象定位为“古都之心、龙脉之中、隋唐风韵、明清古貌”。

2）形象指导词：恢弘、厚重、规整、古风古韵。

（3）风貌引导

1）总体风貌引导

片区内整体风貌应符合明清文化特色风貌区和唐文化特色风貌区的形象定位，体现恢弘、厚重、规整、古风古韵的片区气质特征，同时要落实空间系统研究中关于高度强度、建筑风格等的基本要求。

2）重点控制内容

①高度强度：明清文化特色风貌区整体要求为低强度开发，唐文化特色风貌区整体要求为中强度开发，重要历史遗存周边按照相关保护规划控制高度。二环商圈、小寨商圈、电视塔商圈等商业区域可适度建设高层建筑。明清古城内高度等严格执行相关规定。

②建筑风格：整体以传统建筑风格为主，其他区域应与历史文化区域建筑风格相协调。

③建筑色彩：整体色彩基调应符合历史风貌色彩区的色彩风貌特征。

④天际线：长安龙脉、东西向大都市主轴、秦汉大道城市发展轴、大明宫、大雁塔等历史重要廊道两侧应保证一定透视率，结合区域空间特征，营造层次丰富的天际线。

⑤视线通廊：保护大雁塔、小雁塔、南门等节点之间的视线通廊，长安龙脉视线通廊，昆明路-咸宁路视线通廊，护城河、唐城墙遗址带等生态开敞空间周围建筑应遵循阶梯式后退原则，保持视线的通透性。

（4）要素控制

1）控制要素

将大西安艺术构架的特级与一级要素在片区中落定，并针对两级要素进行点线面的类型划分，便于分级分类控制引导。其中，对特级要素进行重点控制，对一级要素进行一般引导（图6-2-4、图6-2-5，表6-2-1）。

图6-2-4 点要素汇总图（来源：司捷绘制）

图6-2-5 线要素汇总图（来源：司捷绘制）

表6-2-1 要素控制表

类型	特级要素	一级要素
点	大明宫遗址公园、 大雁塔–陕西省历史博物馆	七贤庄、北院门、三学街–书院门、大清真寺、永宁门、安远门、安定门、长乐门、永兴坊、洒金桥–老西安院子、书院门、都城隍庙、西安事变旧址、新城广场–省政府、朱雀门地段（朱雀门、鸿胪寺异域休闲街）、西安火车站、小雁塔（安仁坊唐风住区）、省文体中心（图书馆–体育场–美术馆）、大兴善寺–小寨商圈、青龙寺–乐游塬、大唐芙蓉园、西市、东市、明德门、开远门丝路起点、通化门、玄武门、金光门、春明门、延平门、延兴门、安化门、启夏门、唐天坛遗址公园、朱雀大街表征点、兴庆宫公园、木塔寺公园、高新科技路商圈、奥林匹克公园
线	长安龙脉（中）轴线、东西向大都市主轴、 明城墙–环城公园廊道、唐城墙遗址廊道	秦汉大道城市发展轴、商贸大道城市发展轴、大明宫大雁城历史轴、隋唐长安城城市发展副轴、东西大街轴线、二环
面	—	明清文化特色风貌区、唐文化特色风貌区

来源：司捷整理。

2）控制引导

①特级要素（点）——以大明宫遗址公园为例

控制目标：打造国家遗址公园，对保护和展示盛唐文化有重要作用，是“丝绸之路起始段和天山廊道的路网”世界遗产的重要组成部分。

控制范围：遗址本体周围外扩200～500m或1～2个街块。

控制要点：包括空间序列、建筑高度、建筑风貌、建筑色彩、空间环境五个方面。

空间序列——建筑形体应做到虚与实、高与低、凹与凸、明与暗的有机结合，突出重点，形成高潮；同时满足历史文化名城控制要求。

建筑高度——适度管控，将缓冲区划分为12m、24m、36m、45m高度控制片区，对遗址缓冲区进行整体高度控制，形成阶梯式界面。具体高度与保护规划要求保持一致。

建筑风貌——整体以唐风建筑风格为主，其他区域应与历史文化区域建筑风格相协调。传统文化风貌沿线建筑在风貌上应统一、连续，展现城市文化和城市气质。

建筑色彩——以灰色、土黄色、棕色系等浅淡柔和的暖色调为主，营造活泼、轻松、明朗的建筑色彩体系，体现当代市民在生理、心理以及文化方面的审美特点和审美情趣。

空间环境——体现唐文化主题的空间环境效果。街道小品、雕塑、道路铺装等力求与整体环境相协调。建筑体量不宜过大，强化界面通透性，适度进行地下开发。

②特级要素（轴）——以长安龙脉（中）轴线为例

控制目标：打造城市特级轴线、城市龙脉，是西安南北向最重要的历史轴线和城市格局的组成部分，构成城市的核心骨架。

控制范围：以长安路为中轴，建议外扩300m或1～2个街块。

控制要点：从空间序列、建筑高度、建筑风貌、建筑色彩、空间环境等五个主要方面提出要求。

空间序列：建议以明城墙为界，划分为内、外两个段落，包括北二环商圈、老城区、南二环商圈、小寨商圈等标志节点。以二环、小寨商圈为制高点，唐城墙遗址带、护城河等为生态开敞空间。

建筑高度：明清文化特色风貌区整体要求为低强度开发，唐文化特色风貌区整体要求宜为中强度开发，除二环商圈、小寨商圈、电视塔商圈等以外区域，建筑高度原则上不超过60m。

建筑风貌：整体以传统建筑风格为主，其他区域应与历史文化区域建筑风格相协调。传统文化风貌沿线建筑风貌应统一、连续，展现城市文化和城市气质。

建筑色彩：以灰、棕为基调色，以白、土黄为辅色，以暗红、黑、白、茶、黄、青为点缀色。

空间环境：历史文化特色风貌区应体现沉稳大气，彰显历史厚重感。街道小品、雕塑、道路铺装等力求与整体环境相协调。

③一级要素（点）——小寨商圈

控制要点：以打造西安城南一级商业中心为目标，以南二环路-雁塔西路段为中心，半径1000m以内区域为控制范围。建筑风格应体现城市商业氛围，建议少用玻璃幕墙等轻质结构，建筑高度不超过100m，适当引导高强度开发，鼓励地下开发建设。

④一级要素（线）——以二环为例

控制要点：二环是城市重要的线性开敞空间和连续界面，可适度增加绿化面积，道路两侧保持界面的通透性，强化景观的渗透，强化道路两侧建筑起伏关系，营造优美的城市天际线。

⑤一级要素（面）——以明清西安城为例

明清西安城：七贤庄、北院门、三学街-书院门、大清真寺、永宁门、安远门、安定门、长乐门、永兴坊、洒金桥-老西安院子、书院门、都城隍庙、西安事变旧址、新城广场-省政府、朱雀门地段（朱雀门、鸿胪寺异域休闲街）。

保护区：控制范围和要点遵循保护规划要求。

协调区：以明清西安城为保护本体，周围外扩200～300m或1～2个街块为重点控制范围。建筑高度应严格按照相关保护规划执行，建筑风格应与遗址相协调，以灰色为主调色，可选用土黄、赭石、熟褐为辅色。

2．生态片区导则示范（ST-01——生态山片区）

（1）现状概述

该片区位于西安市南部，北接环山路，南依秦岭，涉及行政区有周至县、鄠邑区、蓝田县、长安区、临潼区、高陵区。片区内穿过的高速公路有京昆高速、包茂高速、福银高速、沪陕高速等，国道有G210、G108、G312，铁路有西康铁路、陇海铁路，关中环线由片区内横穿而过（图6-2-6、图6-2-7）。

1）建设用地

①乡镇：普通乡镇包括栾镇、草堂镇、蒋村镇、九峰乡镇、普化镇等；特色乡镇包括厚畛子镇、哑柏镇、马召镇、子午镇、太乙宫镇、汤峪镇、葛牌镇、辋川乡、玉山乡、斜口街道办事处、骊山街道办事处；

②村庄：普通村镇包括陈河镇、板房子镇、王家河镇、蓝桥镇、九间房乡、小寨镇、玉川镇等约200个；特色村庄包括老县城村、兰梅塬村、塔峪村、东大村、南豆角村、大峪口村、姜寨村、鸿门堡村、洪庆街道办事处。

2）非建设用地

①农业：有基本农田和观光农业，如柿子采摘园、葡萄采摘园、樱桃采摘园、草莓采摘园、石榴采摘园、生态园、快乐农场等。

②宗教遗址：楼观台、重阳宫、金仙观、草堂寺、香积寺、净业寺、华严寺、大秦寺、周至王氏宗祠、丹阳观、傥骆道遗址、清凉寺、定空寺、老子墓、宗圣宫遗址、凤凰岭、四方台、首阳山、敬居寺、药王洞、宝泉寺、菩萨洞、化羊庙、敬德塔、青华山石窟、圣寿寺塔、太乙宫、嘉午台、水陆庵、锡水洞遗址。

③峪口：清峪、道沟峪、岱峪、库峪、扯袍峪、大峪、白道峪、小峪、羊峪、土门峪、蛟峪、石砭峪、天子峪、抱龙峪、黄峪、白石峪、紫阁峪、鸽勃峪、乌桑峪、黄柏峪、化羊峪、烧柴峪、潭峪、粟峪、甘峪、赤峪、田峪、就峪、黑峪、泥峪、西骆峪、耿峪、涝峪、太平峪、高冠峪、祥峪、沣峪、子午峪、太峪、汤峪、小羊峪、辋峪。

④水库：黑河金盆水库、甘峪水库、石砭峪水库、大峪水库、许家沟水库、东沟水库等。

（2）形象定位

1）总体定位：依据片区主要功能构成、历史文化、片区特色等内容，综合确定本片区形象定位为“大美秦岭、国家公园、生物宝库、隐逸终南”。

2）形象指导词：大美、苍茫、巍峨、恢弘。

（3）风貌引导

1）总体风貌引导

片区内整体风貌应符合形象定位，体现大美、苍茫、巍峨、恢弘的气质特征。

2）重点控制内容

片区内由山体、峪道、河流构成基本生态格局，展示了大秦岭地貌东西绵延、山体苍郁葱茏、河流曲折蜿蜒、人文特色点缀其中的景象。规划注重对片区生态保护区的控制与引导，加强和巩固山体生态系统的保护和修复，提升片区生态功能，避免中高强度的开发建设及各类生产建设；强化片区内生态景观建设，打造生态景观系统、森林绿化系统；片区内特色村镇建筑风貌宜进行原址原规模保护，建筑风貌宜与山体环境协调统一。

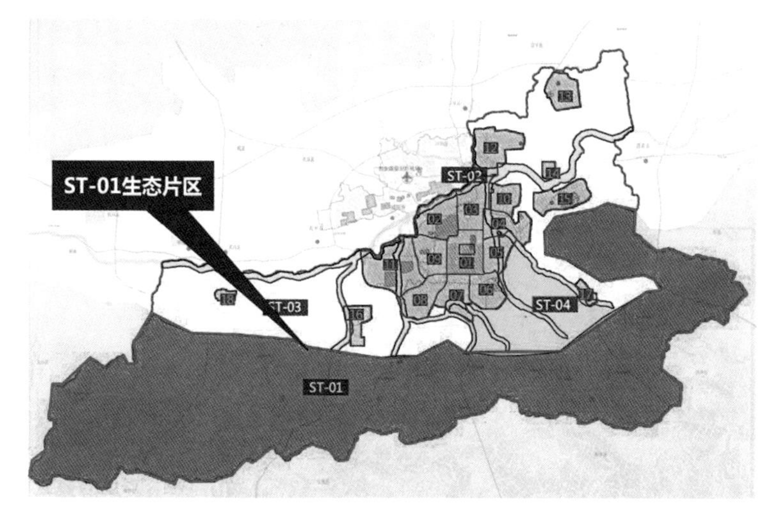

图6-2-6 生态片区ST-01位置图（来源：姚珍珍绘制）

图6-2-7 生态片区旅游资源分布图（来源：姚珍珍绘制）

（4）要素控制

1）控制要素

一级要素：以点要素为主，包括终南山世界地质公园、骊山国家风景名胜区（捉蒋亭、烽火台遗址）、楼观台风景名胜区、辋川别业、蓝田猿人遗址、关中民俗艺术博物院、翠华山国家地质公园、终南书院、朱雀国家森林公园、黑河国家森林公园、太白山国家森林公园、牛背梁国家森林公园、太平国家森林公园、洪庆山国家森林公园、陕西周至自然保护区、楼观新区、太乙宫、汤峪温泉度假区、草堂科技产业基地、草堂寺、净业寺（图6-2-8）。

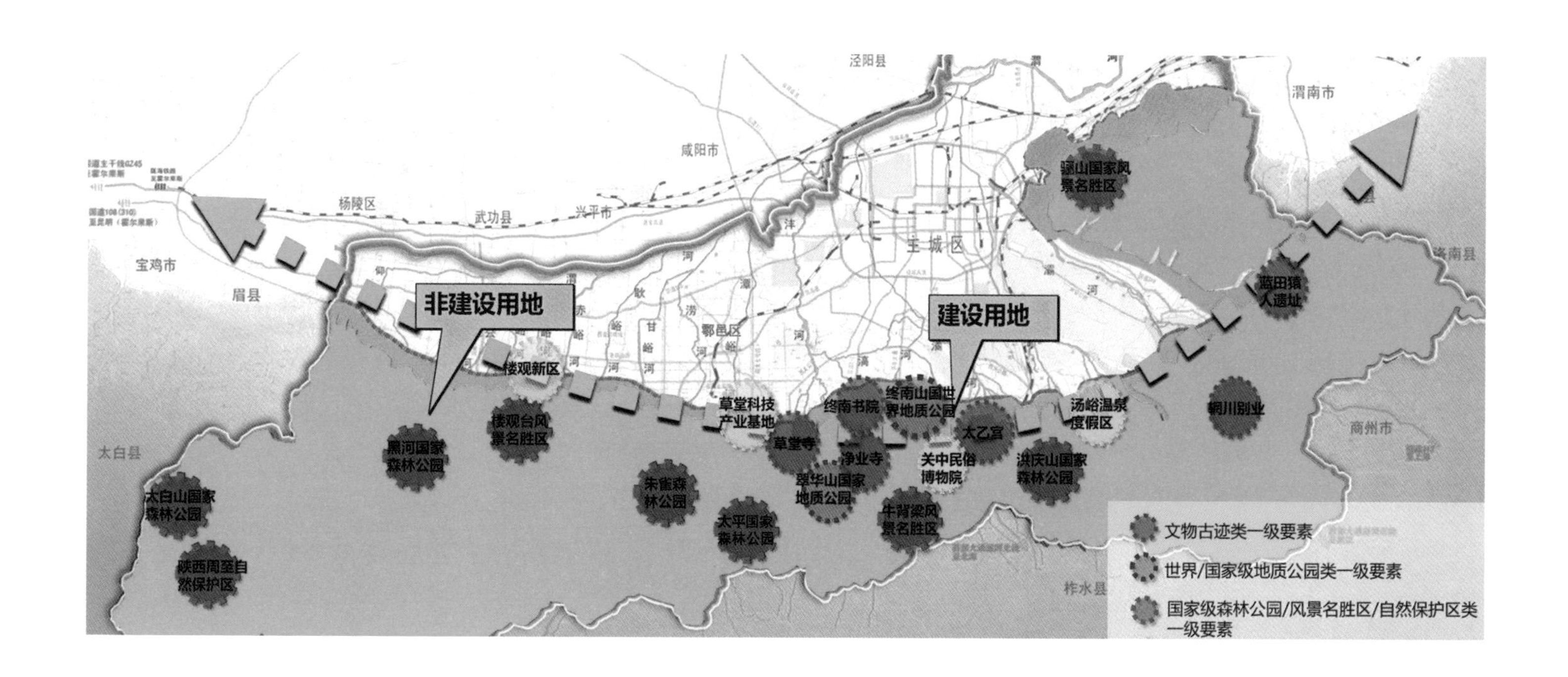

图6-2-8 生态片区一级要素图（来源：姚珍珍绘制）

2）生态分区控制

①禁止开发区

控制范围：

A．自然保护区核心区和缓冲区。

B．饮用水水源地的一级和二级保护区。

C．秦岭山系主梁两侧各1000m以内、主要支脉两侧各500m以内或者海拔2600m以上区域。

D．自然保护区实验区中珍稀濒危野生动物栖息地与其他重要生态功能区集中连片，需要整体性、系统性保护的区域。

控制要求：不得进行与保护、科学研究无关的活动，严格依法予以保护。禁止房地产开发，限制区域内的旅游活动，保护生态环境，只允许配设必需的旅游标识（如旅游标识、警示标识、道路导向标识等），不得进行对环境有影响的旅游活动。

②限制开发区

控制范围：

A．自然保护区的实验区、种质资源保护区、重要湿地、饮用水水源保护地准保护区。

B．风景名胜区、森林公园、地质公园、植物园、国有天然林分布区以及重要水库、湖泊。

C．重点文物保护单位、自然文化遗存。

D．禁止开发区以外，山体海拔1500m以上至2600m之间的区域。

控制要求：在保障生态功能不降低的前提下，可以进行生态恢复，适度生态旅游，实施国家确定的能源、交通、水利、国防战略建设项目。除军事等特殊情况，该区域禁止房地产开发，在地势相对平坦、无不良地质灾害、位于水源涵养林地之外的峪口附近，只允许建设小型旅游服务设施（如餐饮停车、娱乐设施、小型商店等）。所有建设活动不得开挖破坏山体，不得占用河道，不得影响生态景观，更不得污染河流水系，必须进行专门的环境影响评价，保证在不破坏生态环境的前提下进行。对区域坡耕地应当逐步退耕还林（草），实施生态林绿化工程，改善生态环境，保护水源涵养地。

③适度开发区

控制范围：秦岭范围内除禁止开发区、限制开发区以外的区域，为适度开发区。

控制要求：在适度开发区内进行开发建设活动，应当符合省秦岭生态环境保护总体规划的要求。

3）分类要素控制

①建设用地

普通村镇：划定村镇增长边界，控制村镇用地扩张，禁止侵蚀农业用地；禁止建设高污染、大规模的工厂；整体建筑风貌应协调统一，与秦岭自然环境保持协调，开发以中低强度、低多层建筑为主。

特色村镇：按照《历史文化名城名镇名村保护条例》落实保护；划定村镇的增加边界，控制村镇建设用地扩张；改善基础设施条件，提升区域交通便捷性，美化村镇风貌；建筑及景观风貌应体现村镇特色，与秦岭山体及自然环境保持协调，开发以中低强度、低多层建筑为主；建筑色彩应与山体环境相呼应；主要道路两侧控制一定宽度的绿化地，保持风道通畅；道路两侧绿化以乡土林木为主，形成层次分明、树种多样、色彩丰富的季相景观；秦岭内部道路注意保护周边自然环境，不得破坏山体景观。

②非建设用地

农业：基本农业——划定永久农田保护线；保持连绵起伏的地貌特征；基本农田保护区的一切活动须遵守相应的法律法规。观光农业——可有少量的构筑物、小型建筑物、道路等设施；加强生态保育功能，沿田埂小路种植有色林带，形成棋盘式林带景观体系。

历史文化资源：宗教遗址类——遵照相关的保护规划划定保护范围，并外扩50～200m或1～2个街坊为协调区，协调区内的建筑风貌、植物配置宜与本体及大秦岭环境融合。建筑类——根据《陕西省建筑保护条例》进行控制，注重对周边自然生态环境的保护。

峪口：严格保护峪口水体、植被等自然生态环境及周边水源涵养林地，禁止一切开发建设，逐步迁出位于生态敏感区范围内的村庄和建筑物。

水库：在水库外围划定生态控制线，严禁开展与保护无关的建设活动，避免农业活动或村镇建设侵蚀水源水库。

4）一级要素控制

①文物古迹类

控制对象：蓝田猿人遗址、辋川别业、终南书院、太乙宫、草堂寺、净业寺。

控制范围：遗址本体周围50～200m或外扩1～2个街块。

控制要点：适度管控，建筑高度以中低层为主，低开发强度，建议采用与遗址本体协调的传统建筑风格，主体色彩为灰、土黄色调。

②世界/国家级地质公园类

控制对象：终南山世界地质公园、翠华山国家地质公园。

控制要点：形态——以保护为主，严禁改变山体形态、破坏地形地貌、砍伐植被、开山采石等行为。建设——以生态环境保护与提升为主，可适量建设一些风景游赏设施，设施的体量、色彩、风格应与整体环境相协调。严格控制新的建设，严禁乱盖乱建，对现有违章建筑及严重影响山体形态的现有建筑一律拆除。文物——保护山体人文景观，文物及历史城区等按有关规定进行保护利用。

③国家级森林公园/风景名胜区类/自然保护区类

控制对象：骊山国家风景名胜区、黑河国家森林公园、太白山国家森林公园、朱雀国家森林公园、牛背梁国家森林公园、太平国家森林公园、洪庆山国家森林公园、陕西周至自然保护区、楼观台风景名胜区。

控制要点：形态——以保护为主，保护环境质量及山体植被，保护重要的景观视廊和观赏山体的开敞空间。严禁改变山体形态、破坏山体地形地貌、破坏山体轮廓、砍伐植被、开山采石等行为。建设——以生态环境保护与提升为主，可适量建设一些风景游赏设施，设施的体量、色彩、风格应与整体环境相协调。严格控制新的建设，严禁乱盖乱建，对现有违章建筑及严重影响山体形态建筑一律拆除。建筑——严格控制建筑高度，原则上不得超过山体高度的1/3。建筑外观造型、体量、色彩、高度都应与山体景观协调；建筑色彩避免用高纯度色彩，多用中性色；建筑屋顶要求美化或绿化，保护山体下垫面环境。文物——保护山体人文景观，文物及历史城区等按有关规定进行保护利用。

④人文景观类

关中民俗艺术博物院

控制要点：关中民俗艺术博物院是陕西对外文化交流的重要平台，民间文化示范区，集文物保护与展览、民间生活体验、民间艺术展演、民间祭祀和旅游等为一体，与黄帝陵祭祀旅游示范区、曲江旅游示范区共同组成陕西祭祖文化、庙堂文化、民间文化体系。应增加区域交通的可达性和生态的景观性，周边建设宜以中低强度为主，建筑不宜过高过密，建筑风格、色彩等应与秦岭山体环境协调。

楼观新区

控制要点：楼观台是中国“道教祖庭”，秦岭北麓道文化集中展示区，以财神文化和道文化为核心，由道文化主题公园区、财神文化主题公园、现代农业示范区及旅游地产区四大区域组成，是具有国际影响力的旅游目的地和生态宜居地。应增加区域交通的可达性和生态的景观性，周边建设宜以中低强度为主，建筑不宜过高过密，建筑风格、色彩等应与秦岭山体环境协调。

汤峪温泉度假区

控制要点：汤峪温泉度假区是闻名遐迩的避暑疗养胜地，为秦地胜地，唐时即建“大兴汤院”和皇家行宫“上林苑”，目前已成为吸引城郊老年人来这里休闲养老的理想之地。应注意增加区域交通的可达性和生态的景观性，周边建设宜以中低强度为主，建筑不宜过高过密，建筑风格、色彩等应与秦岭山体环境协调。

草堂科技产业基地

控制要点：草堂基地是高新区“总部+基地”合作发展模式的重要功能区域，是高新区建设世界一流科技园区主导产业的配套服务区，在产业选择上应体现与核心区有序分工、优势互补的特征，着力打造以电子信息、生物制药、先进制造等为主的支柱产业，是集科技产业园区及高品质人文社区为一体的综合区域、卫星新城。应注重区域交通的可达性和便捷性，适度管控，以中低强度开发为主，局部可高强度开发，建筑不宜过高过密，建筑风格、色彩为现代风格，应注重与秦岭山体环境协调，保持与秦岭之间良好的天际线景观。

6.2.3 单元片区导则实施衔接

1. 承接方法

西安市分区层面城市设计分为行政区城市设计和开发区城市设计，在与西安市总体城市设计衔接时，应先根据规划区范围与西安总体城市设计单元片区进行比对。当分区城市设计编制范围大于总体城市设计单元片区时，合并编制范围涉及的若干单元片区，对要素进行整理；当分区城市设计编制范围小于总体城市设计单元片区时，将编制范围内的要素进行提取（图6-2-9～图6-2-11，表6-2-2）。

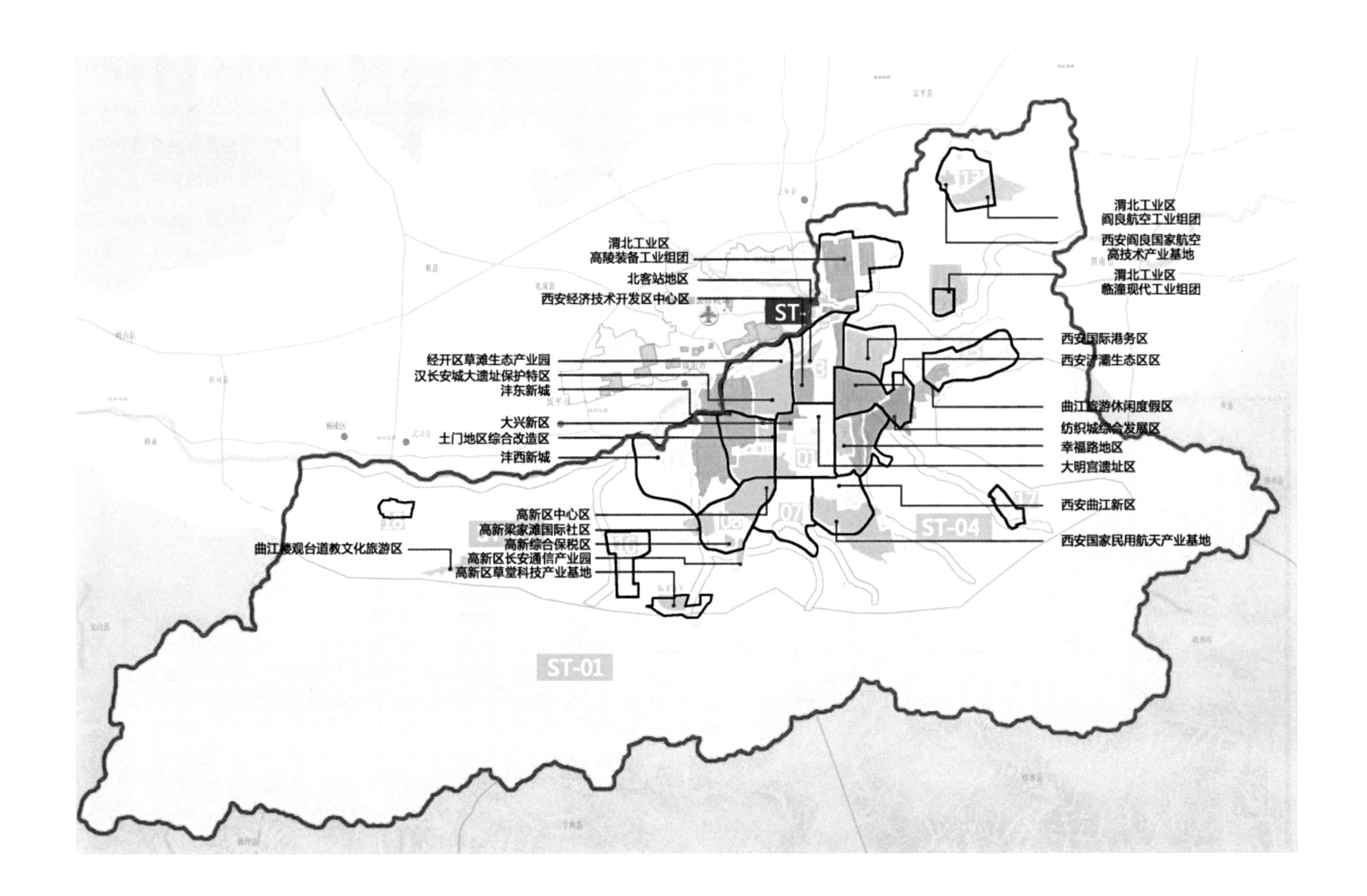

图6-2-9 城市设计涉及开发区划图（来源：周文林绘制）

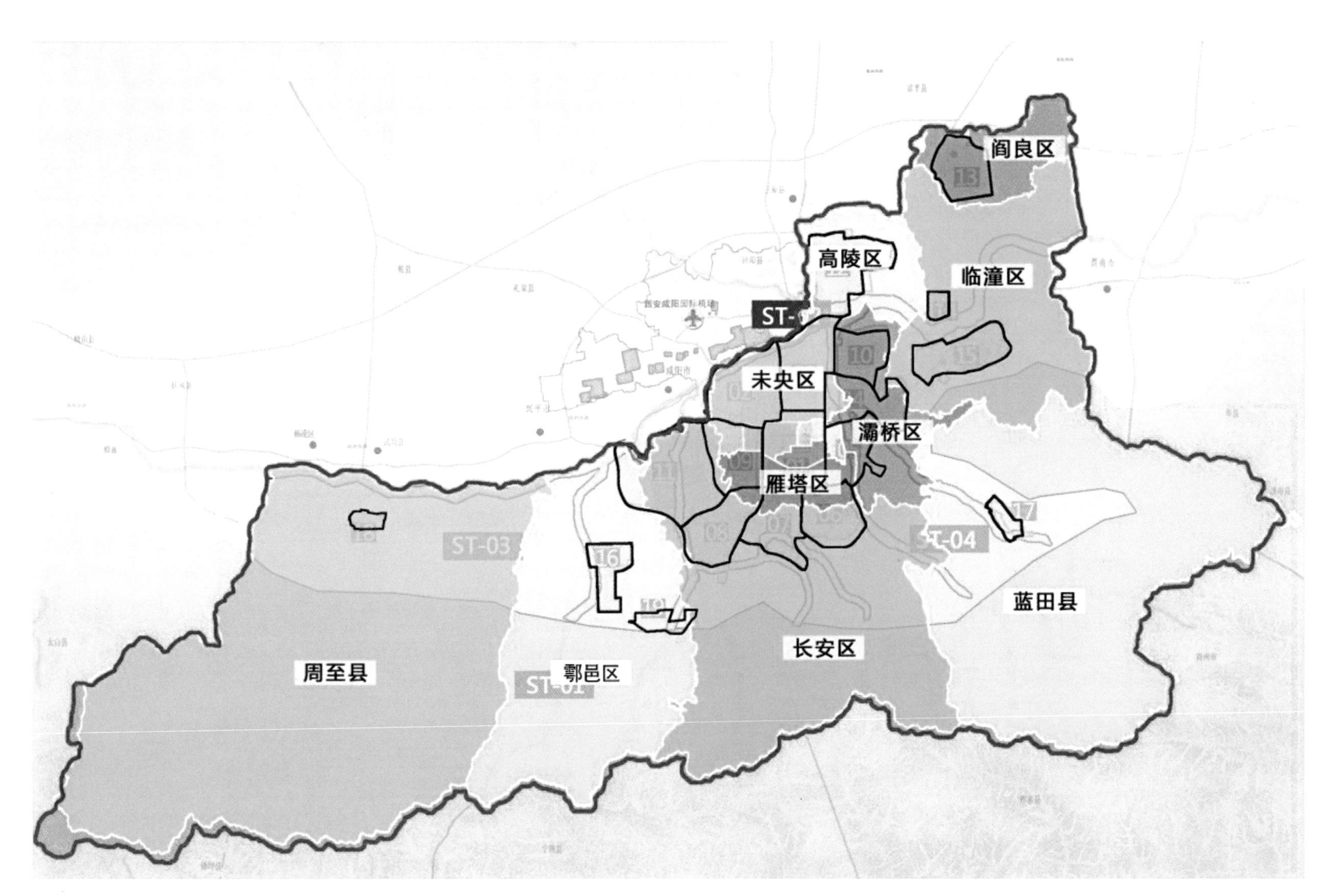

图6-2-10 城市设计涉及行政区划图（来源：周文林绘制）

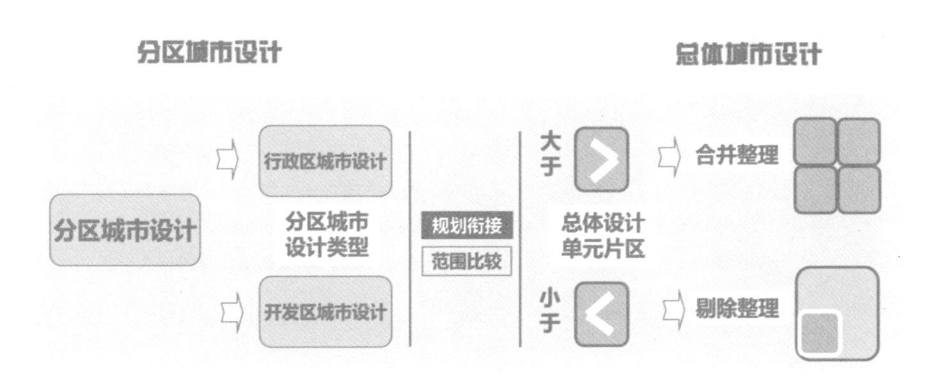

图6-2-11 分区及总体城市设计关系图（来源：周文林绘制）

表6-2-2 城市设计片区涉及行政区及开发区详表

分类	编号	片区名称	方位	形象定位	面积（km^2）	涉及行政区	涉及开发区
城镇片区	CZ-01	唐皇城旅游片区	中心	古都之心，龙脉之中，隋唐风韵，明清古貌	123.9	碑林区、新城区、莲湖区、雁塔区、未央区	大兴新区、大明宫、曲江新区、高新区、土门改造区
	CZ-02	汉文化展示片区	西北	渭水之滨，大汉都城，丝路起点，活力园区	104.0	未央区	汉城特区、沣东新城、经开区、大兴新区
	CZ-03	城北行政中心片区	正北	渭河之滨，龙脉之北，城市门户，行政中心	86.8	未央区	经开区、北客站地区、浐灞生态区、大明宫
	CZ-04	浐灞国际生态片区	东北	生态绿洲，活力世园，思路新城，多元荟萃	84.7	未央区、灞桥区、临潼区	纺织城改造区、浐灞生态区
	CZ-05	城东创意文化片区	正东	纺织遗产，半坡文明，东部商圈，创意绿城	70.5	灞桥区、雁塔区、碑林区、新城区	曲江新区、幸福路地区、纺织城改造区、浐灞生态区
	CZ-06	唐文化展示片区	东南	唐风汉韵，杜陵遗址，人文曲江，科技航天	63.8	雁塔区、长安区	航天基地、曲江新区
	CZ-07	城南科教文化片区	正南	依水傍塬，龙脉之南，休闲营地，人文校园	71.3	雁塔区、长安区	航天基地、曲江新区、高新区
	CZ-08	高新科技产业片区	西南	创智先锋，产业高地，时尚新城，一流园区	90.0	雁塔区、长安区	高新区
	CZ-09	城西综合商贸片区	正西	秦汉风韵，阿房宫苑，电工遗产，西部商圈	78.9	莲湖区、雁塔区、未央区、长安区	高新区、沣东新城、土门改造区、大兴新区
	CZ-10	国际商贸物流片区	东北	灞渭洲上，国际陆港，贸易聚点，物流园区	63.2	灞桥区、未央区	国际港务区、浐灞生态区
	CZ-11	周文化展示片区	西侧	昆明池畔，丰镐二京，田园城市，国家新区	165.9	长安区、鄠邑区	沣东新城、沣西新城
	CZ-12	高陵装备产业片区	渭北	泾渭之滨，远古文明，绿色循环，产业新城	109.6	高陵区	渭北工业区
	CZ-13	阎良航空产业片区	渭北	中国阎良，渭北核心，航空基地，飞行乐园	69.0	阎良区	渭北工业区、航空基地
	CZ-14	临潼现代产业片区	渭北	产业基地，生态园区	11.9	临潼区、高陵区	渭北工业区
	CZ-15	临潼旅游休闲片区	东侧	秦俑唐苑，旅游胜地，都市副新，东部门户	74.7	临潼区	曲江旅游度假区
	CZ-16	户县生态宜居片区	西南	涝河之畔，秦岭之北，中国画乡，人文故里	41.5	鄠邑区	—
	CZ-17	蓝田生态宜居片区	东南	玉山蓝水，东南门户，生态城镇，诗意河川	13.0	蓝田县	—
	CZ-18	周至生态宜居片区	西侧	道教故里，阳桃之乡，生态宜居，水源之地	12.3	周至县	—
	CZ-19	草堂生态产业片区	西南	秦岭之北，草堂烟雾，人文科教，产业基地	24.2	鄠邑区、长安区	高新区
生态片区	ST-01	山	市域	大美秦岭，国家公园，生物宝库，隐逸终南	—	周至县、鄠邑区、蓝田县、长安区、临潼区、高陵区	
	ST-02	水	市域	秀美八水，串山联城，多彩绿洲，城市绿脉	—	长安区、未央区、雁塔区、高陵区、临潼区、灞桥区、周至县、鄠邑区、蓝田县	
	ST-03	田	市域	五彩田园，休闲农庄，传统村落，乡土风情	—	周至县、鄠邑区、蓝田县、长安区、灞桥区、高陵区、临潼区	
	ST-04	塬	市域	壮美台塬，纯净自然，诗情画意，郊野公园	—	灞桥区、长安区、蓝田县	

来源：周文林整理。

2．承接内容

分区城市设计编制时，应将西安市总体城市设计各单元片区的设计内容作为分区城市设计编制的基础。同时，结合分区实际发展情况，对重点问题进行深化研究，并可在总体城市设计框架不变的情况下，对内容进行调整、优化。

3．工作方法

分区城市设计编制应把握三个层级：第一个层级是“承上”，对总体城市设计市级控制要素进行落定，维持规划编制的系统性；第二个层级是“统筹”，应在分区现状研究的基础上，对分区内控制要素和控制体系进行深入研究，提出分区城市设计的总体空间结构和设计重点；第三个层级是“启下”，为了更好地指导规划管理，应在规划设计时提出具体控制内容，作为规划管理的参考依据（图6-2-12）。

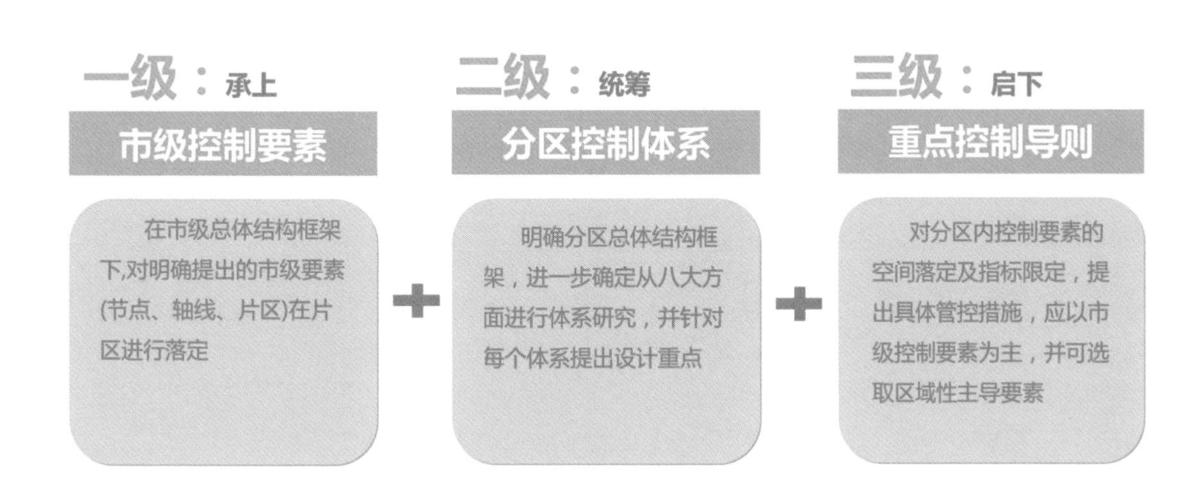

图6-2-12 分区城市设计三个层级职能图（来源：周文林绘制）

7

科学动态的管理评估体系

目前，我国特色城镇化进入快速发展阶段，城市规划迎来了新的改革浪潮，城市设计在城市规划中占据越来越重要的地位。然而，在过去的城镇化建设过程中，由于缺乏对于城市设计管理机制与评估反馈的研究，导致出现规划内容与实际成效不符合、过度建设与破坏性建设、城镇化管理缺位等现象[①]。城市设计管理与评估是城镇化进程中的重要一环，在宏观层面上其指导城乡规划推进，在微观层面上其是制定各项详细规划的指导框架。

① 李琳．以加强城镇化管理为目标的城市设计管理机制元素研究[J]．河南建材，2015（6）．

7.1 管理机制建设

城市特色是一个城市区别于其他城市的整体意象，是城市竞争力的重要因素之一。根据中国社会科学院发布的《2013年中国城市竞争力蓝皮书新基准：建设可持续竞争力理想城市》，我国城市的特色和文化底蕴逐渐消失，多地出现“千城一面”“千村一面”的现象。导致该现象的主要原因之一就是城市规划编制与管理体制的问题[①]。

在西安城市发展中，如何保持西安特色，如何让西安在众多城市中脱颖而出，如何让西安城市规划切实有效地得到落实，要求在西安城市设计中必须加强规划管理层面的工作，充分发挥城市设计在塑造西安特色中所起的重要作用。

城市设计管理是以服务于城市发展和市民生活为目标，贯穿城市规划、建设和运行全过程的管理活动，涉及城市建设的方方面面，城市设计的手法也是多种多样，在不同管理层面有着特殊的作用方式。因此，在城市设计管理机制的确立过程中，要注重机制确立的综合性及动态性，建立一套严谨、有序的保障机制，促进城市设计全过程的规范化。依据我国现阶段社会及制度状态、城市规划进程、学科发展动态等，建立城市设计的保障体系应包括以下五个方面[②]。

7.1.1 建立全面的法规体系，强化城市设计的编制与审批

目前，在我国的城市规划工作中，总体规划、控制规划及详细规划都具有严格的法律效应及界定方式，但城市设计的管理机制并不健全，缺乏必要的立法基础，城市设计的地位也十分模糊。国内城市设计普遍采用“总体—总体与局部—局部”的模式，仅有一些原则上的规定，缺乏具有指导意义的具体管控内容，可操作性弱。因此，应通过制度改革，确立城市设计实践的规范化执行方案，充分发挥城市设计在指导建设方面的重要作用，提高建设效率。

根据《城乡规划法》，控制性详细规划是我国城市规划管理的直接操作性文件，是实现城市发展战略向空间落实的关键手段，理论上也应该是从二维空间向三维空间转变的桥梁。但目前的控制性详细规划无论在编制内容还是在深度方面，都缺乏对三维空间的关注。为弥补该不足，诸多城市选择了一些重要地段开展城市设计，效果却不尽如人意。最主要的原因是城市设计不属于法定规划，其研究成果只有转化为控制性详细规划的要求才有可能对城市建设产生影响。然而转化过程障碍重重：一是在规划范围上，城市设计规划范围的划定受到诸多因素影响，可能在一个控制性详细规划范围之内，也可能跨越多个控制性详细规划范围；二是与规划的编制过程相互平行，大多数城市地块的控制性详细规划与城市设计的编制单位不同，设计理念与关注问题的角度不同，设计目标与意愿也有较大差距；三是在表达深度上，城市设计的内容与深度没有统一标准，通常是委托方与设计方协商决定，导致城市设计过程中某些内容缺失，或者某些内容研究过深、过细；四是在表达形式上，城市设计的成果一般以形象、直观的图纸为主，虽然生动有余，但较少考虑最终编制成果与规划管理的衔接问题[③]。因此，将城市设计内容通过导则等指标化形式转译为管理部门可操作运行的成果是十分重要和必要的，同时还要与控规成果取得协同。

① 张小金，邱彬，温天蓉．面向实施管理的中观层次城市设计框架与策略——以江西南康市东山新区城市设计为例[J]．规划师，2014（10）．
② 宋刚，张楠，朱慧．城市管理复杂性与基于大数据的应对策略研究[J]．城市发展研究，2014（8）．
③ 张小金，邱彬，温天蓉．面向实施管理的中观层次城市设计框架与策略——以江西南康市东山新区城市设计为例[J]．规划师，2014（10）．

建立法规体系是城市设计制度化的要求，法律地位和效力缺失是城市设计成果难以落实为建成环境的症结所在。法规体系与城市设计从某种意义上来说就是制度和技术的关系；城市设计的技术性因素必须通过制度性因素产生作用，制度性因素反过来引导和制约技术性因素。加快城市设计的法治化进程是必然趋势，也是我国城市规划近年来的一项重要的工作内容。只有将总体城市设计纳入法律体系，成为法定规划的一部分，才能使之在城市建设中发挥应有的作用，真正实现为城市塑造良好环境、提高人民生活质量的目标。

就目前条件来看，要有效解决城市设计管理问题，应首先将城市设计纳入现有规划编制和建设管理体系，保持其学科内容的独立性，同时通过地方行政决策机构的审议，以地方公共政策和建设管理条例或技术文件的形式予以实施，强化城市设计的编制和审批程序。

在城市设计的编制与审批过程中，对重要的城市设计与一般的城市设计应区别对待，以保障重要城市设计的品质和一般城市设计的效率。西安市重要城市设计主要包括总体城市设计、文物保护区城市设计、历史街区城市设计、重点旅游区城市设计、中心区城市设计、重点片区和廊道城市设计、重要节点城市设计七大类。由市规划局组织编制各类重要的城市设计，并组织专家论证成果，进而征求相关单位及公众意见，力求重要城市设计的公开、公平、公正，后经城乡规划委员会审查同意后，报市人民政府批准。城市设计获批后，市人民政府对城市设计成果出具政府批复文件，并在政府网站公示，公示时间通常为一个月。

上述重要城市设计之外的其他城市设计一般由区规划局组织编制，并组织专家论证成果，进而征求相关单位及公众意见，报区人民政府审查同意后，报市规划局审查批准。城市设计获批后，市规划局对城市设计成果出具批复文件，并在政府网站公示，公示时间通常为一个月（图7-1-1）。

另外，在城市设计整个过程中应该落实责任法治，即城市设计管理机制应将制定及执行的过程责任人化。在制定阶段杜绝虚假信息，保证研究资料的真实性和翔实性；在决策阶段明确相关信息，合理制定相关条文；在执行阶段严格要求每一位执行者将相关规定及法律贯彻整个执行阶段，保证管理体制的完善化与法治化[①]。

① 李琳. 以加强城镇化管理为目标的城市设计管理机制元素研究[J]. 河南建材，2015（6）.

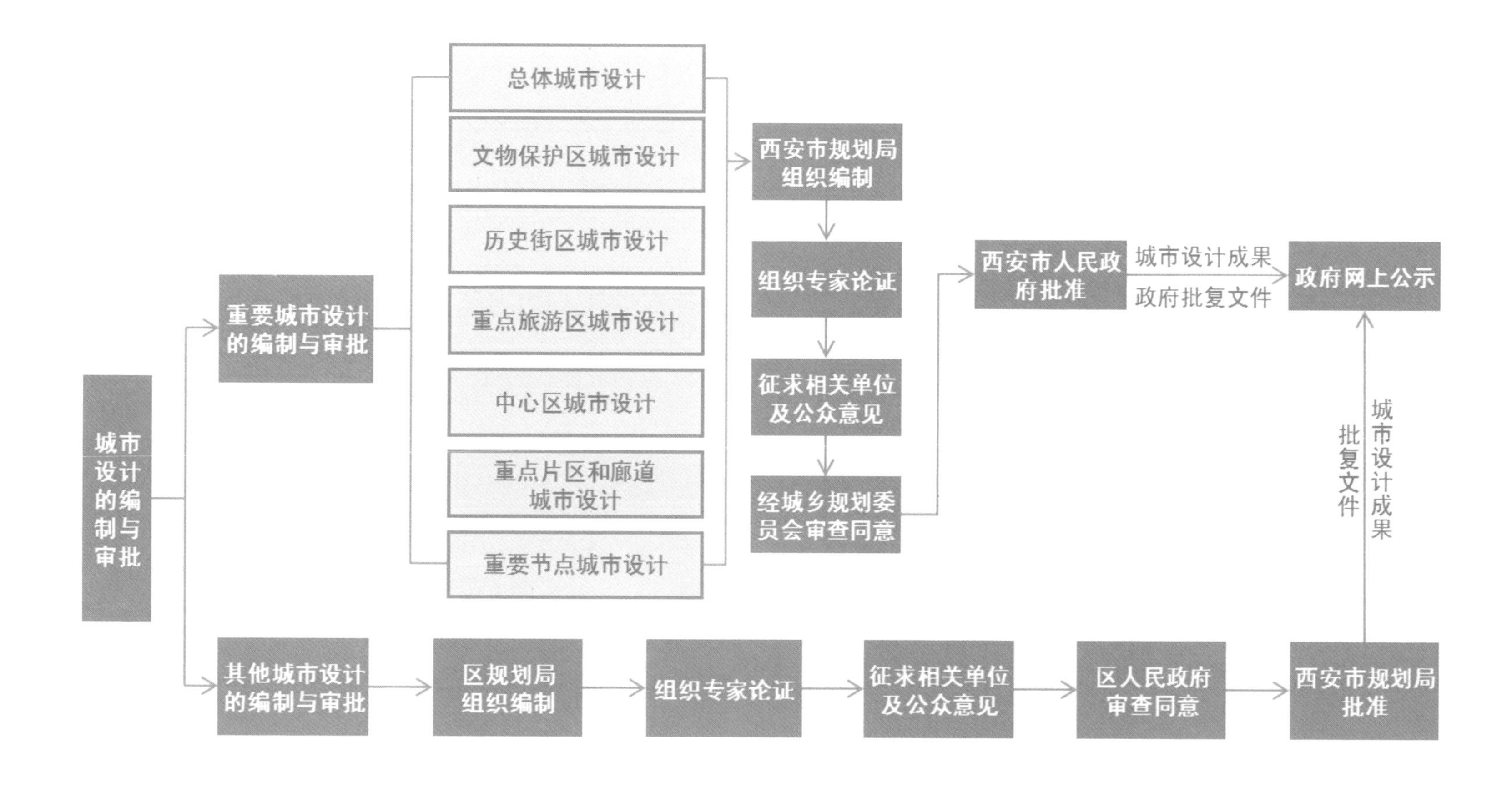

图7-1-1 城市设计编制与审批流程图（来源：论文《以加强城镇化管理为目标的城市设计管理机制元素研究》）

7.1.2 提供科学的技术支持，利用大数据积极建立信息平台

过去，设计师通常基于相关原则、先例、经验以及假设预期来完成城市设计。随着互联网与城市物联网的飞速发展，在未来的城市设计中，越来越多的数据将发挥重要作用。城市设计管理作为一类复杂巨系统，具有多维度、多结构、多层次、分系统等特性，形成了从宏观到微观的纵横交织、错综复杂的动态非线性过程。

基于大数据的城市设计，将通过数据挖掘与分析实现具有前瞻性的独特规划。大数据一般指规模超过10TB（1TB=1024GB）的数据量。如今越来越多的传感设备投入使用，大量事物的数据被采集和存储起来供我们分析研究。同时互联网商业的飞速发展，使得数据量产生爆炸式增长，为城市设计的研究提供了巨量数据资源。大数据在城市管理领域的不断更新与应用，为改变城市的管理理念、组织架构、工作方式、制度建设等方面，带来了全新的机遇。首先，有利于数字化城市建设，有利于缩减管理人员，节约管理成本，促进管理效率的提升，最终推动城市整体效率的提高以及成本的节约；其次，有利于电子政务建设，如政府网站、领导在线、政民互动、呼叫中心等；最后，有利于智慧城市建设，为智慧城市的最终建成提供真实可靠的信息基础[①]。

现代城市及其管理是一个开放的复杂巨系统，必须高度重视数据体系的作用，以复杂性科学的方法论指导现代城市管理。在城市设计中利用大数据进行分析的特点有：数据量大、数据种类多、分析成本低等。大数据一般来源于各类商业数据（如各种网络、移动设备）及政府数据（如政府网站、国家数据库等）。

① 宋刚，张楠，朱慧. 城市管理复杂性与基于大数据的应对策略研究[J]. 城市发展研究，2014（8）.

在城市设计中，依托现代技术，运用数字基础资源、多维信息采集、协同工作处置、智能督察考评、预警决策分析等手段，量化城市管理部件、事件标准，建设城市设计管理信息平台，构建基于海量信息和智能过滤处理的城市设计管理新模式。随着城市管理的理论和实践发展，传统狭义概念上基于设施和环境的城市管理，与面向社会和人的社会服务管理越来越呈现出融合的趋势。基于此构建城市设计三维分析模型，在三维结构下城市管理的各类数据记录并表达了城市管理的复杂性，不仅包括城市空间设施等静态信息，还包括城市生产、经济、社会、文化等城市管理活动的动态数据。

基于大数据的城市设计管理是一个复杂的动态过程，城市管理的复杂巨系统特性决定了规划应是围绕城市运行服务数据不断累积、调整、修订的动态过程，需要有一定的技术支持。1990年，钱学森在系统工程实践基础上指出，唯一能有效处理开放的复杂巨系统的方法是定性定量相结合的综合集成法，即“大成智慧工程”。我们应结合新一代信息技术引领城市管理的机遇，提出城市设计管理综合集成法。在解决城市设计管理这类复杂巨系统问题时，应重视数据收集、汇聚与价值挖掘的全过程。在对城市管理全景、全生命周期的数据收集、汇聚的基础上，实现结构化和非结构化数据的集成和融合，并通过建模、仿真、分析过程，实现对城市管理大数据的价值挖掘和应用，实现从经验式的管理转向数据驱动的科学化管理[①]（图7–1–2）。

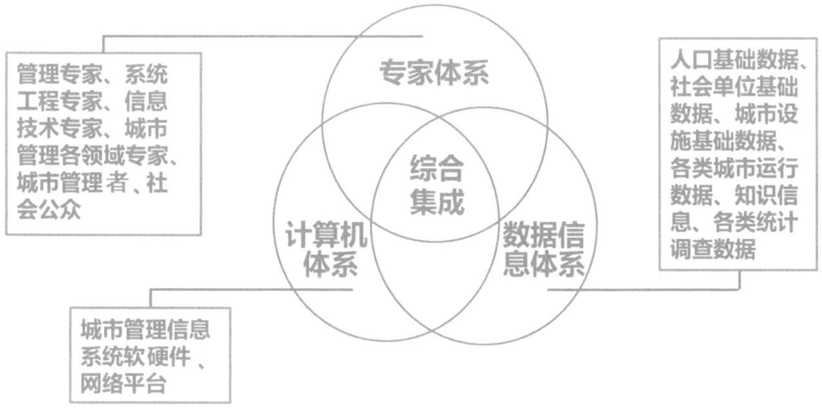

管理专家、系统工程专家、信息技术专家、城市管理各领域专家、城市管理者、社会公众

专家体系

综合集成

计算机体系

数据信息体系

人口基础数据、社会单位基础数据、城市设施基础数据、各类城市运行数据、知识信息、各类统计调查数据

城市管理信息系统软硬件、网络平台

图7–1–2 城市管理综合集成体系

① 宋刚，张楠，朱慧. 城市管理复杂性与基于大数据的应对策略研究[J]. 城市发展研究，2014（8）.

值得注意的是，大数据时代的机遇与挑战并存，数据的公开程度、共享程度、真实性、隐密性和安全等都是新的伦理问题。在城市设计管理机制的建设过程中，必须严格把控各个阶段数据的真实性及安全性，保障城市设计数据的有效与安全（图7-1-3）。

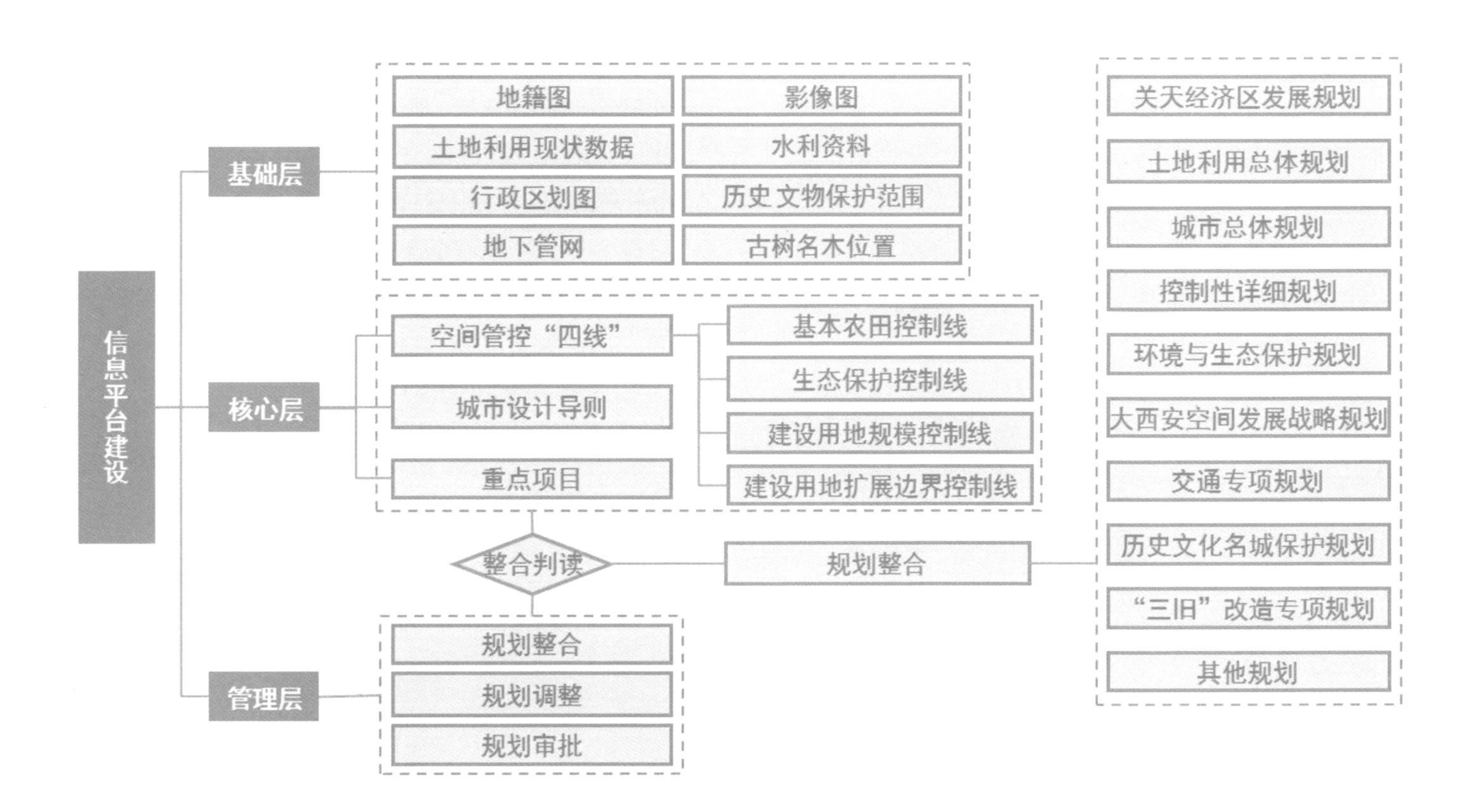

图7-1-3 信息平台框架搭建

7.1.3 形成合理的机构组织，建立自上而下严密的组织体系

机构组织是城市设计保障体系的主体。机构组织研究的任务是寻找一种能够统一和均衡各类社会要素的机构和机制的集合，来具体操作城市设计的运行。它的任务体现为促进城市设计的领导者、设计者、实施者、管理者和使用者的协调工作，平衡政府、开发商、社区居民、公众等各个利益集团的利益取向，吸纳和统一政治、经济、文化、法律等多种社会因素影响并反映到城市设计中。目前，我国的城市设计没有相应的管理实施机构，少数城市的尝试也多为临时性，缺乏合理的组成结构和明确的职能，无法把握城市设计整体过程[①]。

7.1.4 建立科学的评价体系，形成动态的城市设计过程

城市设计评价即回答“好不好”的问题，是非常基础的评价标准和价值取向。国外经验表明，城市设计项目产生于评价，结束于评价，任何环节都是以评价为前提条件，评价对设计实施过程的保障作用可见一斑。评价体系不仅仅是一个标准的问题，还包括评价过程组织、评价方法研究、评价方案制定、评价制度架构和评价主体参与等内容[②]。

一个好的管理体系应当具有完善的评价标准，其要素一般要满足公平透明、责任法治、有效回应等重要原则。公平透明是指城市设计管理机制的建立应公平地表达社会大众的目的，公平地对待社会各个阶层，尤其关照弱势群体。信息透明也是公民表达自身意愿、参与城市设计的重要途径。

城市设计的整个过程应该具有一套完整的评价体系，以保障城市设计过程的动态管理，使城市管理从定性走向定量，实现城市规划、建设与管理的有机衔接与协同发展，从而保证城市管理、规划、建设和运行过程的科学化。

7.1.5 形成广泛的公众参与，明确城市设计主体

城市设计不仅仅是技术层面的实践活动，更是协调多方面的实践活动。城市设计的对象是“人”与“城市”，它的目标是为人类创造良好的城市生活环境。因此，城市设计不能仅凭借设计师的认识和感受主观进行，应建立公众参与的机制，让公众拥有发表意见、见解的机会是实现城市设计目标的最佳选择。城市设计实践中的公众参与是一个不可回避的重要问题，也是城市设计制度建设的重要组成部分[③]。

1. 公众参与的目的和作用

在城市设计实践的各个阶段，公众参与都可以发挥非常重要的作用。我们的城市规划制度需要适应社会发展和改革趋势，推进和加强公众参与制度的建设。当然，在城市设计实践和评价中引入公众参与需要适度，既不能没有公众参与，也不能过分强调公众参与每一个细节步骤，避免造成众说纷纭和时间低效[④]。

公众参与的目的是构建合适的参与方法来对城市设计过程起到监督、决策、引导的作用，寻求更大范围的意见征询，保障城市设计实践的公正公平。同时，通过加强与公众的沟通，便于实践活动更好地满足人民需求。具体说来，公众参与的作用包括[⑤]：

（1）提供信息、教育和联络

首先需要帮助市民了解城市设计实践的目的、过程以及参与有关工作的方法。通过民众的参与，及时传播研究的进展和发现，公布综合评价数据。

（2）确定问题、需要以及重要价值

通过公众参与，确定对本地段民众有重要影响的因素和存在的问题，确定问题的范围、公众的需求以及与实践活动有关的其他问题。

（3）发现思想和解决问题

通过公众参与进一步确定经过论证的备选方案，必要时可补充原有构思的不足之处，发现创造性思想，找到更好的措施。

① 莫洲瑾．论城市设计的运行保障体系[D]．杭州：浙江大学，2005.
② 莫洲瑾．论城市设计的运行保障体系[D]．杭州：浙江大学，2005.
③ 段德罡．我国现行规划体系下的总体城市设计研究[D]．西安：西安建筑科技大学，2002.
④ 刘宛．公众参与城市设计[J]．建筑学报，2004（5）.
⑤ 王哲．实施困境中的我国整体城市设计出路研究[D]．天津：天津大学，2007.

（4）收集人们对建议的反应和反馈

通过公众参与，了解哪些影响因素对公众而言最重要，获取人们对开发活动和城市社会生活等各方面的认识。

（5）各备选方案的评估

公众参与还能够提供地段综合环境的价值信息，在对备选方案做出选择时应考虑这些信息。

（6）解决冲突、协商意见

了解矛盾冲突的原因，尽量协调矛盾，设法补偿，就最优方案达成一致，可以避免事后不必要的纠纷[①]。

2．参与的方法和效力

要使公众参与真正发挥作用，不仅要在制度上保证，还需要更多更灵活的方法促进参与。目前，公众参与在大家头脑里的概念只有问卷、访谈等形式，实际上促进和鼓励参与的方法远不止于此。

公众参与的形式多种多样，包括座谈会、评审会、访谈、问卷调查、展览、广播电视、报纸、互联网等媒体宣传与调查等。需要指出的是，由于市民整体素质、参与社会事务的意识都有一个提高的过程，加之操作成本和统计误差等因素，公众参与目前还处在一个相当有限的水平，这一点从正在进行的《城市规划编制办法》修编工作所组织的问卷调查中得到了证实：所有被调查者均认为在城市设计中应进行公众参与，但关于参与程度上，30%的人认为公众参与应广泛进行，70%的人认为应有限参与。这就要求设计师在整个过程中进行有效的正面引导，加强公众参与的有效程度，同时采取制度保障公众参与的实施。[②]

公众参与应实现各个阶段的有效回应。有效回应是城市设计管理机制的目的，应立足于城市的长远发展，在长期建设过程中，及时对各个阶段城市设计管理机制的贯彻程度、执行力度调查研究，关注市民使用情况，听取民众意见，促使管理机制的有效贯彻。总体城市设计过程中的公众参与应考虑三个方面：一是促使公众一定程度地参与设计，充分反映公众需求；二是加强城市设计的宣传，使公众充分理解城市设计并在行动上支持；三是形成社会监督和评估反馈机制，保障城市设计的实施，同时及时调整与完善。公众参与贯穿于总体城市设计的全过

① 刘宛．公众参与城市设计[J]．建筑学报，2004（5）．
② 牟宏宇．我国当代总体城市设计实证研究[D]．哈尔滨：哈尔滨工业大学，2008.

程，在项目策划阶段设计师应倾听多方意见，以市民、政府官员和发展商对城市问题和发展需求的意见作为辅助判断，协助政府制定总体城市设计目标与框架；在项目准备阶段进行充分的社会调查，公众可就城市建设的方方面面发表意见、提出建议，及时发现具体问题和实际需求，以此作为对城市各系统综合评价的重要依据，制订各子系统的具体目标；组织设计阶段，设计师根据前面制订的设计目标和框架，提出一揽子的设计构思与控制措施进行评审与公示，包括组织专家、政府部门评审方案，公开展示与宣传设计方案，收集各方意见并对方案进行调整，根据情况进行一次以上的往复过程，以期得到普遍认可的设计方案；实施运作阶段的公众参与主要是对实施过程中发生问题和实施效果的反馈，须建立一个日常的信息收集制度，将问题和意见及时有效地反馈，甄别和判断与设计政策和具体措施有关的内容，以决定对设计的修改。公众参与者包括市民、政府、发展商和设计师，各参与方在不同阶段所起的作用各有不同，总体城市设计方案就是在各方力量的相互作用中不断完善。对于城市设计而言，它并非只是一种职业技术的把握或运作，而是社会行动者（政府、城市设计师、公众等）共同寻求创造意义的过程。因此，公众参与城市设计的真正核心是寻求一种“政府—城市设计师—公众”的多边合作（图7-1-4），三方必须共同参与到城市设计的决策阶段。在这种合作框架中，公众权益的平衡和决策权利的分配是关键[①]。

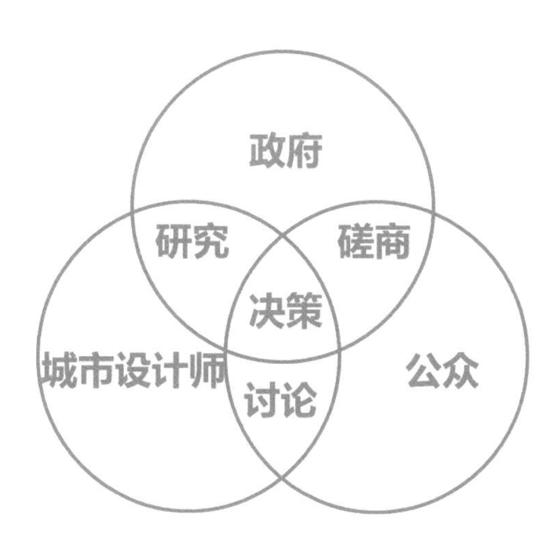

图7-1-4 公众参与城市设计决策模式（来源：《城市设计运行保障体系的公众参与研究》）

① 张峙. 城市设计运行保障体系的公众参与研究[D]. 杭州：浙江大学，2005.

西安总体城市设计过程中的公众参与分四个阶段进行。

第一阶段，在项目初期发放民意调查表，召开政府有关部门座谈会，针对不同人群进行访谈，并向市人大汇报项目进展情况，进行项目前期宣传。

第二阶段，项目中期公众咨询，进行方案评议，召开多种形式的讨论会，收集修改意见。

第三阶段，项目评审程序。召开大型成果汇报会，举办设计成果的公众展示，并通过媒体进行宣传，收集反馈意见。

第四阶段，项目编制完成后，结合实施进展，针对管理部门、开发单位、使用单位和广大市民，以多种形式收集实施过程中出现的问题和建成环境效果的反馈，以决定对设计政策和导则的修改与调整。①

结合当前我国公众参与城市设计所面临的难点，提出以下对策：（1）公众参与城市设计的真正核心是寻求一种“政府—城市设计师—公众”的多边合作，三方必须共同参与到城市设计的决策阶段。（2）公众参与城市设计具有层次性、文脉性和多解性三个基本属性。（3）参与设计是重要一环，意在重新赋予普通人在某种程度上掌控自己生活环境的权力，唤醒个体潜在的创造力。（4）专业人员与非专业人员之间的交流隔阂是制约公众参与城市设计效力的重要因素。（5）大规模、广义式的参与通常是违反理性的，很难获得令人满意的效率与效力。（6）长期以来，我国国家本位思想的主导和社会组织基础的薄弱是制约我国公众参与城市设计的主要因素。

在公众参与城市设计的应用过程中，应当注意以下问题：（1）应当把参与的角色、要求以立法形式确立起来，赋予公众有实际意义的地位，这样才能使参与不被随意偏废，给公众真正的鼓励和动力。（2）应当从项目初始阶段就引入公众参与。（3）专业人员应主动发掘和采用通俗易懂、群众喜闻乐见的交流方式。（4）各种有关参与的机构中都应配备专业人员给予技术支持。（5）应当采取多种技巧促使人们介入参与设计的环节②。

---

① 孙彤. 我国现阶段总体城市设计方法研究[D]. 北京：清华大学，2004.
② 张峙. 城市设计运行保障体系的公众参与研究[D]. 杭州：浙江大学，2005.

7.2 评估体系建设

为了促使城市设计成果的更好落地，本研究建立了城市设计的动态实施评估体系，通过公众参与、规划监督等方式方法，探索构建多种规划互动的公众参与平台，以及政府和民众双向沟通的渠道，形成从前期政策制定到后期实施监督的动态评估过程。

西安总体城市设计评估分为三阶段，即城市设计编制评估、城市设计实施评估和城市设计效果评估。通过专家评审和公众参与的方式，保证城市设计的编制成果有效、科学；通过城市设计工作项目库和可实施性的评估体系构建，结合近期行动计划来保障城市设计实施；通过实施进展评估、实施契合度评估和实施效果评估，对城市设计实施效果进行动态反馈。结合这种多对象、动态反馈的评估体系，通过汇总管理、设计（包括规划类和建筑类）、建设以及大众意见，保障成果的有效性及近期建设项目的可实施性，方便管理部门和建设者开展精细化、有效的城市管理工作。

1. 编制评估

评估体系建立的第一步是进行编制成果的评估，主要是建立互动的公众参与平台，以及规划部门和民众沟通的双向渠道，收集公众对规划方案、城市认知、城市体验、城市蓝图的反馈意见，进行信息汇总、解读、处理，优化规划草案，实现沟通、反馈、修正的目的。

西安总体城市设计探索了三种公众参与方式：（1）市民问卷调查及访谈。通过设计调查问卷，根据年龄层次、教育程度、职业构成等有针对性地发放问卷，重点了解市民体验的城市正负空间节点，及对未来西安城市蓝图的构想。（2）行政区管理部门座谈。与分局及相关管理部门座谈，宣讲本次规划的思路和成果，重点了解分局及相关管理部门对规划草案的反馈意见，及对城市基础设施、产业分区、片区导则等的建议。（3）网络公众参与平台。区别于规划展览馆和规划局政府网站等方式，不再是观摩式感受，而是互动式参与城市设计，并反馈公众城市生活的实际诉求。

2. 实施评估

通过城市设计的实施评估，保障设计成果有效落地。主要围绕政府工作目标，建立城市设计工作项目库，进行项目可实施性评估，筛选出近期重点推进项目，明确项目类型、名称、位置、控制要素、导则编码、执行部门等。

3. 效果评估

对已经确定的城市设计成果的实施效果进行评估。首先，确定评估对象，包含评估主体与客体，评估主体为领域专家、公众、项目实施者等相关利益群体，客体为已经实施一段时期并获得一定实施效果的城市设计项目；其次，提取城市设计控制要素，制定评估指标体系，实地调研进展情况，比对实施情况与方案的契合度，进行专家评分，得出评估结果；最后，分析原因得出优化方案与修正措施，根据反馈意见优化调整方案。

8

西安总体城市设计的创新性探索

新常态背景下的城市规划强调内涵提升与文化营造，总体城市设计也应注重文化格局的构建和城市精神空间的塑造。西安总体城市设计在实践中，从研究方法、研究视角、设计范围、框架体系、管控实施等多个方面进行了有益的探索。

8.1 文化导向下的核心问题研究

文化是西安之魂，也是西安彰显新形象的底蕴基础，西安总体城市设计的目标定位及设计重点离不开对文化特质的深刻解读。以文化价值认知为引领的城市设计研究方法，是西安总体城市设计的首要特征。

本研究选择历史和现代两个维度，从都城文化、古典营城、生态山水、现代科技等不同方面对西安展开文化特征分析，由此提炼出核心问题作为总体城市设计的纲领性导引，主要有四点：

1）如何展示西安应有的文化地位？主要通过建立区域文化空间构架、保护揭示周秦汉唐都城演化脉络等宏大历史空间格局、活化软质文化等多种措施实现。在设计中，通过宏观框架与微观表征等方法确定感知框架，结合多元感知方式确定主题感知游线，串联西安文化意蕴表征地。

2）如何体现天人合一的山水营城格局？通过再现“渭水贯都、以象天汉”的宏观格局、建立山水林田四大系统、搭接“六楔四环”生态骨架等设计手法，达到城市与大山水和谐相融的生态景观目标。

3）如何彰显西安现代国际形象？在支撑设计框架的项目策划中，以丝绸之路经济带新起点建设为契机，重点突出航空航天、装备制造、科研教育等优势产业特色，通过阎良航空城、科教创新港等重点项目展现西安现代产业风貌形象。

4）如何实现城市的精细化管理？在现实规划体制下，通过与控规的衔接等途径增强城市设计的法定性、可实施性，增强城市设计在城市精细化管理中的作用。

基于以上四点，西安总体城市设计形成以核心问题为导向的空间应对，有重点、有针对性地突出城市特色，高度提炼重要轴线与节点，构建主次分明、层级有序的城市艺术构架。

8.2 区域视野下的城市设计层次

总体城市设计的规模尺度是重要问题之一。培根结合费城的实践经验提出了区域性城市设计。吴良镛先生强调，中国传统人居环境营造的一个重要理念，就是“城市-建筑-地景”三位一体，在范围上表现为“体国经野”的区域整体观。

西安是中华文明的重要源头，也是西北地区重要的区域中心，在功能上承载着区域经济、科教、旅游等重要职能，在文化上更是形成了以西安为统领的文化格局，其形成与辐射范围和内在逻辑远远大于中心城区，就城市论城市的总体设计难以反映真实状态。因此本研究以建立相对完整的文化地理格局为原则，突破行政范围，将关天区域划为西安总体城市设计的研究范围，以“关天区域、大西安、西安市域、西安市中心城区”作为不同的设计层级，希望在整体上梳理中华文化源脉，提炼以古代长安为中心的文化地理框架。该范围不仅有利于从全局把握以古都长安为核心的中华文化源脉体系，也便于将关天区域作为整体统筹考虑，在旅游、交通等资源的配置方面促进关中城市群区域的功能联合。当然，城市设计的重点依然在市域和中心城区。

8.3 项目支撑下的目标实现

总体城市设计由于其宏观性和非法定性，设计目标往往难以落实。本研究提出操作导向的设计思路，以形象定位和设计目标为引领，结合重点项目策划和设计作为落实目标的重要支撑，通过城市设计管控体系反馈总规、控规等法定规划，将设计项目纳入城市行动计划并予以实施。

长安素有“诗城”之称，这里诗歌文化繁盛璀璨，唐诗不仅是中国古代文学的高峰，更是中华民族精神文明的体现。长安处处有唐诗，但时至今日西安已难感知到诗城的形象。对此，本研究以文化活化展示为理念，策划唐诗主题园等重点项目，意图还原唐代诗意栖居的文化艺术境界，打造诗意西安的核心表征点和唐诗文化重要窗口。结合以唐诗为主题的旅游休闲体验活动，进行相关文化研讨、展示、学习、演艺等，并将项目纳入唐城文化复兴工程体系。

针对西安自然生态、历史文化、现代城市等重要问题策划了周秦汉唐主题城、科技创新港、湿地公园、郊野公园等若干具体项目，提出意向性设计和管控要求，结合近远期时序纳入城市行动计划，从而推进城市设计框架的具体实施。

8.4 宏观框架与微观表征的感知体系

文化沉积深厚但地面遗存有限，是西安历史文化资源的典型特征。周城、秦宫、汉苑均深埋于郊野，宏伟的唐长安城基本被现代建设所覆盖，“夕阳无限好，只是近黄昏”的苍邃诗境也难觅其踪。如何揭示并感知西安古都丰厚而隐匿的历史文化信息，是本次城市设计工作的重要内容。

8.4.1 建立宏观框架与微观表征相结合的展示及感知体系

与现实功能相结合，通过绿化廊道、遗址公园等开敞空间营造，对都城演化脉络及唐长安城空间结构等宏大历史空间格局加以揭示，构建富含历史文化信息的宏观框架。通过周秦汉唐主题城、唐诗主题园、直城门丝路起点广场、唐坊等历史表征项目，以及阎良航空主题城、科教创新港、泾河中心等现代特色项目，对西安重要文化与产业信息进行微观表征。

8.4.2 精细化设计的展示与多元感知方式

划分主题感知区，通过风貌引导与环境细节设计提升主题场所感知度，包括城市标识系统、市政交通等设施的设计，标识历史文化区域，进一步揭示地下历史都城空间格局，充分展现历史文化底蕴。加强项目参与性与体验性，拓展观、闻、着、品、宿、戏、游、学等多元感知方式。

8.4.3 打造十条主题感知游线

通过线路、场所和交通工具的主题设计，打造十条主题感知游线，感知历史西安、山水西安，并与现代西安的感知相融合。通过驱车游线、空中游线、步行游线等体验，感知西安的城市风貌特色。结合旅游策划、健康运动和周末休闲等，营建更具活力的现代西安感知场所。

8.5 层级管控与分步实施的管理体系

8.5.1 总体、分区、地段三层级城市设计管控机制

西安城市设计全覆盖包涵总体、分区以及地段三个工作阶段。为强调总体城市设计成果的操作性和实施性，建立四个层级的城市设计空间要素库，自上而下逐层落定要素控制。总体城市设计重点控制特级和一级要素，并指导分区和重点地段城市设计的落实。分区和重点地段城市设计承接特级和一级要素控制要求，并对二级和三级要素进行细化控制。

分区城市设计编制时应把握三个层级：第一个层级是“承上”，落定总体城市设计中市级控制要素，维持规划编制的系统性；第二个层级是“统筹”，应在分区现状研究的基础上，深入研究分区内控制要素和控制体系，提出分区城市设计的总体空间结构和设计重点；第三个层级是“启下”，为了更好地指导规划管理，应在规划设计时提出具体控制内容，作为规划管理的参考依据。

8.5.2 刚弹结合的管控策略

针对特大城市在城市设计层级衔接方面的特征，强调管控的灵活性和操作性，提出刚弹结合的管控策略。如高度控制突出“抓两头”的管控方式，对城市生态区、遗址区等区域控低，对城市CBD等区域导高，有约束力但不过度干预，实现管控要求切实落地；中间高度区由下位城市设计详细研究。

8.5.3 导则与实施相结合的实施路径

规划建立“一图一表”控制导则。依据相关规划，在市域范围内划分19个城镇片区和4个生态片区，对各片区提出形象定位与风貌引导。各片区单元内落实对应空间要素，对大雁塔等9个特级节点和长安龙脉等4条特级轴线进行详细控制，对大唐西市等110个一级节点和汉长安子午轴等10条一级轴线进行一般控制。

加强城市设计与总规、控规等法定规划的衔接，加强公众参与，强调实施导向的设计成果编制，建立城市设计导则实施指引，强化城市设计的编制与审批，保障实施程序。

8.5.4 近期建设：七大工程，廿五大项目

通过自上而下的研究策划和自下而上的实施反馈，建立包括生态类、历史文化类、现代城市类共51个项目的城市设计项目库。通过对各项目用地条件、市场潜力、文化效益、生态效益、资金投入等方面进行评估，筛选出近期建设项目，主要包括唐城文化复兴工程、丰镐大遗址公园景区建设工程、老西安生活体系展示工程、丝路起点建设工程、现代国际都市形象建设工程、大西安郊野公园体系建设工程、智慧交通建设工程等七大工程和唐诗主题园等廿五大项目。

8.5.5 持续有序的实施动态

城市设计是一个连续决策、调整的持续动态实践过程。在城市设计的实施过程中，需要建构一个针对不同建设项目进行长期跟踪与反馈的动态管理机制，以最大限度地整合多种城市资源，保证成果实施的有效性和可操作性。

参考文献

[1] 吴良镛. 中国人居史 [M]. 北京：中国建筑工业出版社，2014.
[2] 贺业钜. 中国古代城市规划史 [M]. 北京：中国建筑工业出版社，2004.
[3] 佟裕哲. 刘晖. 中国地景文化史纲图说 [M]. 北京：中国建筑工业出版社，2013.
[4] 周庆华，李立敏，赵元超等. 中国传统建筑解析与传承 [M]. 北京：中国建筑工业出版社，2017.
[5] 李允鉌. 华夏意匠 [M]. 北京：中国建筑工业出版社，1991.
[6] 熊明. 城市设计学——理论框架. 应用纲要 [M]. 北京：中国建筑工业出版社，2005.
[7] （美）E.D.培根. 城市设计学—理论框架. 应用纲要 [M]. 黄富厢译. 北京：中国建筑工业出版社，1999.
[8] （美）克莱尔·库伯·马库斯. 人性场所-城市开放空间设计导则 [M]. 俞孔坚译. 北京：中国建筑工业出版社，2000.
[9] （美）K·林奇. 城市形态 [M]. 林庆怡，陈朝辉译. 北京：华夏出版社，2001.
[10] 田宝江. 总体城市设计理论与实践 [M]. 武汉：华中科技大学出版社，2006.
[11] 齐康. 城市环境规划与设计方法 [M]. 北京：中国建筑工业出版社，1997.
[12] 董鉴泓. 中国城市建设史 [M]. 北京：中国建筑工业出版社，1989.
[13] 贺从容. 古都西安——西安都城规划历史 [M]. 北京：清华大学出版社，2012.
[14] 陕西省住房和城乡建设厅. 陕西省城乡风貌特色研究 [M]. 北京：中国建筑工业出版社，2016.
[15] 张燕. 古都西安——长安与丝绸之路 [M]. 西安：西安出版社，2010.
[16] 李令福. 古都西安——秦都咸阳 [M]. 西安：西安出版社，2010.
[17] 阎琦. 古都西安——唐诗与长安 [M]. 西安：西安出版社，2010.
[18] 李志慧. 古都西安——汉赋与长安 [M]. 西安：西安出版社，2003.
[19] 杨希义. 古都西安——西安的军事与战争 [M]. 西安：西安出版社，2002.
[20] 朱立挺. 古都西安——长安胜迹 [M]. 西安：西安出版社，2007.
[21] 肖爱玲等. 古都西安——隋唐长安 [M]. 西安：西安出版社，2008.
[22] 姚远. 古都西安——西安科技文明 [M]. 西安：西安出版社，2002.
[23] 马正林. 丰镐-长安-西安 [M]. 西安：陕西人民出版社，1983.
[24] 国家文物局. 中国文物地图集·陕西分册 [M]. 西安：西安地图出版社，1998.
[25] 胡武功. 西安记忆 [M]. 西安：陕西人民美术出版社，2002.
[26] 王宏涛. 西安佛教寺庙 [M]. 西安：西安出版社，2010.

[27] 胡劲涛. 文化消费与文明传承：西安彰显华夏文明的历史文化基地研究 [M]. 西安：陕西师范大学出版社，2012.
[28] 何清谷. 三辅黄图校释 [M]. 北京：中华书局，2005.
[29] 朱士光，吴宏岐. 古都西安：西安的历史的变迁与发展 [M]. 西安：西安出版社，2003.
[30] 史红帅. 明清时期西安城市地理研究 [M]. 北京：中国社会科学出版社，2008.
[31] 诗经·秦风·蒹葭 [M]. 北京：中华书局，2015.
[32] 司马迁. 史记·秦始皇本纪 [M]. 四川：天地出版社，2017.
[33] 陈直. 三辅黄图校证 [M]. 西安：陕西人民出版社，1980.
[34] 西安市地志编纂委员会. 西安市志（第二卷）[M]. 西安：西安出版社，2000.
[35] 孙亚伟. 西安市志（第四册）[M]. 西安：西安出版社，1996.
[36] 张锦秋. 关于西安城市空间发展战略的建议 [J]. 城市规划，2003，27（1）.
[37] 周庆华，雷会霞，吴左宾. 基于空间资源调控的总体城市设计方法探析——以西安高新技术产业开发区为例 [J]. 规划师，2010，10（6）.
[38] 谢晖，周庆华. 历史文物古迹保护区外围空间高度控制初探——以西安曲江新区为例 [J]. 城市规划，2014，38（3）.
[39] 王树声. 隋唐长安城规划手法探析 [J]. 城市规划，2009，33（6）.
[40] 李晓波. 从天文到人文——汉唐长安城规划思想的演变 [J]. 城市规划，2000，9（24）.
[41] 于洋. “策略与控制”理念及其在临潼总体城市设计中的应用 [J]. 西安科技大学学报，2010，30（5）.
[42] 王树声. 弘扬东方古都壮美秩序　探寻西安现代都市格局——大西安时代都市人居环境空间秩序的初步研究 [J]. 西安建筑科技大学学报，2011，43（6）.
[43] 黄嘉颖，吴左宾，周庆华. “紧凑城市”理念下的建筑高度控制探索——以西安曲江新区高度控制研究为例 [J]. 规划师，2010，4（26）.
[44] 高源. 专题型城市设计高度分区研究体系探讨 [J]. 规划师，2011，2（27）.
[45] 秦建明. 唐长安禁苑 [J]. 中学历史教学参考，2004，（11）.
[46] 段德罡. 我国现行规划体系下的总体城市设计研究 [D]. 西安：西安建筑科技大学，2002.
[47] 谢晖. 西安总体城市设计框架性研究 [D]. 西安：西安建筑科技大学，2006.
[48] 高华央. 基于历史文脉的西安市长安区总体城市设计研究 [D]. 西安：西安建筑科技大学，2010.
[49] 陈思. 文化视角下的西周镐京都城遗址保护利用规划研究 [D]. 北京：北京建筑大学，2012.
[50] 吴左宾. 明清西安城市水系与人居环境营建研究 [D]. 广州：华南理工大学，2013.
[51] 田华贤. 西安生态城市建设路径研究 [D]. 西安：西安建筑科技大学，2013.
[52] 王婷. 西安生态城市建设研究 [D]. 西安：西安建筑科技大学，2007.

[53] 传小林．基于文化的唐长安城园林体系研究［D］．杨凌：西北农林科技大学，2009.
[54] 李琳．以加强城镇化管理为目标的城市设计管理机制元素研究［J］．河南建材，2015,（6）.
[55] 张小金，邱彬，温天蓉．面向实施管理的中观层次城市设计框架与策略——以江西南康市东山新区城市设计为例［J］．规划师，2014,（10）.
[56] 宋刚，张楠，朱慧．城市管理复杂性与基于大数据的应对策略研究［J］．城市发展研究，2014,（8）.
[57] 莫洲瑾．论城市设计的运行保障体系［D］．杭州：浙江大学，2005.
[58] 刘宛．公众参与城市设计［J］．建筑学报，2004,（5）.
[59] 王哲．实施困境中的我国整体城市设计出路研究［D］．天津：天津大学，2007.
[60] 牟宏宇．我国当代总体城市设计实证研究［D］．哈尔滨：哈尔滨工业大学，2008.
[61] 张峙．城市设计运行保障体系的公众参与研究［D］．杭州：浙江大学，2005.
[62] 孙彤．我国现阶段总体城市设计方法研究［D］．北京：清华大学，2004.

后记

西安总体城市设计研究工作由西安建大城市规划设计研究院与西安市城市规划设计研究院合作完成。工作期间两院实行每周例会制，召开大小会议50多次，从项目框架讨论研究、项目重点和特色提炼，到城市设计导则的编制，两院参与人员反复讨论，在大量调研和相关规划资料整合的基础上，顺利完成了预期工作，方案获得2015年度全国优秀城乡规划设计二等奖。

本书在规划设计项目基础上编写整理而成。许多专家、领导对本项目和本书的研究和编写工作给予了大力支持和诸多帮助，在此表示由衷感谢！感谢张锦秋院士、吕仁义教授、韩骥教授、吴建平教授等多位专家学者对研究思路的拓展和多次研讨的重要意见，这些对项目的完成和书稿的编写起到了重要作用。

本研究由西安建大城市规划设计研究院院长周庆华教授和西安市城市规划设计研究院李琪院长为总负责，负责调整确定总体结构，对重要内容和核心要点提出构思和初步意见，组织核心组成员共同研讨，并组织两院成员对重要问题通过例会进行讨论汇总，在书稿编写整合过程中进行多次梳理统稿。西安市城市规划设计研究院龙小凤副院长与西安建大城市规划设计研究院雷会霞副院长为副总负责，在参与核心组重要讨论和统稿工作的同时，负责工作组相关组织工作，协调两院工作进度。任云英教授为历史文化专题负责，负责历史文化专项内容的研究和讨论。西安建大城市规划设计研究院杨彦龙、李晨、舒美荣、薛妍、杨晓丹、王杨、吴左宾、杨洪福、敬博，以及西安市城市规划设计研究院白娟、孙衍龙、周文林、薛晓妮、姚珍珍、巨荩蓬、司捷、杨晓丽、倪萌、李薇等人员负责方案整体设计与核心图纸绘制。西安建筑科技大学王嘉溪、路江涛、王晓兰、李莹、赵倩、邢泽坤、张浩曦、张怡冰、魏阿妮、方坚、侯帅、徐娉、杨柳等多位研究生参与资料整理、调研和设计工作。

西安作为国家城市设计试点城市，未来城市设计工作任重而道远。本项目和本书的完成只是西安城市设计研究工作的阶段性成果，期望能对相关城市建设发挥预期的效果，对城市设计工作的研讨与展开有一定的借鉴意义。新一轮研究工作的序幕已经拉开，相信会有越来越多的专家学者和设计师参与到这一有意义的工作之中。

欢迎各方面的专家、学者和同行对本书批评指正！

《西安总体城市设计研究》编写组

2021 年12月

图书在版编目（CIP）数据

西安总体城市设计研究 / 周庆华等编著．—北京：中国建筑工业出版社，2022.3
ISBN 978-7-112-27143-6

Ⅰ.①西… Ⅱ.①周… Ⅲ.①城市规划—建筑设计—研究—西安 Ⅳ.①TU984.241.1

中国版本图书馆CIP数据核字（2022）第036613号

责任编辑：李　杰　石枫华
书籍设计：张悟静
责任校对：王　烨

西安总体城市设计研究
周庆华　李琪　等　编著
*
中国建筑工业出版社出版、发行（北京海淀三里河路9号）
各地新华书店、建筑书店经销
北京锋尚制版有限公司制版
北京富诚彩色印刷有限公司印刷
*
开本：889毫米×1194毫米　1/12　印张：21　字数：595千字
2022年3月第一版　　2022年3月第一次印刷
定价：**268.00**元
ISBN 978-7-112-27143-6
（37816）